新编21世纪高等职业教育精品教材
电子与信息类

模拟电子技术

主　编◎吴新杰

中国人民大学出版社
·北京·

图书在版编目（CIP）数据

模拟电子技术 / 吴新杰主编. -- 北京 : 中国人民大学出版社，2025.6. --（新编21世纪高等职业教育精品教材）. -- ISBN 978-7-300-33565-0

Ⅰ. TN710

中国国家版本馆CIP数据核字第2025NV6825号

新编21世纪高等职业教育精品教材·电子与信息类

模拟电子技术

主　编　吴新杰

Moni Dianzi Jishu

出版发行	中国人民大学出版社		
社　　址	北京中关村大街31号	**邮政编码**	100080
电　　话	010－62511242（总编室）		010－62511770（质管部）
	010－82501766（邮购部）		010－62514148（门市部）
	010－62511173（发行公司）		010－62515275（盗版举报）
网　　址	http://www.crup.com.cn		
经　　销	新华书店		
印　　刷	中煤（北京）印务有限公司		
开　　本	787 mm×1092 mm　1/16	**版　　次**	2025年6月第1版
印　　张	16.75	**印　　次**	2025年6月第1次印刷
字　　数	381 000	**定　　价**	55.00元

PREFACE 前言

本书的编写考虑到综合培养职业技能型人才的需求，秉持理论知识适度够用、专业技能熟练扎实、融入素养元素、提高学习能力、提高信息检索和团队合作能力的主导思想，在内容取舍、难易搭配以及体系架构等方面进行了综合考量。

在体系架构方面，本书尊重知识体系结构，以项目为载体，融入相应的知识内容，知识体系脉络清晰，前后衔接自然，避免了知识碎片化的弊端。

本书采用情境式教学，包括直流稳压电源制作、音频小信号放大器制作、光控电路制作、运算电路制作、功率放大电路制作、信号处理电路制作、正弦波振荡器制作共七个项目。项目一引入二极管相关知识，介绍整流、滤波、稳压、仿真、电子线路装调的基本知识，学习难度低；项目二引入晶体管，介绍音频小信号放大器的概念和电路，项目内容多，有一定难度；项目三主要介绍直接耦合电路，引入集成运放，为后续内容做铺垫；项目四主要介绍集成运放线性应用，其中负反馈的内容是难点；项目五既介绍了集成功率放大器，又介绍了 OCL 和 OTL 功率放大器；项目六主要介绍运放的非线性应用，有源滤波器部分既是重点也是难点；项目七引入了正反馈的讨论，对 LC 正弦波振荡器有所介绍。

如今，设计与仿真互相渗透融合，密不可分，通过仿真能真正理解一个电路。实际安装与调试电路不仅仅是一项职业技能，更是真正掌握电路的必由之路。电子技术是实际的工程技术，只有理论和仿真是远远不够的。本书的实操环节采用了软件仿真和硬件实物制作两种方法，这两种方法相辅相成，既提高了学习效率，又提高了电路的设计、安装与调试技能。

书中插入了“小提示”“课堂讨论”“素养提升”“实用案例”等内容助力教学。

本书由北京经济管理职业学院的吴新杰主编，适用于职业教育本科、专科层次。本书在编写过程中得到了单位领导和同事的大力支持，除了所列参考文献，还参考了大量同类教材和网络资源，在这里一并表示感谢。

本书凝结了作者多年教学经验，语言平实，通俗易懂，还备有教学大纲、教案、PPT 课件和仿真源文件等资料。本书在编写过程中难免有不足之处，欢迎提出批评与指正。

编者

CONTENTS 目录

项目一 直流稳压电源制作

项目目标

1. 知识目标

（1）了解半导体、PN 结的基本知识；
（2）深刻理解二极管单向导电性，了解二极管的主要参数；
（3）理解直流稳压电源系统的结构；
（4）了解纹波系数的含义；
（5）理解滤波的几种方法；
（6）了解稳压电路的工作原理；
（7）了解集成电路的基本知识。

2. 技能目标

（1）能识别和检测电阻、电容、电感和二极管等元器件；
（2）能对简单电路进行故障判断；
（3）能对直流稳压电路的关键参数进行测量；
（4）会对印制电路板（PCB）进行装接；
（5）会使用万用表和示波器；
（6）初步掌握仿真软件的使用方法，能对简单电路进行仿真；
（7）会使用面包板搭建简单电路。

3. 素养目标

（1）提高科学思维能力；
（2）锻炼工程实践能力；
（3）提升学习能力；
（4）强化工匠精神；
（5）提升信息化素养；
（6）培养协作精神和团队意识。

知识导图

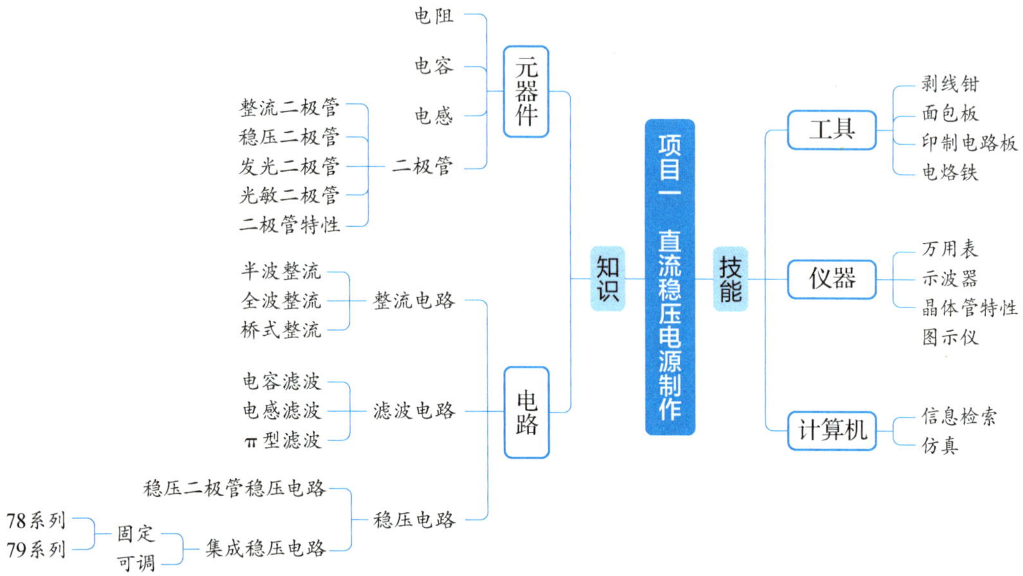

任务一 二极管的识别与检测

任务描述

二极管是最简单也是最常见的半导体元器件，其相关知识是学习其他电子电路的基础。本任务为二极管的识别与检测，要求能识别二极管外观特征（见图 1－1），根据标识初步判定两个引脚的极性，识别二极管标识中的型号，会根据型号检索数据手册，知道数据手册中主要参数的含义，会使用万用表对二极管进行简单测量。

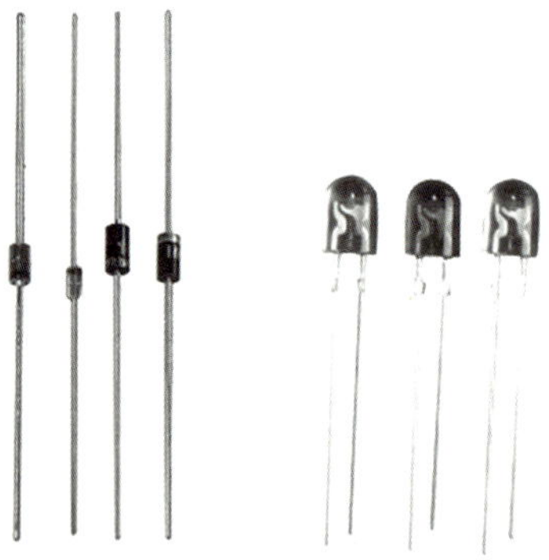

图 1－1 二极管

知识储备

知识 1 半导体

半导体（Semiconductor）是指导电性能介于绝缘体和导体之间的材料，是电子产品的关键原材料。常见的半导体材料有硅、锗等元素半导体和砷化镓、氮化镓等化合物半导体，目前硅材料的元器件应用最为广泛。

视频

1－1 半导体材料

课堂讨论

导体有电阻吗？绝缘体有电阻吗？用什么单位来衡量导电能力的强弱？有种说法认为这个世界上没有绝对的绝缘体，你认为有道理吗？半导体的导电能力大约是什么数量级？

硅元素是地壳中广泛存在的元素，丰富程度仅次于氧元素，硅通常以含氧化合物的形式（如二氧化硅）存在于岩石、沙砾和尘土中。硅化合物经冶炼提纯后，可以制备多晶硅、单晶硅。多晶硅常用于太阳能电池，也用于制备单晶硅，多晶硅片如图 1－2 所示。单晶硅（见图 1－3）广泛用于晶体管、集成电路等电子元器件制造，图 1－3 中的柱状体为硅锭，切割为薄片后即为硅片（晶圆）。电子级单晶硅的纯度可达 9N(99.999 999 9%)～11N(99.999 999 999%)，是世界上人造纯度最高的物质，常见硅片直径有 150mm（6 寸晶圆）、200mm（8 寸晶圆）和 300mm（12 寸晶圆）等尺寸。

图 1－2　多晶硅片

图 1－3　单晶硅

半导体材料通常具有热敏性、光电效应、压电效应、导电性等性质。利用热敏性可以制作热敏电阻，用来测量温度；利用光电效应可以制作光敏二极管、光敏电阻来测量光的强弱，也可以制作太阳能电池；利用压电效应可以制作性能优良的滤波器，也可以测量机械振动。

纯净半导体材料的导电性较弱，可以用掺杂的方法改善其导电性。如果在纯硅中掺入少许的砷或磷，就会形成 N 型半导体；如果在纯硅中掺入少许的硼，就会形成 P 型半导体。掺杂越多，P 型半导体和 N 型半导体的导电性越强，通过控制掺杂浓度，可以准确地控制半导体材料的导电性。

素养提升

从沙子到玻璃、光纤、太阳能电池板、集成电路，科学技术起到了最为重要的作用，科技是第一生产力。

知识 2　二极管

视频

1－2　二极管

1. 二极管的结构和符号

如果在纯净硅材料一侧通过掺杂制备成 P 型半导体，另一侧制备成 N 型半导体，在两者的交界处就会形成一种有趣的结构，称为 PN

结。将 PN 结用塑料、玻璃等绝缘物质封装起来，分别从 P 型半导体和 N 型半导体引出金属导线，就构成了二极管（Diode）。从 P 型半导体引出的金属导线称为阳极（正极），从 N 型半导体引出的金属导线称为阴极（负极）。二极管种类繁多，通常会在阴极（负极）侧做标记，如图 1－4 所示。

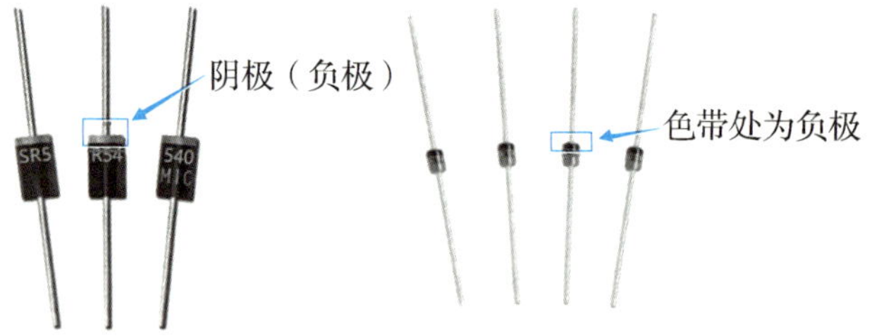

图 1－4　二极管阴极（负极）标记

半导体二极管按其结构的不同可分为点接触型、面接触型和平面型等。点接触型二极管适用于做高频检波和脉冲数字电路中的开关元器件，也可用于小电流整流。面接触型二极管适用于整流等低频电路。平面型二极管是由制造集成电路的工艺制成的，PN 结面积较大的平面型二极管可用于整流等低频电路，PN 结面积较小的平面型二极管适用于高频电路和脉冲数字电路。

二极管的符号类似于箭头，指向为工作电流方向，如图 1－5 所示。

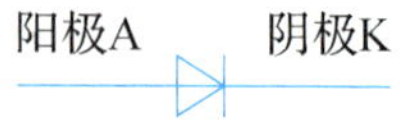

图 1－5　二极管的符号

2. 单向导电性

二极管具有与 PN 结相同的性质，最重要的是单向导电性：当二极管阳极电位高于阴极电位时，电流很容易从阳极流向阴极；当二极管阴极电位高于阳极电位时，几乎没有电流从阴极流向阳极。简单理解就是：电流只能从 P 型半导体一侧流向 N 型半导体一侧，反之则不行。二极管的这个性质类似于机械结构的单向阀门，如用打气筒给自行车打气的时候，空气只能从打气筒进入轮胎内部，而不能从轮胎内部进入打气筒。

3. 二极管的伏安特性

要准确描述二极管两端电压和电流的关系，必须使用伏安特性曲线，如图 1－6 所示。

对伏安特性曲线进行近似和简化，可以认为二极管在工作时有导通和截止两个状态。导通是指电流从阳极流向阴极，也称为正向导通。二极管在导通时，两端电压比较稳定，一般小功率硅二极管导通压降 0.6～0.8V，锗二极管导通压降 0.1～0.3V。导通压降的高低与二极管的功率和结构有关系。

截止是指没有电流流过二极管，严格来讲，只有二极管两端电位相同才绝对没有电流流过二极管，当阳极电位略高于阴极电位时或阴极电位略高于阳极时，都有极微量的电流从电位高的一侧流向电位低的一侧，这种极微弱的电流往往可以忽略不计，称为漏电流。漏电流相当于打气筒微弱漏气，或者说单向阀门密封不严。正向截止区域也称为死区，只有给二极管所加的正向电压超出死区范围时，二极管才会有比较明显的正向电流，这个电压一般称为导通电压，用 U_{ON} 表示。室温时，硅二极管的导通电压约为

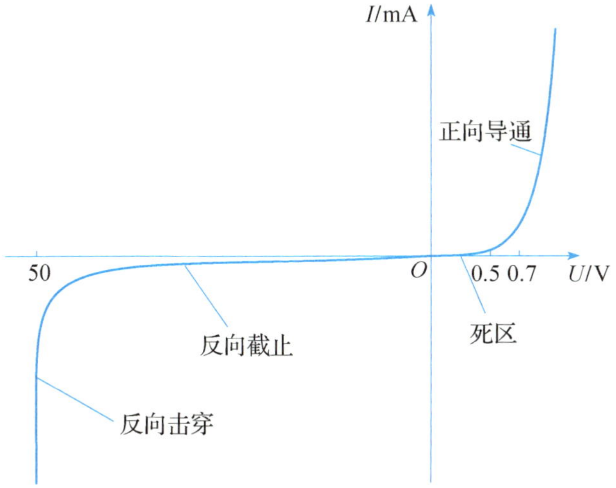

图 1－6　二极管的伏安特性曲线

0.5V，锗二极管的导通电压约为 0.1V。二极管反向截止的区域比较大，一般用参数反向击穿电压来衡量，不同型号差距很大，一般从几十伏到几百伏不等。

反向击穿区是特殊状态，如果二极管两端反向电压极高（超过反向击穿电压），超出二极管的承受能力，二极管就会被反向击穿，这时流过二极管的反向电流急剧增大，容易永久性损坏二极管。因此，应该避免二极管进入反向击穿区。为保证二极管不被损坏，通常在设计环节选择二极管型号的时候，应使二极管的最大反向工作电压不超过反向击穿电压的一半。

素养提升

对于绝大多数的工程应用来说，只要误差在允许范围内，就可以进行简化运算。在不同的应用场景下，可以简化的参数有所不同，这是矛盾论思想在工程技术中的应用。

4. 电容效应

二极管和 PN 结还具有电容效应，称为结电容，相当于皮法级的小电容。电容对电流的阻抗大小与频率有关，在低频和直流的时候，电容效应可以忽略不计，二极管仅对电流产生阻碍作用，类似于电阻；在高频的时候，二极管等效为一个小电容和电阻的并联，总阻抗小于低频时的阻抗。在频率足够高的场合，电容效应会导致二极管的单向导电性完全失效。

二极管内部结构的不同，决定其等效电容的大小不同。如果电路需要利用较大结电容的二极管，可以选用变容二极管。变容二极管是一类专门制作的二极管，其结电容较大，结电容的大小与反偏电压的大小有关。变容二极管的符号与外观如图 1－7 所示。

（a）符号　　（b）外观

图 1－7　变容二极管的符号与外观

5. 二极管的分类

二极管除了可以按结构分为点接触型、面接触型和平面型，还可以按应用场合的不同分为整流二极管、稳压二极管、检波二极管、限幅二极管、开关二极管、发光二极管等；按功率的不同可分为小功率、中功率和大功率；按制作材料的不同可分为锗二极管和硅二极管等。

6. 二极管的主要参数

（1）最大整流电流（I_{FM}）。

I_{FM} 是指二极管长时间工作时允许通过的最大正向平均电流。实际工作时，二极管通过的电流不应超过这个数值，否则将导致二极管过热而损坏。

（2）最高反向工作电压（U_{RM}）。

U_{RM} 是指二极管不被击穿所允许加的最高反向电压，一般取反向击穿电压 U_{BR} 的1/2～2/3。点接触型二极管的 U_{RM} 几十伏，而面接触型二极管的 U_{RM} 可达几百伏。

（3）最大反向电流（I_R）。

I_R 是指二极管加最高反向工作电压时的反向电流。最大反向电流越小，二极管的单向导电性越好。常温下，硅二极管的最大反向电流一般只有几微安；锗管的最大反向电流较大，一般在几十至几百微安之间。最大反向电流受温度影响较大，温度越高，其值越大，硅管的温度稳定性比锗管好。

（4）最高工作频率（f_M）。

f_M 反映二极管的结电容大小，二极管工作时的信号频率应该低于最高工作频率。

实用案例

电子设备接入直流电源最怕的就是接错电源的正负极。若没有防反接保护电路，很容易造成电路损坏，防反接保护电路属于常见的实用电路之一。

最简单的防反接保护电路是利用二极管的单向导电性来实现的，如图1-8所示。

这种接法具有结构简单、可靠、成本低的优点，但是当输入电流较大时，功率损耗也很大。假设输入电流额定值达到3A，二极管压降为0.7V，那么功率损耗为2.1W（3A×0.7V），这样效率很低，且散发热量大，要加散热器，使设备显得笨重。所以这种电路只能用在小电流、要求不高的场合。

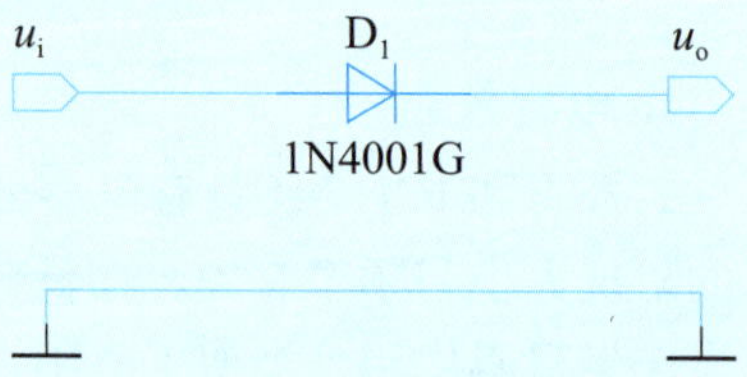

图1-8 二极管的防反接保护电路

知识3 万用表

万用表是一种多功能、多量程的测量仪表。多数万用表可测量直流电流、直流电压、交流电压和电阻等多种参数，有的还可以测量交流电流、电容、电感及二极管、晶体管等半导体元器件的一些参数。

万用表分为数字万用表和指针万用表两种，图 1－9 为数字万用表，图 1－10 为指针万用表。万用表由显示测量结果的表盘、测量转换旋钮、测试插孔和测量表笔组成。测量表笔分为红、黑两色，根据测量需要，红色表笔常插在 VΩ 插孔内（测量电流时插在 mA 插孔内），黑色表笔常插在 COM 插孔内。特别需要注意的是：测量电流时不能使用电压挡，测量电压时不能使用电流挡。用电流挡测电压会造成短路并损坏万用表，用电压挡测电流会造成测量错误。

图 1－9　数字万用表

图 1－10　指针万用表

数字万用表的测量结果直接以数字形式显示，阅读方便，通常精度较高，测量准确，抗干扰能力强，输入阻抗高。在超量程测量时，不容易造成仪表损坏。数字万用表在测量时不需要担心接错极性，表盘上的正负号表示测量结果的极性。

指针万用表有多条表盘标尺，测量不同物理量时，需阅读对应的表盘标尺。测量电阻前需要校零，标尺最右侧为零，最左侧为无穷大，标尺不是线性分布。指针万用表在测量时需要注意表笔极性不要接错，以免指针反偏；应选择适当量程，不要超范围测量，指针在表盘中间附近时读数可以减小测量误差。指针万用表在测量电阻、电容时，指针平滑变化，便于观察指针变化波动和趋势。

总体来说，数字万用表在大多数使用场景下远优于指针万用表，在市场上占据着绝对的优势。

万用表内部使用电池供电，日常维护时需要注意是否缺电，缺电时需更换对应型号的电池。多数万用表使用 9V 叠层电池。

素养提升

工作时需要集中注意力，本着严肃认真的态度对待每一项操作，疏忽大意容易造成事故，轻则损坏仪器仪表，重则造成人身伤害。

知识 4　仿真

电子电路仿真（Electronic Circuit Simulation），是指使用计算机软件对电子电路的实际工作状态进行模拟，是电子设计自动化（EDA）的一种方法。目前仿真软件功能强大，在电子工程领域应用非常普遍。比较常见的仿真软件有 Multisim、Proteus、TINA 等。

图 1-11 为仿真软件 Multisim 的主界面，其中包括菜单、快捷按钮、主窗口、设计工具箱、电子表格视图等部分。

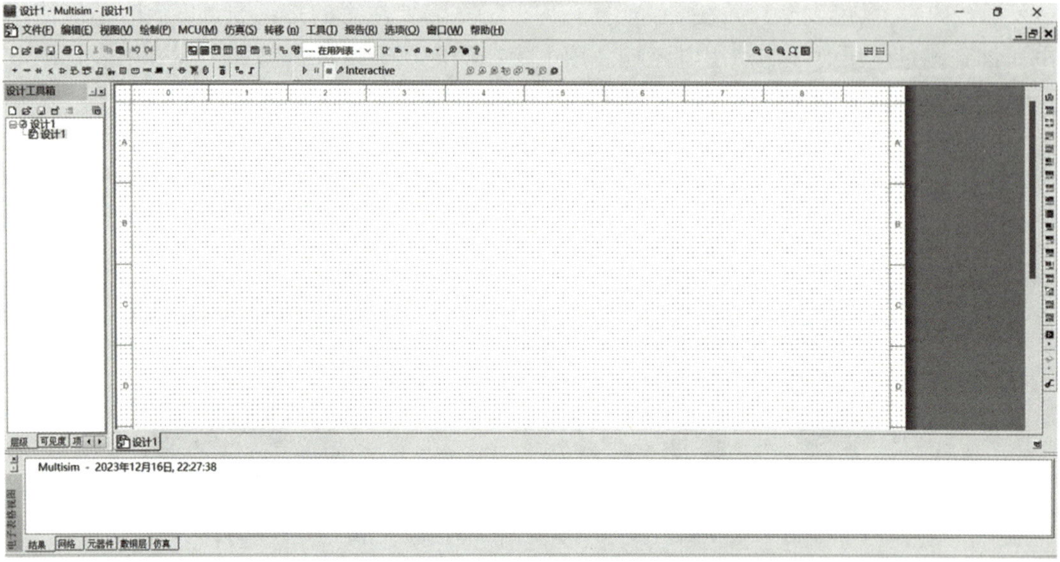

图 1-11　仿真软件 Multisim 的主界面

课堂讨论

仿真能否完全替代实际电路实验？

知识 5　晶体管特性图示仪

晶体管特性图示仪是一种可以直接观察各种晶体管特性曲线的仪器，如图 1-12 所示。显示图形的横坐标为电压，纵坐标为电流，即伏安特性曲线。

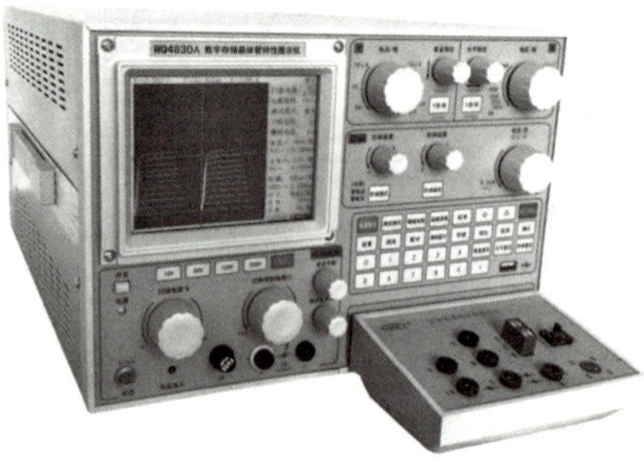

图 1-12　晶体管特性图示仪

在仿真软件中，对元器件进行伏安特性测试的设备称为 IV 分析仪。二极管特性曲线的测量电路和仿真结果如图 1-13 所示。

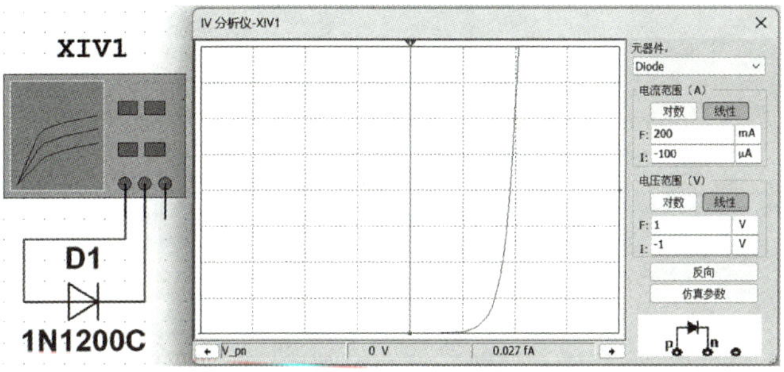

（a）测量电路　　（b）仿真结果

图 1－13　二极管特性曲线的测量电路和仿真结果

视频

1－3　二极管伏安特性仿真

视频

1－4　二极管实操

任务实施

一、工具和材料准备

工具和材料清单如下表所示。

工具和材料清单

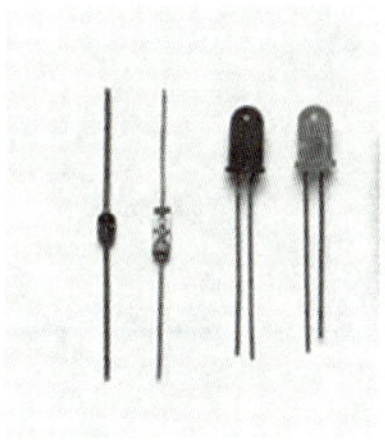	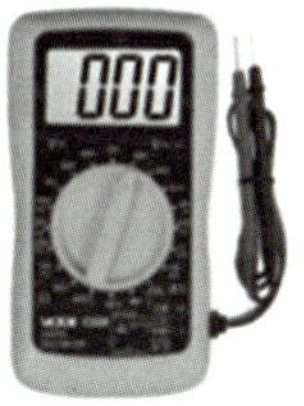	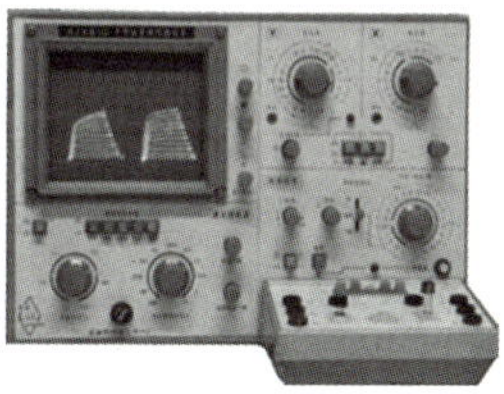
二极管（若干）	万用表	晶体管特性图示仪
	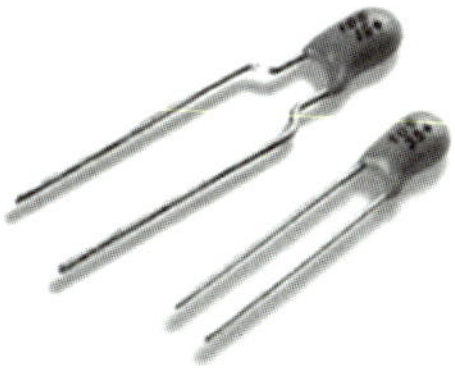	
电阻（若干）	电容（若干）	电感（若干）

细导线（若干）	1.5V 干电池（若干）	小功率扬声器（喇叭）

二、实施记录

1. 拟订测试方案

测试方案拟订表

序号	元器件	测试方案（含电路图）	简述理由
1	电阻	（1）外观检测； （2）万用表测试	
2	电容	（1）外观检测； （2）万用表测试	
3	电感	（1）外观检测； （2）万用表测试	
4	二极管	（1）万用表测试； （2）简易电路测试； 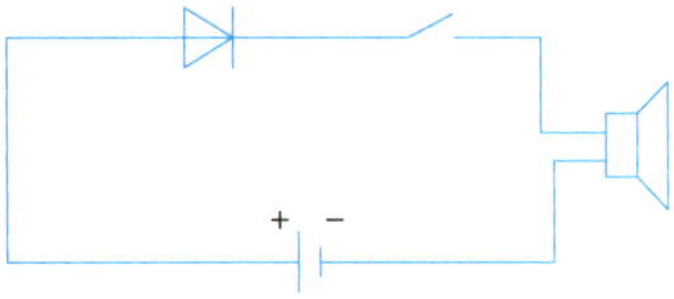 测试电路 （3）晶体管特性图示仪测试	

2. 外观识别记录

外观识别记录表

序号	元器件	外观识别实施记录	识别结果（型号、符号）
1	电阻		
2	电容		
3	电感		
4	二极管		

3. 万用表测量记录

万用表测量记录表

序号	元器件	万用表测量实施记录	测量结果（测量值）
1	电阻		
2	电容		
3	电感		
4	二极管		

4. 简易电路测量二极管记录

简易电路测量二极管记录表

序号	元器件	简易电路测量二极管实施记录	测量结果
1	二极管		

三、测量结果与分析

测量结果与分析表

序号	元器件	测量结果	理论值	测量结果分析
1	电阻			
2	电容			
3	电感			
4	二极管		检索对应型号数据手册	

四、总结与评价

填写任务评价表，简单总结任务完成过程及心得体会。

任务评价表

任务名称				总分		
姓名		学号		日期		
考核项目	考核内容	配分	自评 30%	互评 30%	师评 40%	得分
素质	遵守实验室规章制度，与同学和谐协作，执行5S管理标准	30				
知识	能借助信息化资源自主学习，理论联系实际，正确完成任务	30				
技能	布线合理，操作规范，未造成受伤或设备及元器件损坏、遗失，按时完成任务	40				

任务二 整流电路应用

任务描述

整流电路可以将交流电转换成直流电，是最常见的电路单元之一。本任务为整流电路应用，要求会用仿真软件对整流电路进行仿真，能合理选择整流二极管，设计整流电路（见图1-14），识别和测试二极管，根据原理图搭建实际电路，使用万用表和示波器测量电路参数，会调试电路。

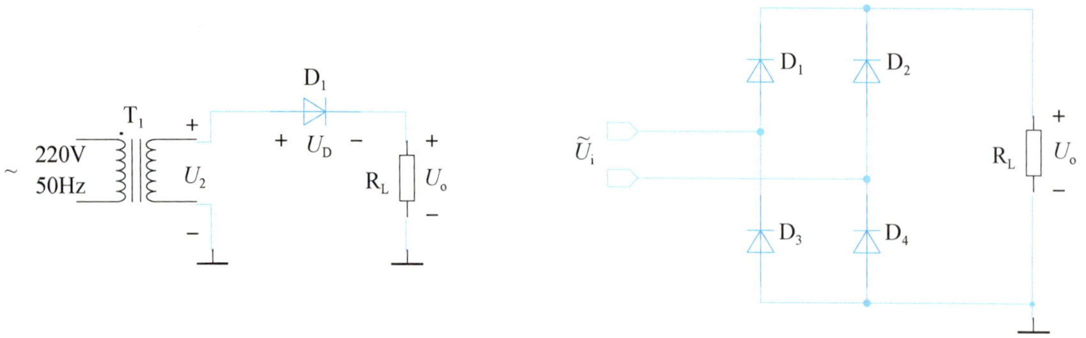

（a）半波整流　　　（b）桥式整流

图1-14　整流电路

知识储备

知识1　半波整流电路

视频

1-5　整流电路

发电厂发出来的电是50Hz的交流电，经过远距离传输，传递到用电单位的仍是50Hz的交流电，一般送到工业用户的为380V三相交流电，送到普通居民用户的为220V单相交流电。电子设备内部一般使用直流电作为电源，将发电厂送来的交流电转换成电子设备内部使用的直流电就需要二极管整流滤波电路。

二极管整流滤波电路一般分为半波整流、全波整流和桥式整流，其中半波整流最简单，性能较差，用在要求较低的场合；全波整流性能较好，但是需要中间抽头的变压器，所以现在应用较少；桥式整流价格低廉，性能较好，所以现在应用最为广泛。

图1-15是二极管半波整流电路及各部分的电压波形。图中 V_1 为发电厂送来的220V单相交流电，T_1 为降压变压器，U_2 为变压器 T_1 右侧输出的交流电压有效值，D_1 为整流二极管，R_L 为用电负载，图1-15（a）为变压器左侧波形，图1-15（b）为变压器右侧波形，图1-15（c）为二极管右侧波形。可以看到，受整流二极管 D_1 单向导电性的影响，负载 R_L 两端的电压变成了单方向的电压，这就是广义的直流电，但是与电子设备中常用的直流电还有差别，不过电流已经是单向流动的了。

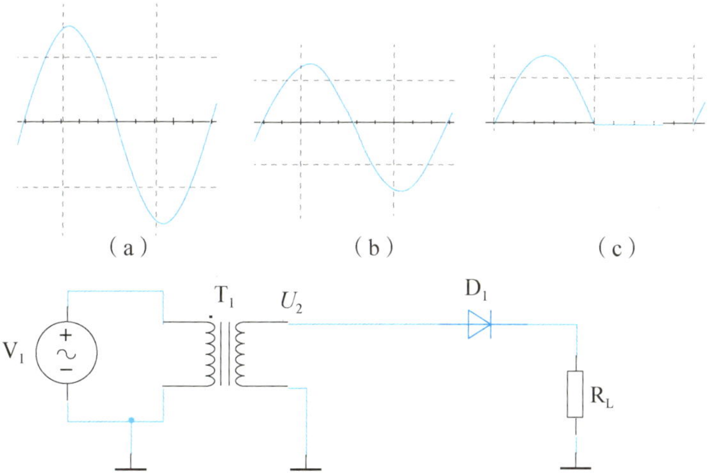

图1-15　二极管半波整流电路及各部分的电压波形

负载 R_L 两端的瞬时电压是变化的，其直流电压为

$$U_{R_L}=0.45U_2 \tag{1-1}$$

二极管截止时承受的反向电压峰值为

$$U_{R_M}=\sqrt{2}U_2\approx 1.414U_2 \tag{1-2}$$

U_{R_M} 是设计电路时选择二极管型号的重要参数，用于防止二极管被反向击穿。

课堂讨论

电子设备为什么用直流电？

知识 2　桥式整流电路

二极管全波整流和桥式整流具有相同的输出波形，全波整流使用两个二极管，需要使用有中间抽头的变压器，变压器比较复杂；桥式整流需要四个二极管，采用普通变压器。因为桥式整流谐波成分少，二极管价格低廉，所以桥式整流应用广泛。图 1－16 是二极管桥式整流电路及各部分的电压波形，其中图 1－16（a）为 50Hz、220V 交流电波形，图 1－16（b）为二极管 D_1 和 D_4 导通时的波形，图 1－16（c）为二极管 D_2 和 D_3 导通时的波形，图 1－16（d）为负载 R_L 上的波形。从波形图可以看到，四个二极管分为两组，一组是 D_1 和 D_4，另一组是 D_2 和 D_3，两组轮流导通，图 1－16（d）波形是图 1－16（b）波形和图 1－16（c）波形的叠加，图 1－16（d）波形的频率为 100Hz。若四个二极管中任何一个因为损坏而断路，负载 R_L 上的波形将与二极管半波整流波形相同。

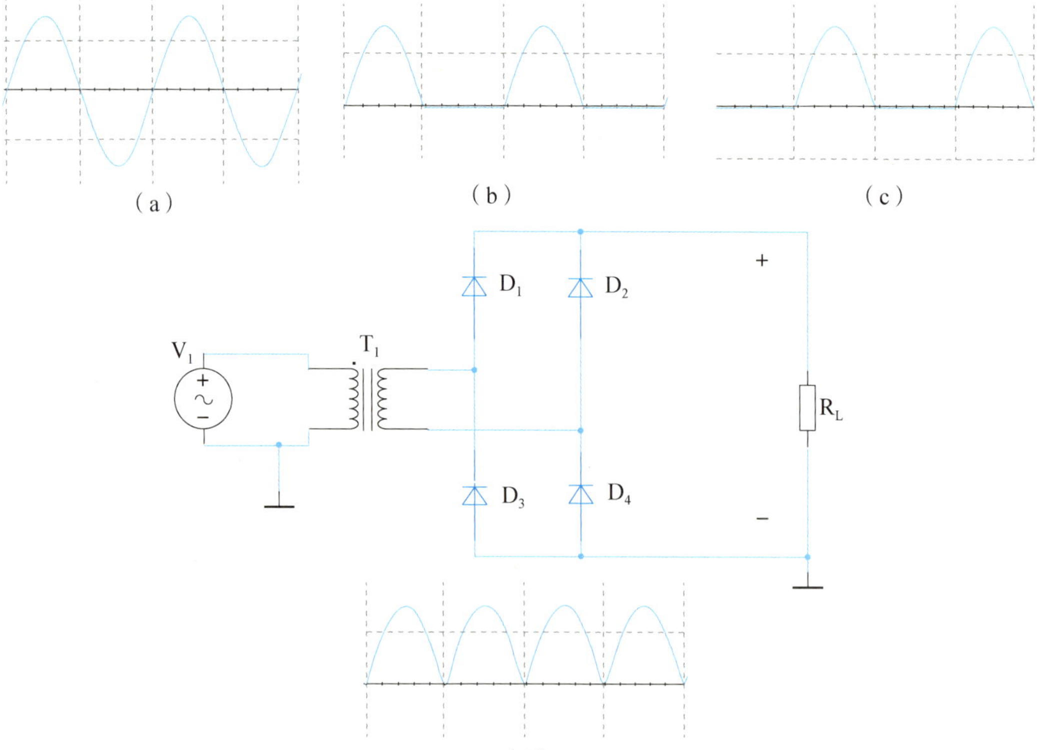

图 1－16　二极管桥式整流电路及各部分的电压波形

因为桥式整流应用量非常大，所以市场上有专门的二极管整流桥堆供应，整流桥堆包括连接好的四个整流二极管，并且多数可以安装散热片，其实物和电路符号如图 1－17

所示。整流桥堆在应用时，标“～”的两个引脚为输入端，连接交流电，标“＋”的为正极输出端，标“-”的为负极输出端。

（a）实物

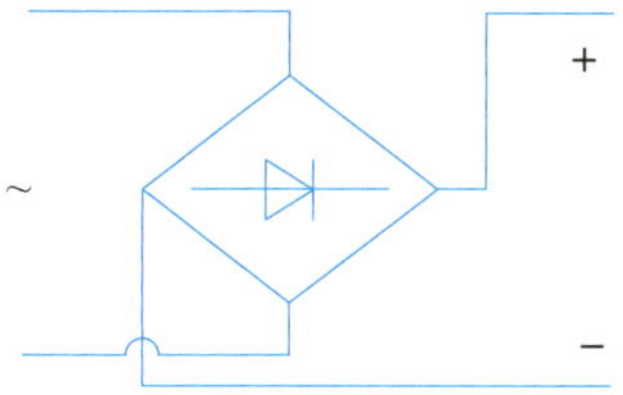

（b）电路符号

图 1－17　二极管整流桥堆实物和电路符号

负载 R_L 两端的瞬时电压是变化的，其方向不变，直流电压值为

$$U_{R_L}=0.9U_2 \tag{1-3}$$

式中：U_2 为变压器次级的交流电压有效值。

二极管截止时承受的反向电压峰值为

$$U_{R_M}=\sqrt{2}U_2\approx1.414U_2 \tag{1-4}$$

课堂讨论

对于同样的交流电源，桥式整流负载上得到的直流电压是半波整流的 2 倍吗？为什么？用桥式整流会不会更省电？

知识 3　示波器

示波器是时域分析仪器，能够在屏幕上显示电子信号的波形，横坐标为时间，纵坐标为幅度。示波器外观如图 1－18 所示。

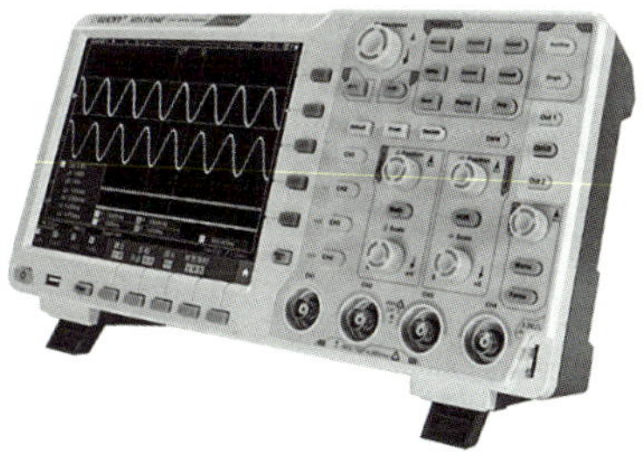

图 1－18　示波器外观

示波器种类繁多，大多数示波器都具备一些基本特性，如前面板大致可分为几个区域：通道输入、显示屏、水平控制、垂直控制及触发控制。

根据输入通道的数量，示波器可以分为单通道示波器、双通道示波器、四通道示波器等不同型号，每个通道可以输入一路信号，具有多个通道的示波器可以同时观察和测量多个信号。

在观察多路信号时，水平控制同时控制和调节所有信号的横坐标（时间轴），而垂直控制则专门负责控制其自身一路信号的纵坐标（幅度轴）。

触发是指示波器在扫描信号时选择的时机，根据触发信号的来源方式可以分为内触发和外触发两种方式。内触发使用示波器内部产生的信号，外触发使用外来信号（触发信号输入通道）作为触发控制信号。触发时间主要影响屏幕图像的显示效果。触发控制常用边沿触发，可以选择上升沿触发或者下降沿触发，有时也可根据需要选择其他触发控制。

示波器最重要的参数是带宽，在测量时应使示波器带宽大于被测信号频率。

使用示波器测量信号时，应使用专用探头连接被测信号。示波器探头外观如图 1－19 所示。有些示波器探头上有倍率开关，当拨到 10×位置时，屏幕上的幅度读数应乘以 10 才是真实测量结果。

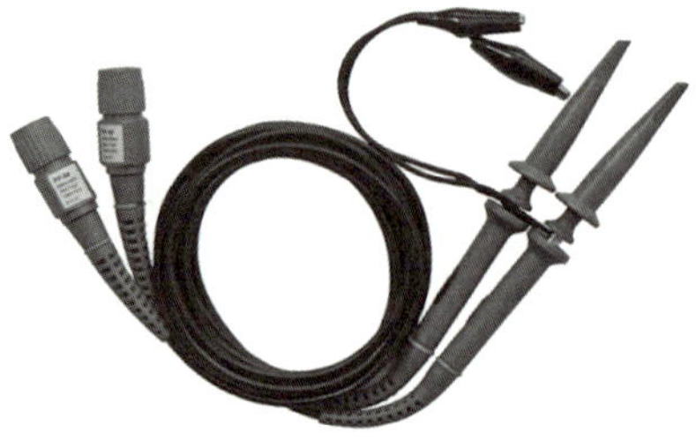

图 1－19　示波器探头外观

小提示

示波器是显示信号波形的仪器。在实验时，如果示波器显示屏上没有所期待的图形，要重点检测实验电路，检查实验电路是否正常输出了信号。调节示波器上的旋钮对于实验电路没有任何影响，这类似于：用显微镜观察细胞，改变显微镜的放大倍数，对细胞大小没有任何影响。

知识 4　面包板

面包板（Bread Board）是用来连接元器件的多孔预制板，板上有很多小插孔，小插孔里边有一些布置好的导线，各种电子元器件可根据需要任意插入或拔出，免去了焊接的工序，节省了电路的组装时间，而且元器件可以重复使用，非常适合电子电路的组装、调试和训练。

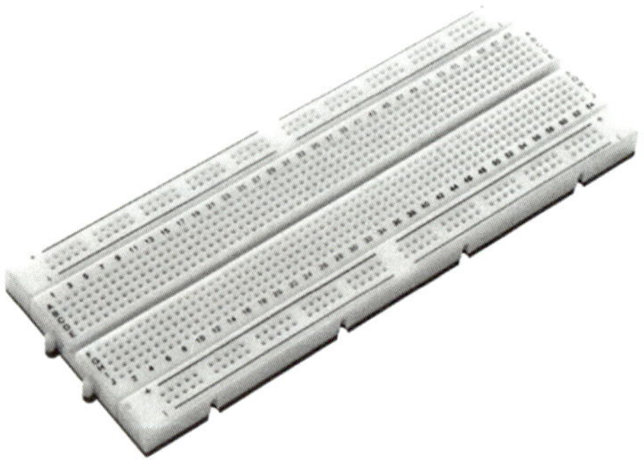

图 1－20　面包板外观

面包板的起源可以追溯到真空管电路的年代，当时的电路元器件体积大多较大，人们常用切面包的木板进行连接，后来电路元器件体积越来越小，但面包板的名称沿用了下来。面包板外观如图 1－20 所示。面包板外侧常有凹槽和凸起，便于将多块拼接成一大块。

面包板分为上、中、下三部分，上面和下面部分一般是由两行的插孔构成的窄条，常用于电源和地。中间部分是由中间一条隔离凹槽和上下各 5 行的插孔构成的宽条，用于插接元器件。

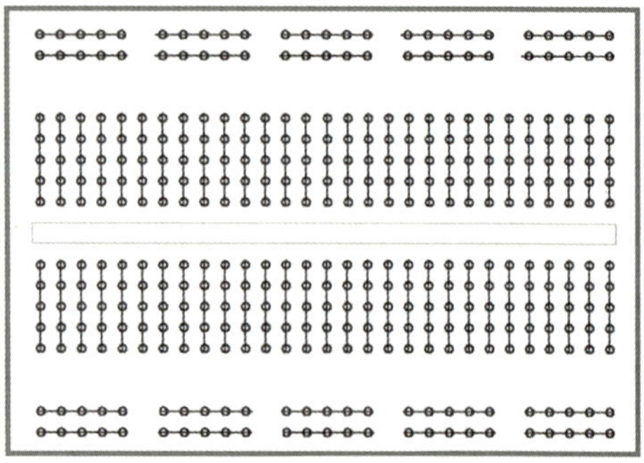

图 1－21　面包板内部连接示意图

面包板内部连接示意图如图 1－21 所示，图中标出了用导线连通的插孔，没有细线连接的插孔之间不导通，如果想将它们连通，需要从外部插接导线；窄条上下两行之间电气不连通。

需要注意的是：有很多面包板的上下两个边条的内部连接方式并不相同，要想知道内部连接方式，只需要用万用表测量即可。

小提示

面包板连线时宜使用直径为0.6mm左右的单股导线。根据导线的距离及插孔的长度剪断导线，要求线头剪成45°斜口，线头剥离长度约为6mm，要求全部插入底板以保证接触良好。裸线不宜露在外面，防止与其他导线断路。

连线要紧贴在面包板上，以免碰撞弹出面包板，造成接触不良。必须使连线在集成电路周围通过，不允许跨接在集成电路上，也不得使导线互相重叠在一起，尽量做到横平竖直，这样有利于检查线路、更换元器件及连线。

知识5　布线原则

布线是个复杂的课题，导线是电流的通路，其空间位置会影响设备的电磁兼容性和信号的完整性。不同频率的信号具有不同的辐射特性，复杂信号在通过复杂电路网络时很难进行仔细分析。低频电路的布线相对简单些，但仍有一些基本原则需要认真遵守：

(1) 尽量减少连接点。增加连接点，相当于人为地增加了故障概率。

(2) 尽量避免跨接和飞线。元器件或者导线骑跨在其他元器件或者导线上会导致电磁辐射复杂化，后期更换元器件也会很麻烦。另外，在出现故障时，零乱的导线很难查找故障原因。

(3) 布局尽量紧凑，信号流向尽量合理。

(4) 布局尽量与原理图相似，这样有助于查找故障时尽快确定元器件的位置。

(5) 合理安排测试点，以方便测试。面包板相连的五个孔一般不要占满，至少留出一个孔，用于测试。

(6) 电源插孔区使用尽量清晰。在搭接电路之前，首先将电源插孔区划分成正电源、地、负电源三个区域，并用导线完成连接。

(7) 导线尽量采用不同颜色来区分功能。例如，正电源一般用红色导线，负电源一般用蓝色导线，地线用黑线，信号线用黄色，也可根据条件选用其他颜色。

(8) 合理布置地线，这样有助于减少干扰。

视频

1-6　二极管半波整流仿真

任务实施

一、仿真

(1) 用仿真软件绘制电路图，如下图所示。

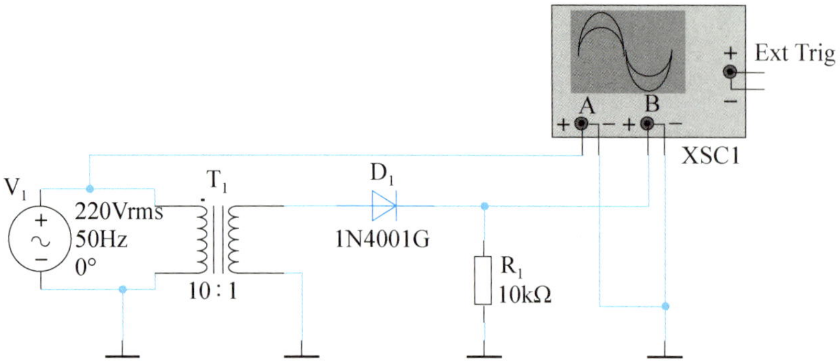

二极管半波整流电路

绘制电路图时，注意在菜单区依次单击选项→全局偏好→元器件，在“符号标准”中选择“DIN”标准。

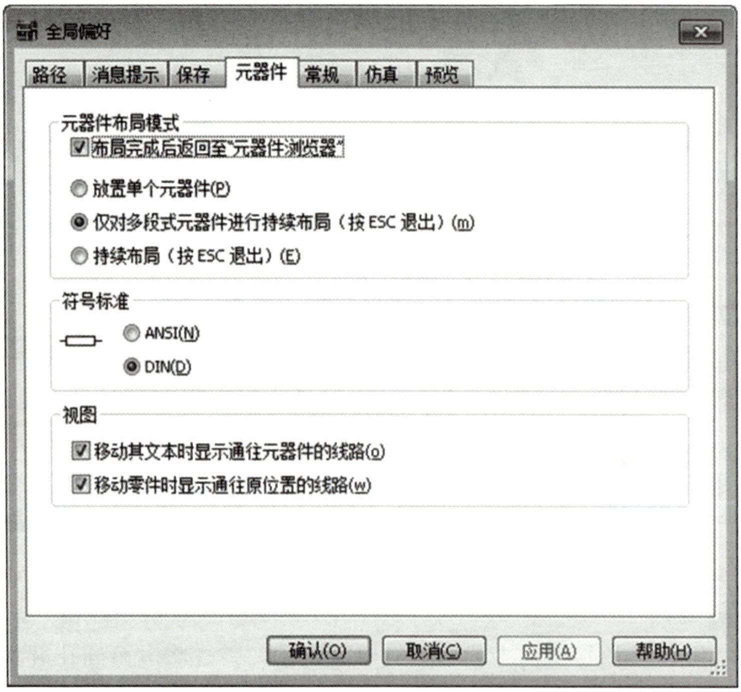

选择 DIN 标准

电路图中，V_1 为 220V、50Hz 交流电压源；变压器 T_1 的初级线圈匝数为 10，次级线圈匝数为 1；二极管型号为 1N4001；R_1 为 10kΩ 电阻；XSC1 为示波器。

（2）进行仿真，读取示波器测量结果。

电路图绘制完毕后，进行仿真。如果电路图有错误，仿真软件会给出错误提示；如果没有错误，仿真将会正常进行。双击示波器 XSC1 图标，则出现示波器运行界面，调节通道 A 和通道 B 的刻度及 Y 轴位移，可以使通道 A 波形（V_1）在上，通道 B 波形（R_1）在下。

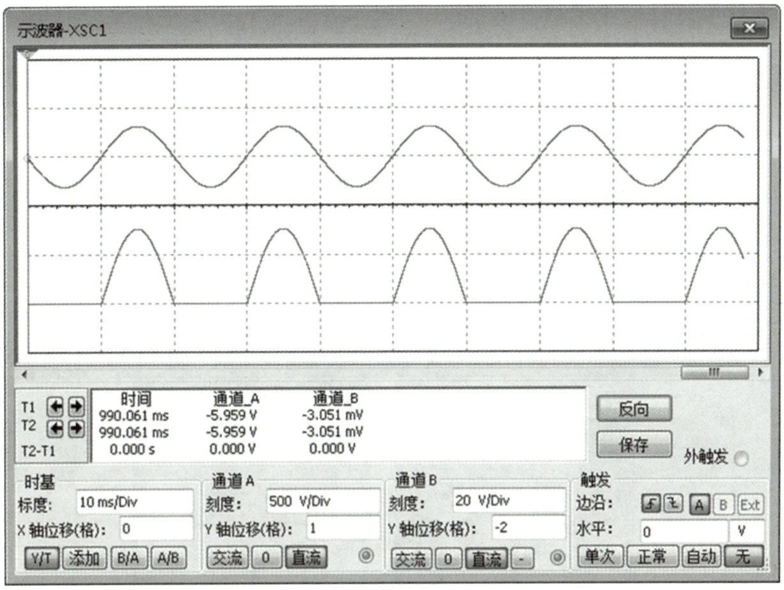

示波器界面

通过示波器的时基标度 10ms/Div 可以知道，示波器横轴方向每 1 大格代表 10ms 的时间间隔，V_1 波形每个周期占 2 个横向大格，2Div×10ms/Div＝20ms，所以 V_1 的周期为 20ms，可得到频率为 50Hz。用同样的方法可以读出半波整流后的波形周期也是 20ms，频率也是 50Hz。

由于示波器是双通道的，所以读取通道 B 信号幅度时，应用通道 B 信号所占有的纵向大格乘以通道 B 的刻度。通过通道 B 刻度 20V/Div 可以知道，通道 B 信号在示波器纵轴方向每 1 大格代表 20V，R_1 两端电压幅度约 1.5 个大格，1.5Div×20V/Div＝30V，即 R_1 两端的瞬时电压最大幅度为 30V。

其实用数格数的方法并不十分准确，尤其是像通道 A 的情况，每 1 大格达到 500V，数格数的时候稍有误差，最后的数值就会偏离很多。采用游标来测量就会精确很多，游标是用来读取示波器内部数值的辅助工具。在示波器波形最左侧边沿有两根游标线，可以用鼠标向右拖动，也可以单击下方 T1、T2 后面的箭头左右移动。

波形下面有三行数值，第一行为游标 1 时间的数值，第二行为游标 2 时间的数值，第三行为两个时间的差值。通过游标可以较为精确地读出信号周期为 20.000ms，通道 A 信号幅度为 311.036V，通道 B 信号幅度为 30.510V。

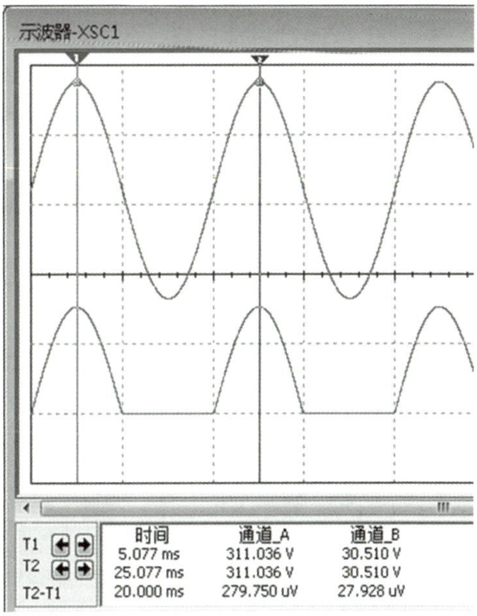

示波器游标的使用

（3）用万用表测量输出电压。

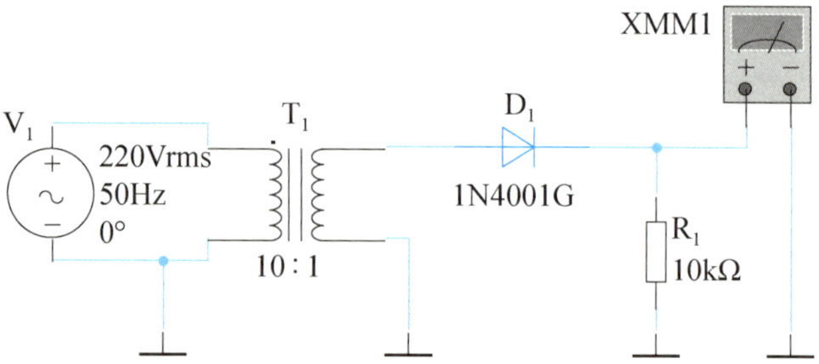

（a）电路图

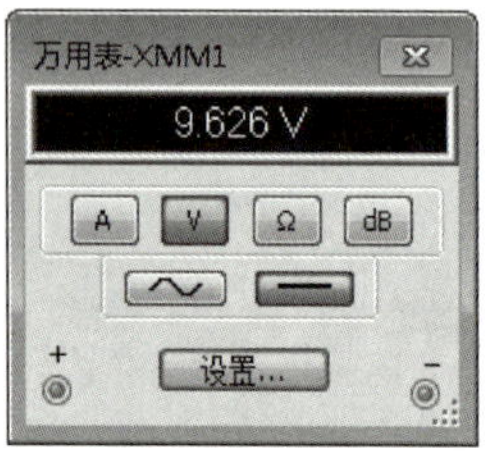

（b）直流分量

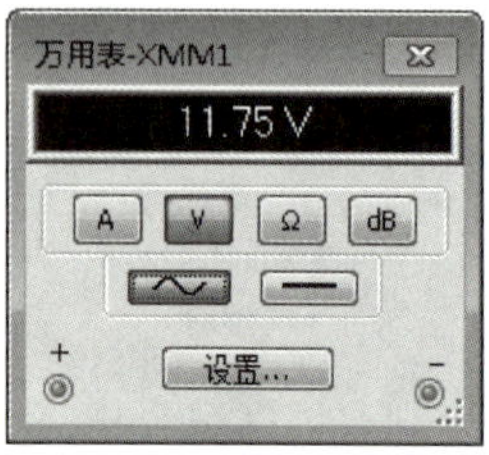

（c）交流分量

用万用表测量输出电压

将示波器换成万用表测量输出电压，如上图所示。需要注意的是：实际上真实的万用表并不能准确地测量整流后的所有交流谐波分量，仅能测量较低频的部分。测量结果显示直流分量没有交流分量大。

（4）汇总分析仿真结果，撰写仿真总结报告。

二、准备工作

1. 工具和材料准备

工具和材料清单

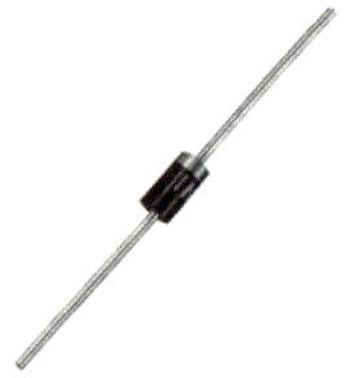		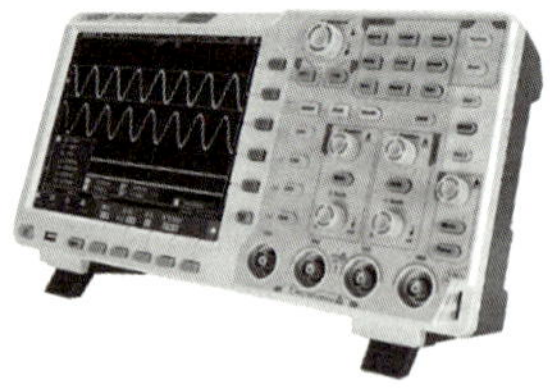
1N4001 二极管	万用表	示波器
		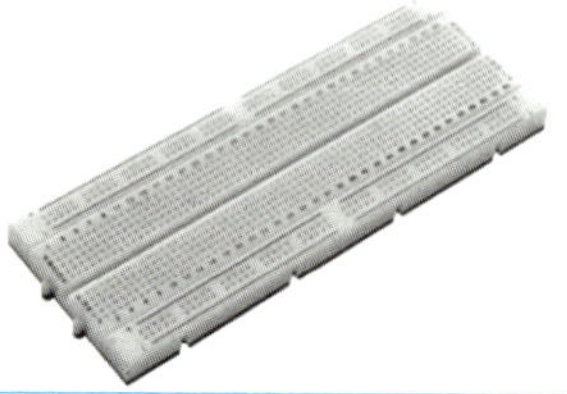
10kΩ 电阻	交流信号源	面包板

续表

0.5mm² 单芯铜线	偏口钳	剥线钳

2. 电路图准备

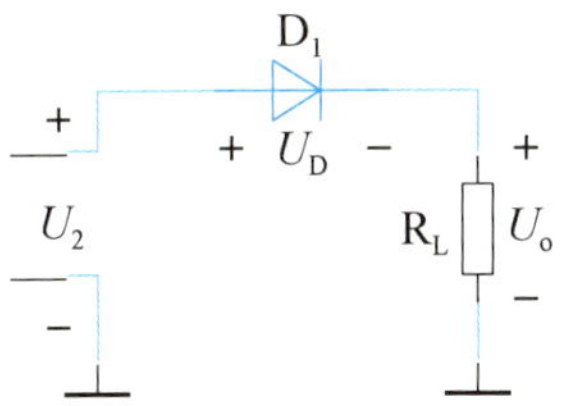

半波整流电路

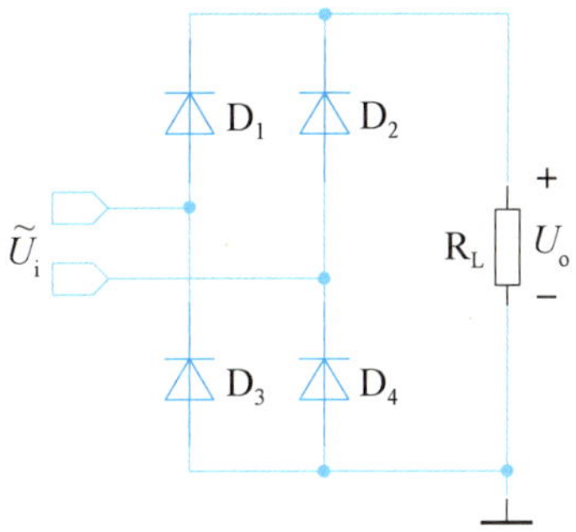

桥式整流电路

三、实施记录

1. 拟订测试方案

测试方案拟订表

序号	测试项	测试方案（含电路图）	简述理由
1	电阻	（1）外观检测； （2）万用表测试	
2	二极管	（1）外观检测； （2）万用表测试	
3	面包板	（1）外观检测； （2）用万用表测量插孔间是否连通	
4	交流信号源	用示波器观察信号源输出的信号波形	
5	半波整流	（1）通电前用万用表检查是否短路； （2）接通信号源之前检查输入信号是否合格； （3）接通信号后用万用表测量直流量和交流量，记录测量结果； （4）用示波器观察输入信号和输出信号，记录波形	

续表

序号	测试项	测试方案（含电路图）	简述理由
6	桥式整流	(1) 通电前用万用表检查是否短路； (2) 接通信号源之前检查输入信号是否合格； (3) 接通信号后用万用表测量直流量和交流量，记录测量结果； (4) 用示波器观察输入信号和输出信号，记录波形	

2. 元器件识别与检测过程记录

元器件识别与检测过程记录表

序号	元器件	识别与检测过程实施记录	识别与检测结果
1	电阻		
2	二极管		
3	交流信号源		
4	面包板		

3. 电路装接过程记录

电路装接过程记录表

序号	元器件	装接过程记录	初测结果（是否正常）
1	半波整流电路		
2	桥式整流电路		

4. 测量结果与分析

测量结果与分析表

序号	测量项	测量结果	理论值	对比分析
1	半波整流电路			
2	桥式整流电路			

四、总结与评价

填写任务评价表，简单总结任务完成过程及心得体会。

任务评价表

任务名称			总分			
姓名		学号		日期		
考核项目	考核内容	配分	自评 30%	互评 30%	师评 40%	得分
素质	遵守实验室规章制度，与同学和谐协作，执行 5S 管理标准	30				
知识	能借助信息化资源自主学习，理论联系实际，正确完成任务	30				
技能	布线合理，操作规范，未造成受伤或设备与元器件损坏、遗失，按时完成任务	40				

任务三 滤波电路应用

任务描述

滤波电路（见图 1－22）也是最常见的电路单元之一，不仅用于直流稳压电源，还用于滤除外界干扰、信号分流、去除不需要的信号分量等场景。较常见的滤波元器件有电容和电感两种，有时单独使用其中一种，有时将两者同时搭配使用。通常电容滤波具有体积小、重量轻、价格低等优点，而电感滤波的优点是电流大，适合大功率设备使用。

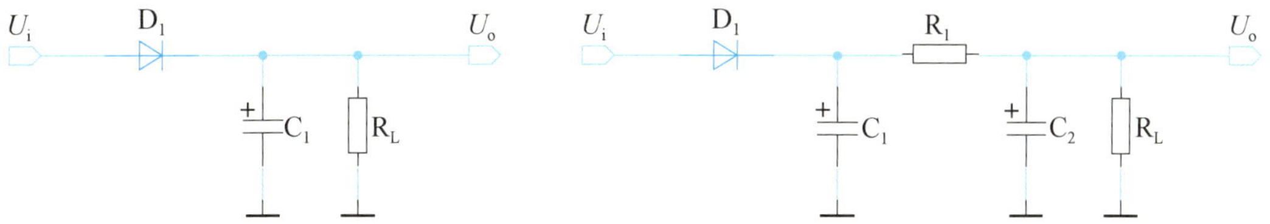

（a）电容滤波　　（b）π型滤波

图 1－22　滤波电路

本任务为制作滤波电路，要求会用仿真软件对滤波电路进行仿真，能合理设计滤波电路，选择元器件参数，识别和测试元器件，根据原理图搭建实际电路，使用万用表和示波器测量电路参数，会调试电路。

知识储备

知识 1 纹波系数和电容滤波

交流电流经过整流之后会有很大的交流成分，半波整流甚至交流分量大于直流分量，这种广义的直流并不能满足绝大多数的电子设备需求。整流电路的输出必须经过滤波环节以减少交流分量，使其达到技术指标要求，才能供给电子设备。

直流电中的交流成分也称为纹波。纹波有很多危害：会在用电设备中产生不期望的谐波，降低电源的效率，有可能产生浪涌电压或电流，导致用电设备烧毁；干扰数字电路的逻辑关系，影响其正常工作；带来噪声干扰，使图像、音响设备不能正常工作等。

纹波系数（Ripple Factor）是衡量交流成分多少的技术指标。在额定负载电流下，纹波系数 r 等于输出交流电压的有效值 U_{rms} 与直流电压 U_o 之比，即

$$r=\frac{U_{rms}}{U_o}\times 100\% \tag{1-5}$$

常见的抑制纹波、降低纹波系数的方法，有以下几种：

（1）在成本、体积允许的情况下，尽可能采用全波或桥式整流电路。

（2）加大滤波电路中电容容量，条件允许时使用效果更好的 LC 滤波电路。

（3）使用效果好的稳压电路，对纹波抑制要求很高的场景使用模拟稳压电源而不使用开关电源。

（4）合理布线。

图 1－23 是二极管半波整流后采用电容滤波的电路原理，滤波的核心元器件是 C_1，负载电阻是 R_L。一般来讲，滤波电容容量越大，滤波效果越好；负载电阻越大，滤波效果越好，反之亦然。其实滤波效果取决于并联总电容 C 和线路串联总电阻 R 的乘积，一般取

$$RC\geqslant(3\sim5)\frac{T}{2} \tag{1-6}$$

式中 RC 为时间常数，具有时间的量纲，在电阻单位为欧姆（Ω）、电容单位为法拉（F）的情况下，乘积结果的单位为秒（s）；T 为电压波动的周期，周期是频率的倒数。

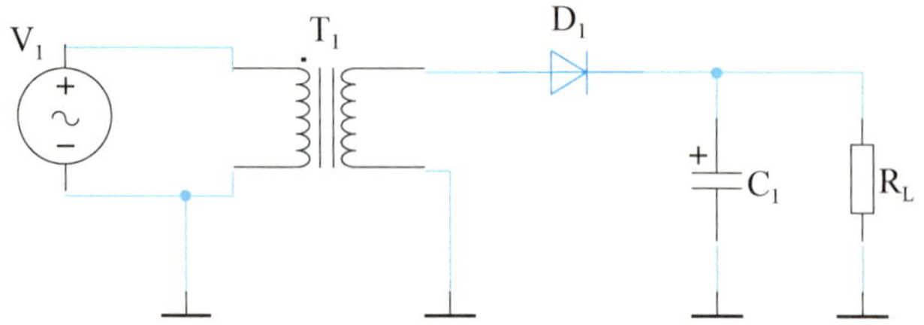

图 1－23 二极管半波整流电容滤波电路原理

我国电网一律采用 50Hz 交流电，半波整流后仍然为 50Hz，对应的周期是 0.02s，则半波整流时公式为

$$RC \geqslant (0.03 \sim 0.05) \tag{1-7}$$

桥式整流时公式为

$$RC \geqslant (0.015 \sim 0.025) \tag{1-8}$$

实际在对电源滤波电容进行选择时可以尽量选择更大一些的，滤波效果会更好。需要注意的是：太大的电容，尤其是大的电解电容对高频干扰的滤波效果不理想，为了对高频干扰滤波，经常需要再并联微法级的瓷片电容，有时还要增加磁环或磁珠。

电容滤波的效果如图 1－24 所示。

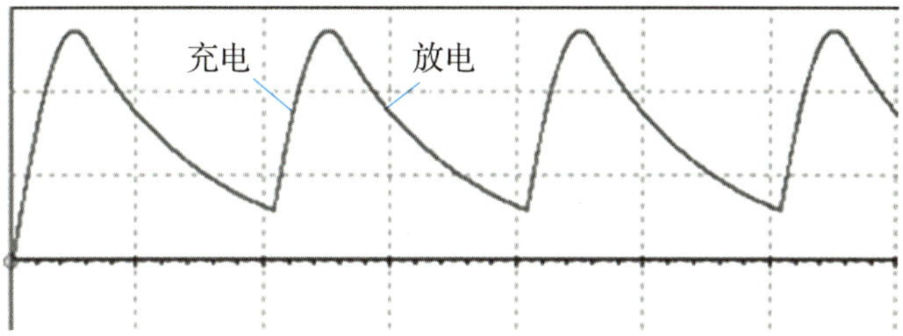

图 1－24　电容滤波的效果

可以用能量的储存和释放来解释电容滤波现象。当整流二极管的电压高于电容原有电压时，电容充电，进行能量的储存，同时电压逐渐上升；当整流二极管的电压低于电容电压时，整流二极管截止，电容放电，原来储存的能量释放，随着时间的延迟电压逐渐降低，直到下一个充电周期到来。负载电阻的阻值越大，放电的电流越小，能量释放过程越漫长，如果电容和电阻都非常大，则电压降低非常缓慢。

在空载情况下，负载电阻相当于无穷大，输出电流为 0，则输出电压为滤波前的电压峰值。不管半波整流还是桥式整流电路，若变压器次级电压有效值为 U_2、峰值为 U_m，则增加电容进行滤波后的输出电压 U_o 为

$$U_o = U_m = \sqrt{2}U_2 \approx 1.414U_2 \tag{1-9}$$

加上负载后，随着输出电流的增加，交流分量占比增加，直流分量有所下降，通常在电流不太大的情况下，桥式整流电路估算公式为

$$U_o \approx 1.2U_2 \tag{1-10}$$

半波整流电路滤波后输出电压略低一些，即

$$U_o \approx (1 \sim 1.1)U_2 \tag{1-11}$$

知识 2　π 型滤波电路

电容利用储存、释放能量进行滤波，同样，电感也能利用储存、释放能量进行滤波。

电感滤波的优点是可以输出大电流，但是在低频的时候，要想获得比较好的滤波效果电感必须非常大才行。而电感通常都是用铜线绕制的，大电感需要很多的铜材料，会有体积大、价格昂贵、重量大等缺点，所以人们很少使用电感进行低频滤波。

电容滤波体积小、重量小、价格低，通常适用于较小电流的场景。将电容滤波和电感滤波相结合，构成 π 型滤波电路既可以获得更好的滤波效果，也可以同时获得比较大的输出电流。

π 型滤波电路的结构如图 1－25 所示。

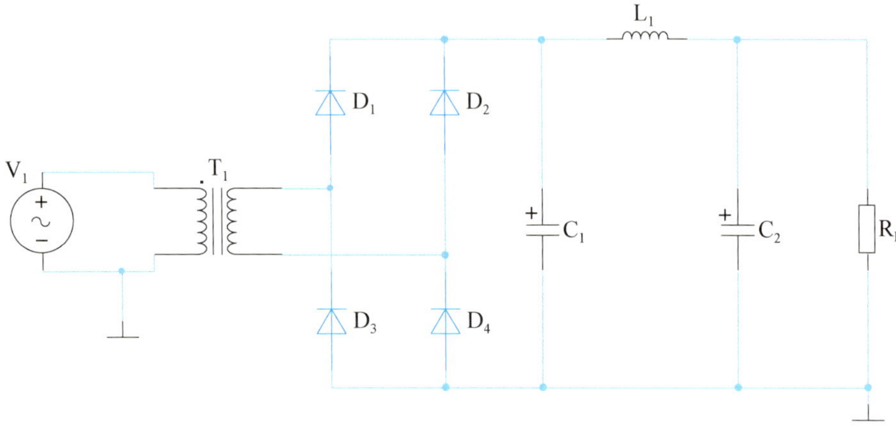

图 1－25　π 型滤波电路的结构

电感滤波输出电压为

$$U_o \approx 0.9U_2 \qquad (1-12)$$

π 型滤波电路滤波后输出电压为

$$U_o \approx 1.2U_2 \qquad (1-13)$$

在输出电流不大的情况下可以用电阻 R 代替电感 L_1，称为 RC π 型滤波。R 的阻值不能太大，一般为几欧姆至几十欧姆，其优点是成本低，缺点是电阻要消耗一些能量，滤波效果不如 LC π 型电路，输出电压也略低一点。因为全部输出电流都通过这个电阻，所以这个电阻的功率要足够大，功率较大时可以考虑采用绕线电阻或水泥电阻，这两种类型的电阻都可以承受较大的功率。

从信号分析角度来讲，单个电容滤波属于一阶滤波，RC π 型滤波属于二阶滤波，LC π 型滤波属于三阶滤波。滤波器阶数越高，滤波效果越好。

课堂讨论

如何从能量储存与释放角度分析 π 型滤波电路的工作原理？

视频

1-7 整流滤波电路仿真

任务实施

一、仿真

（1）用仿真软件绘制电容滤波电路图。

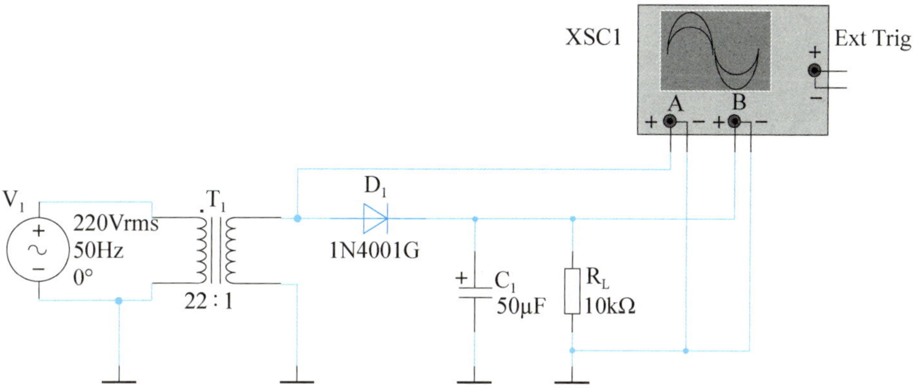

电容滤波电路图

（2）保持 R_L 不变，改变 C_1 的大小，用示波器观察输出波形的变化；保持 C_1 不变，改变 R_L 的大小，用示波器观察输出波形的变化。

（3）使用万用表测量纹波系数。分别改变 C_1 和 R_L 的大小进行测量，分析 C_1 和 R_L 的大小对纹波系数的影响。

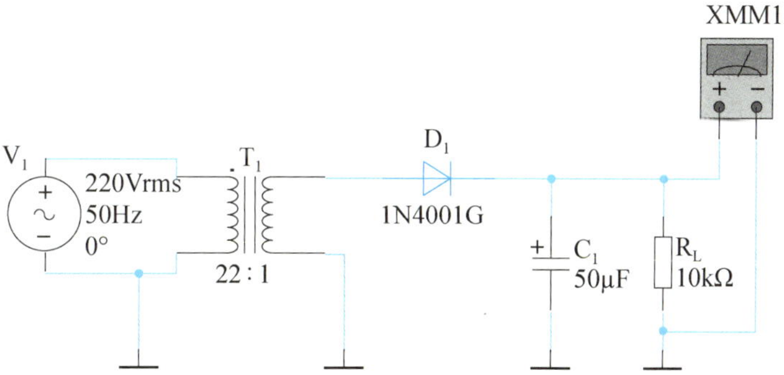

测量纹波系数

（4）用仿真软件绘制桥式整流的电容滤波电路图，分别改变 R_L 和 C_1 的大小，用示波器观察波形的变化；将示波器换成万用表，测量其纹波系数并与半波整流测量结果进行对比。

（5）用仿真软件绘制 π 型滤波电路图，分别改变电路中 R_L、C_1、C_2、L_1 等的大小，用示波器观察输出波形的变化；用万用表替代示波器，测量电路的纹波系数；将 L_1 用不同阻值的电阻代替，用示波器观察波形的变化，用万用表测量电路的纹波系数。

（6）汇总分析仿真结果，撰写仿真总结报告。

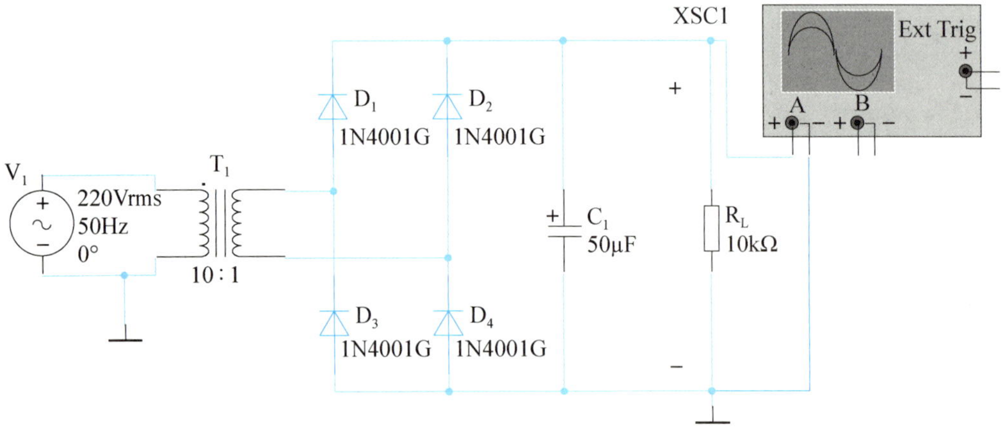

桥式整流的电容滤波电路图

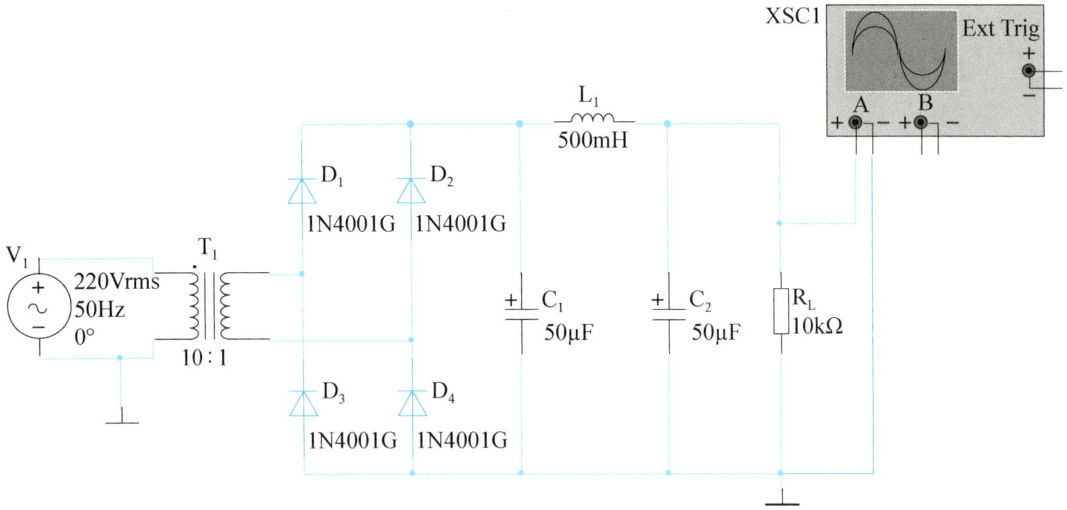

π 型滤波电路图

二、准备工作

1. 工具和材料清单准备

工具和材料清单

		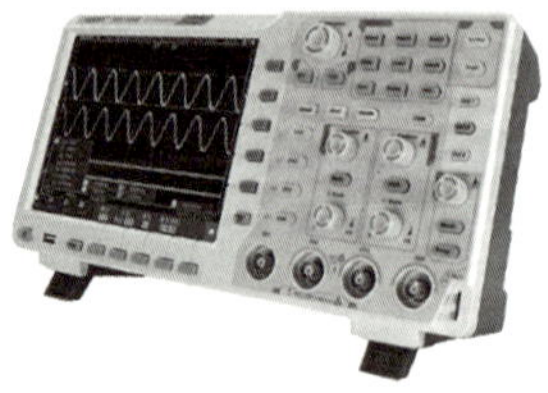
1N4001 二极管	万用表	示波器

续表

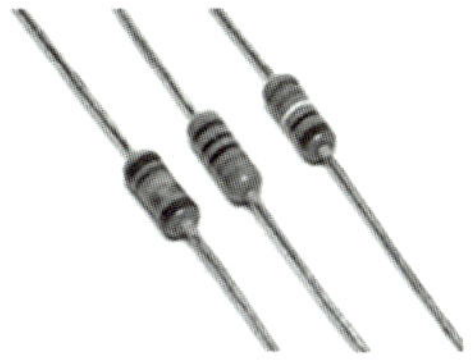		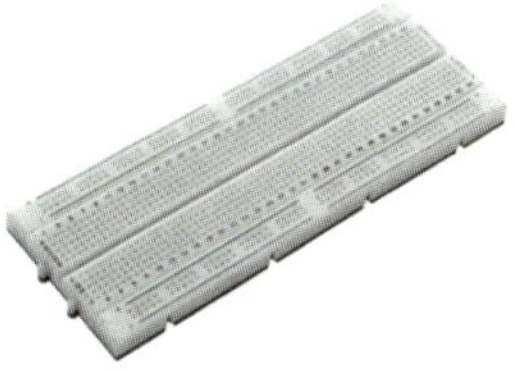
50Ω、100Ω、1kΩ、10kΩ 电阻	交流信号源	面包板

0.5mm^2 单芯铜线	25V、50μF 电解电容	剥线钳

偏口钳		

2. 电路图准备

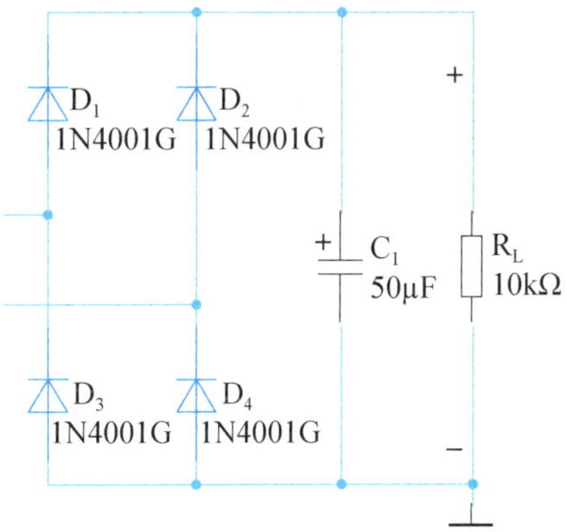

电容滤波电路图

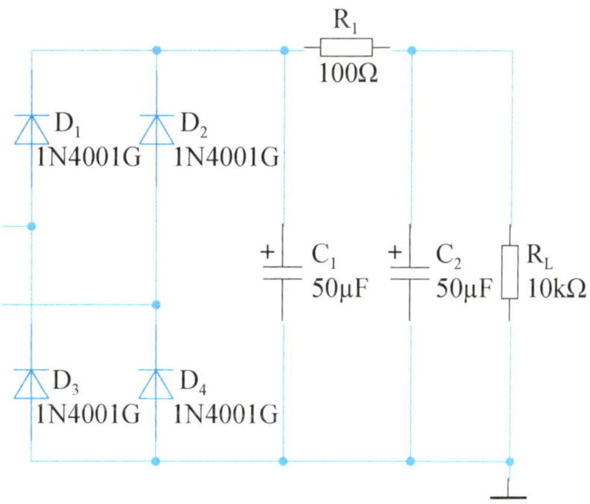

π 型滤波电路图

三、实施记录

1. 拟订测试方案

测试方案拟订表

序号	测试项	测试方案（含电路图）	简述理由
1	电阻	（1）外观检测； （2）万用表测试	
2	二极管	（1）外观检测； （2）万用表测试	
3	电容	（1）外观检测； （2）用万用表测试	
4	交流信号源	用示波器观察信号源输出的信号波形	
5	电容滤波	（1）通电前用万用表检查是否短路； （2）接通信号源之前检查输入信号是否合格； （3）接通信号后用万用表测量直流量和交流量，记录测量结果； （4）用示波器观察输入信号和输出信号，记录波形	
6	π 型滤波	（1）通电前用万用表检查是否短路； （2）接通信号源之前检查输入信号是否合格； （3）接通信号后用万用表测量直流量和交流量，记录测量结果； （4）用示波器观察输入信号和输出信号，记录波形	

2. 元器件识别与检测过程记录

元器件识别与检测过程记录表

序号	元器件	识别与检测过程实施记录	识别与检测结果
1	电阻		
2	二极管		
3	信号源		
4	电容		

3. 电路装接过程记录

电路装接过程记录表

序号	元器件	装接过程记录	初测结果（是否正常）
1	电容滤波电路		
2	π 型滤波电路		

4. 测量结果与分析

测量结果与分析表

序号	测量项	测量结果 1	测量结果 2	对比分析
1	电容滤波电路			
2	π 型滤波电路			

四、总结与评价

填写任务评价表，简单总结任务完成过程及心得体会。

任务评价表

任务名称				总分		
姓名		学号		日期		
考核项目	考核内容	配分	自评 30%	互评 30%	师评 40%	得分
素质	遵守实验室规章制度，与同学和谐协作，执行 5S 管理标准	30				
知识	能借助信息化资源自主学习，理论联系实际，正确完成任务	30				
技能	布线合理，操作规范，未造成受伤或设备与元器件损坏、遗失，按时完成任务	40				

任务四 集成稳压电路的特点与使用

任务描述

电子设备需要稳定的直流电源才能正常工作，所以直流电源是电子设备设计中最重要的部分之一。随着集成电路技术的发展，集成稳压电路日益成熟，如今可以简化很多常见场景的设计。本任务要求能识别集成稳压电路外观特征，识别型号，会根据型号检索数据手册，识别引脚，知道数据手册中主要参数的含义，会利用集成稳压电路（见图 1-26）搭建直流稳压电源，会使用万用表、示波器等仪器仪表对电路进行测量。

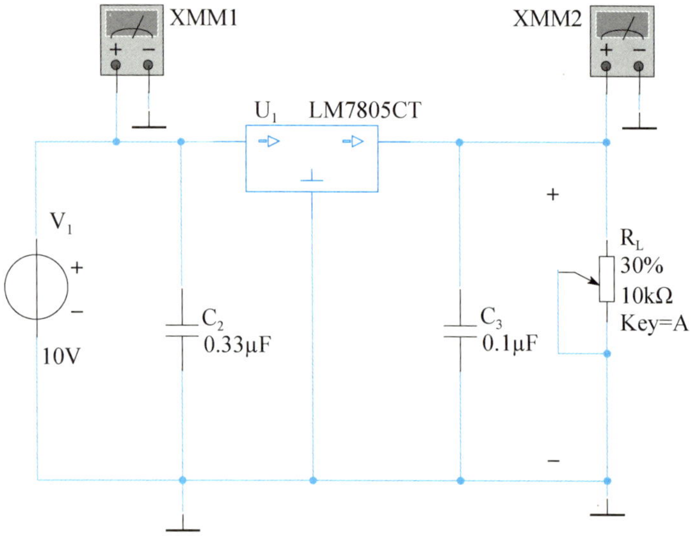

（a）固定稳压集成电路

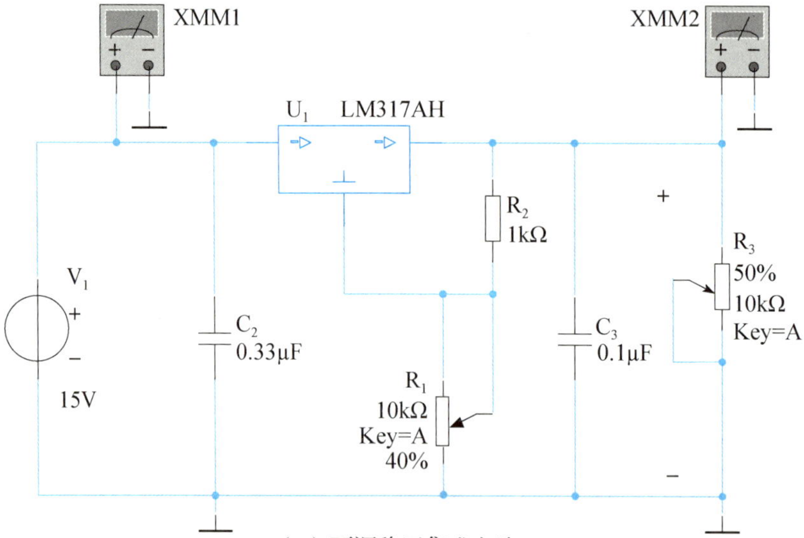

（b）可调稳压集成电路

图 1-26　集成稳压电路

知识储备

知识 1　集成电路

集成电路（Integrated Circuit，IC）是将晶体管、电阻、电容等元器件和导线制作在半导体晶片或介质基片上，然后封装在一个管壳内，构成的一个整体器件。集成电路分为薄膜

(Thin-film) 集成电路和厚膜 (Thick-film) 集成电路两大类，平时主要用薄膜集成电路。

集成电路设计制造的过程主要包括系统设计、电路设计、版图设计、掩模版制作、晶圆制备、刻蚀、清洗、测试、切割、封装、成品检测等，工艺复杂，技术难度高。图 1-27 为切割前的晶圆，图中每个小方格都会在切割后封装成集成电路。由于晶圆是薄片，切割后进行封装的集成电路也称为芯片 (Chip)。集成电路的外观由封装决定，差异非常大，不同封装的集成电路如图 1-28 所示。

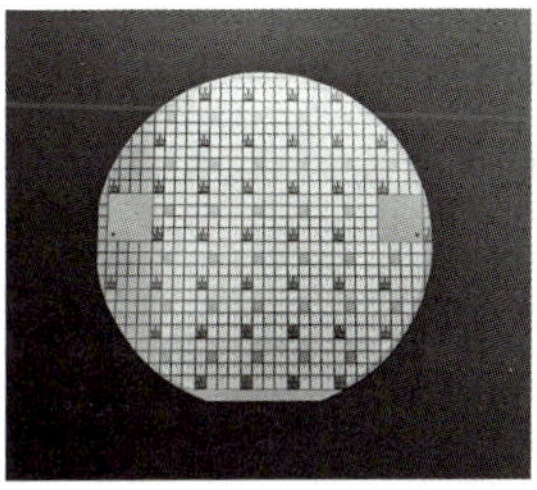

图 1-27 切割前的晶圆

图 1-28 不同封装的集成电路

集成电路与分立元器件制成的电路相比，主要优点有尺寸小、重量轻、成本低、故障率低、功耗低、易于更换、运行速度快、一致性好、能处理微小信号等。

集成电路由于工艺限制，通常不能制造过大的电容，也不能制造电感。由于电路结构过于密集，所以集成电路的散热问题必须予以重视，通常集成电路的功率比较小，大功率的集成电路都需配备散热片。

集成电路种类繁多，分类方法有很多，按照处理信号类型来分，可以分为模拟集成电路、数字集成电路、数/模混合集成电路；按照集成度高低来分，可以分为小规模、中规模、大规模、超大规模等；按照内部元器件导电原理来分，可以分为双极型集成电路和单极型集成电路；按照应用领域来分，可以分为通用型集成电路和专用型集成电路等。

当前，集成电路正进一步朝着集成度更高的方向发展，在平面工艺接近理论极限的情况下，开发出了多层立体结构，另外开辟了碳基集成电路发展新方向。在系统层面，片上系统 (System on Chip，SoC) 应用越来越多，极大减少了电子产品开发的总体工作量。

小提示

集成电路在外壳上印有型号、厂家、批次等信息，在使用时应根据型号查找对应厂家的数据手册，不同厂家的同一型号产品可能存在一些参数差异。

课堂讨论

什么是片上系统？

素养提升

近年来，集成电路已经超过原油成为我国进口额最高的产品，美国出于自身利益对我国集成电路产业进行制裁，企图限制我国高端集成电路产业的发展。针对这一情况，我国提出了《国家集成电路产业发展推进纲要》，将集成电路产业作为国家战略性产业推进发展。

知识2 固定稳压集成电路

视频

1-8 稳压集成电路

对于直流电源来说，整流滤波电路虽然能够提供较为平滑的直流电流，但是由于电网电压或负载波动，其输出电压经常不稳定，在很多要求较高的场合，还需要使用稳压电路稳定输出电压，使输出电压的高低不随电网电压或负载波动发生变化。

直流稳压电源主要分为线性稳压电源和开关稳压电源。线性稳压电源输出平滑，稳定性较好，干扰小，体积较大，自身功耗较大，效率低，带负载能力较差，一般用在电流较小和对干扰敏感的电路中。开关稳压电源体积小，输出功率较高，效率高，不过存在高频干扰，价格较低，使用非常广泛。

直流稳压电源的集成电路价格低廉，能简化设计，易于调试，性能较好，所以应用非常多。线性稳压电源的集成电路一般分为可调稳压集成电路和固定稳压集成电路两大类。

三端稳压集成电路是常见的线性稳压集成电路，图 1-29 为三端稳压集成电路 7805 实物。7805 有三个引脚，面对 7805 印有型号的一面，从左至右，引脚号分别为 1、2、3，其中 1 为输入端，2 为接地端，3 为输出端。常见的三端稳压集成电路分为 78 系列和 79 系列，都是固定稳压集成电路，78 系列为正电源，79 系列为负电源，型号的后两位数字代表输出电压的幅度，如 7805 的输出就是+5V，7912 的输出就是−12V。78 系列和 79 系列通常要求输入电压比输出电压（绝对值）高 3V 以上。

图 1-29 三端稳压集成电路 7805 实物

图 1-30 为采用 7805 的稳压电路原理，图中 C_2、C_3 和 7805 构成了稳压电路，C_2 和 C_3 一般是零点几微法的小电容，主要用来防止集成电路 7805 自激振荡，C_2 的典型值是 0.33μF，C_3 的典型值是 0.1μF。C_1 是滤波电容，要求容量较大，一般为几百微法，甚至更大。

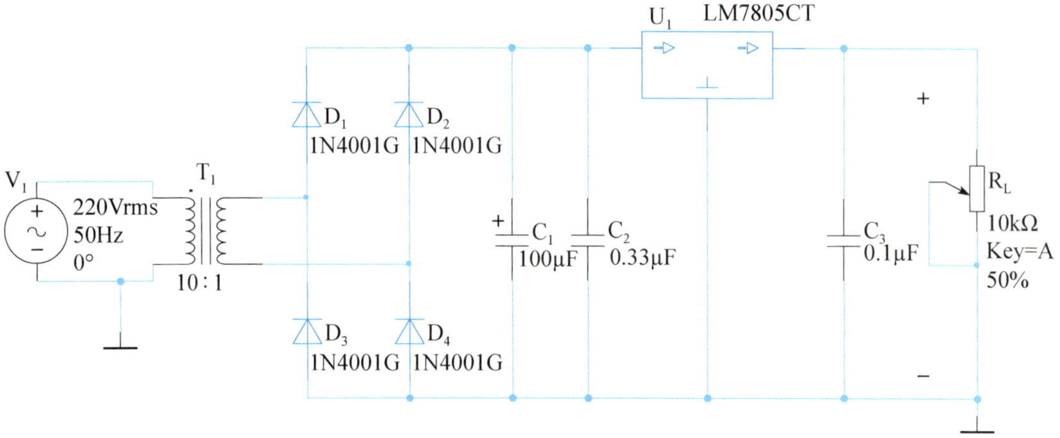

图 1-30 采用 7805 的稳压电路原理

79 系列是负电源，在使用上和 78 系列有所不同。图 1－31 是 7905 的引脚排列，其引脚排列与 78 系列不同：1 脚为接地端，2 脚为输入端，3 脚为输出端。

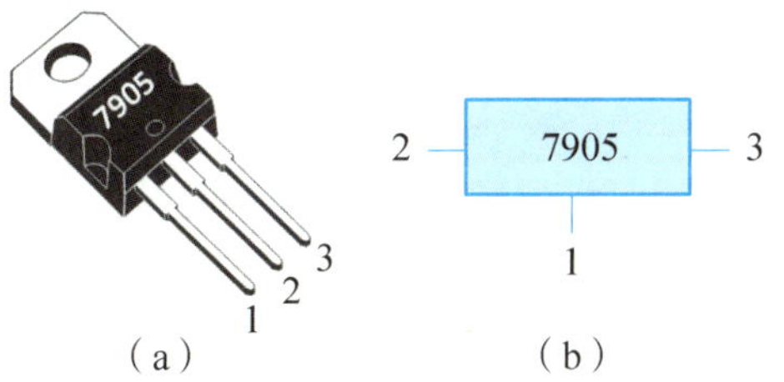

图 1－31　7905 的引脚排列

图 1－32 是采用 7905 的稳压电路原理，要注意到整流二极管 D_1～D_4、滤波电容 C_1 和输出电压的极性方向都与图 1－30 中的方向相反。

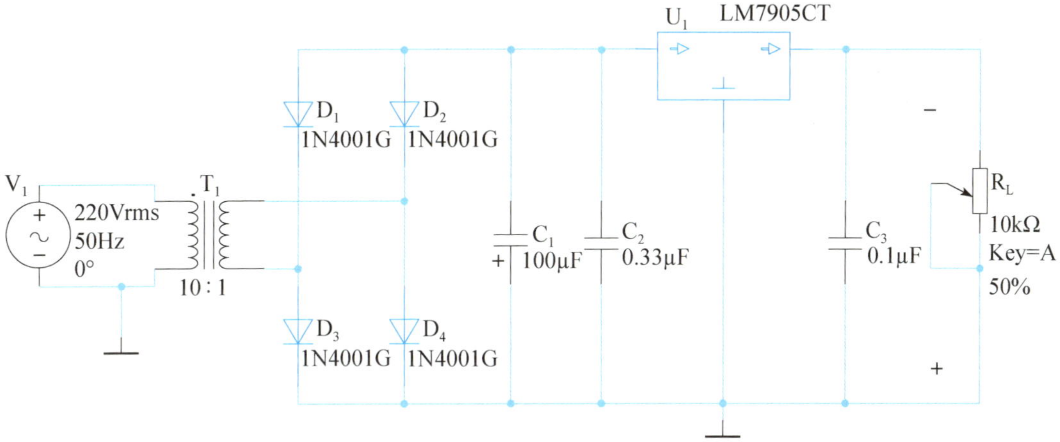

图 1－32　采用 7905 的稳压电路原理

知识 3　可调稳压集成电路

有些三端稳压集成电路可以通过外接简单电路实现输出电压可调，如 LM317、TL431 等。LM317 的输出电压在 1.2～37V 范围内可调，能够输出 1.5A 的电流，内部具有较好的保护电路，LM317 的引脚排列如图 1－33 所示，图中 1 脚为调节端，2 脚为输出端，3 脚为输入端。

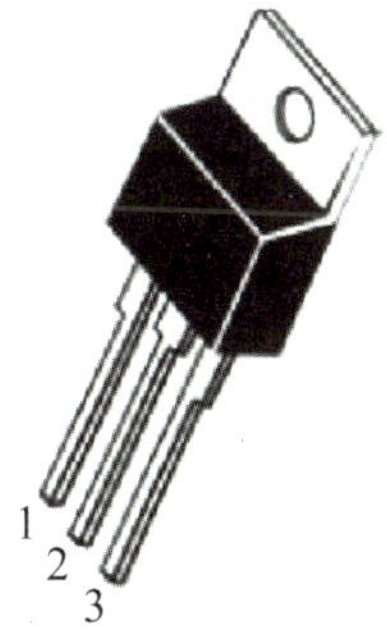

图 1－33　LM317 的引脚排列

图 1－34 为使用 LM317 的稳压电路原理，图中电容 C_2 和 C_3、电阻 R_2、电位器 R_1 和集成电路 LM317 共同构成稳压电路。小电容 C_2 和 C_3 用来改善纹波系数和防止自激振荡，电阻 R_2 和电位器 R_1 构成电压调节电路，调节电位器 R_1 可以改变负载 R_L 两端的电压。

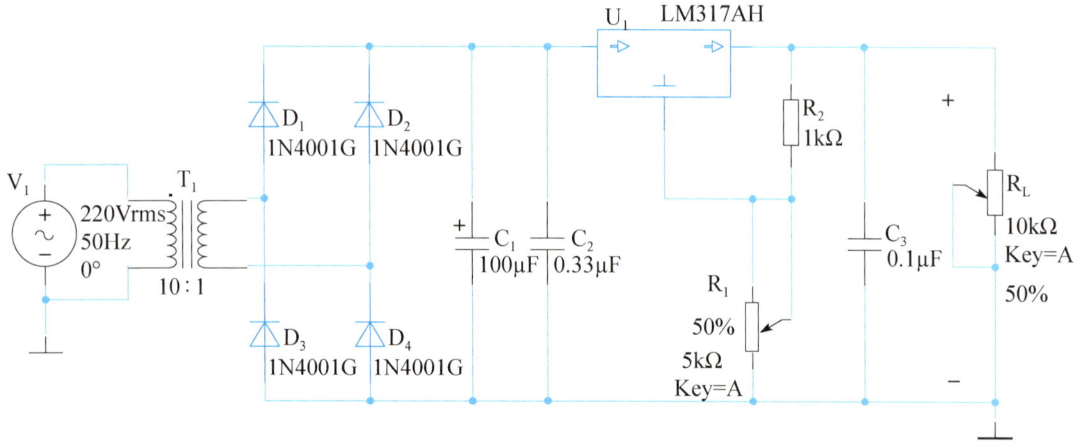

图 1－34　使用 LM317 的稳压电路原理

任务实施

（1）用仿真软件绘制 LM7805 稳压电路图。

改变负载 R_L 的大小，用示波器观察波形的变化，用万用表测量纹波系数。改变交流电源 V_1 的电压大小，用示波器观察波形的变化，用万用表测量纹波系数，并与前面的测量结果进行对比，调整时注意 LM7805 的输入和输出电压差不能小于 3V。

视频

1－9　稳压集成电路仿真

（2）用仿真软件绘制 LM7905 稳压电路图。

改变负载 R_L 的大小，用示波器观察波形的变化，用万用表测量纹波系数。改变交流电源 V_1 的电压大小，用示波器观察波形的变化，用万用表测量纹波系数，并与前面的测量结果进行对比，调整时注意 LM7905 的输入和输出电压差不能小于 3V。

（3）用仿真软件绘制 LM317 稳压电路图。

改变负载 R_L 的大小，用示波器观察波形的变化，用万用表测量纹波系数。改变交流电源 V_1 的电压大小，用示波器观察波形变化，用万用表测量纹波系数，并与前面的测量结果进行对比。改变调整电阻 R_1 的大小，用万用表测量 R_1 的阻值和对应的输出直流电压，并记录。

（4）汇总分析仿真结果，撰写仿真总结报告。

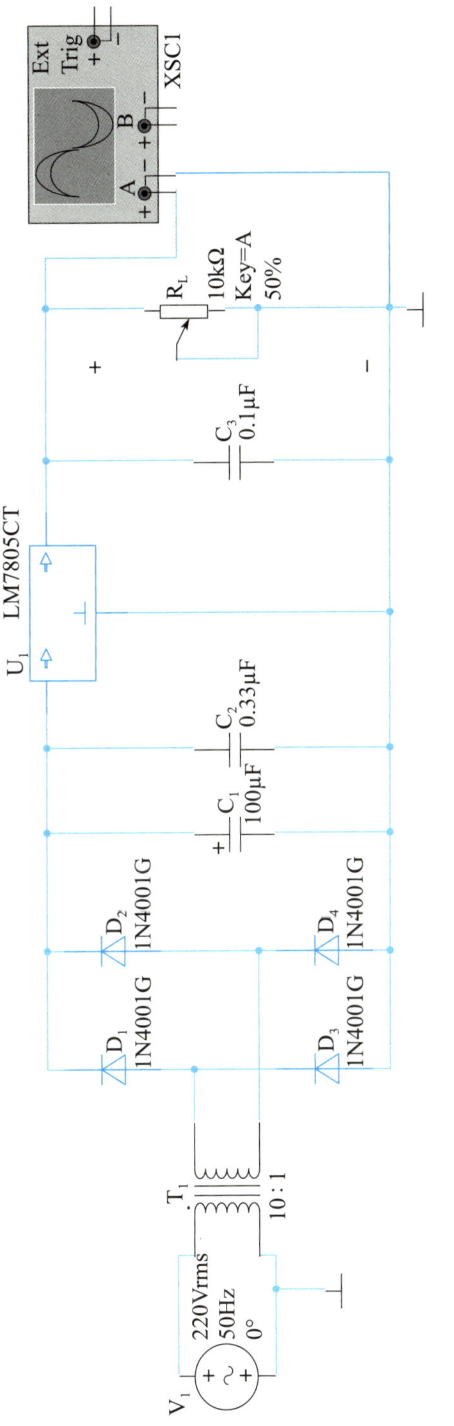

LM7805 稳压电路图

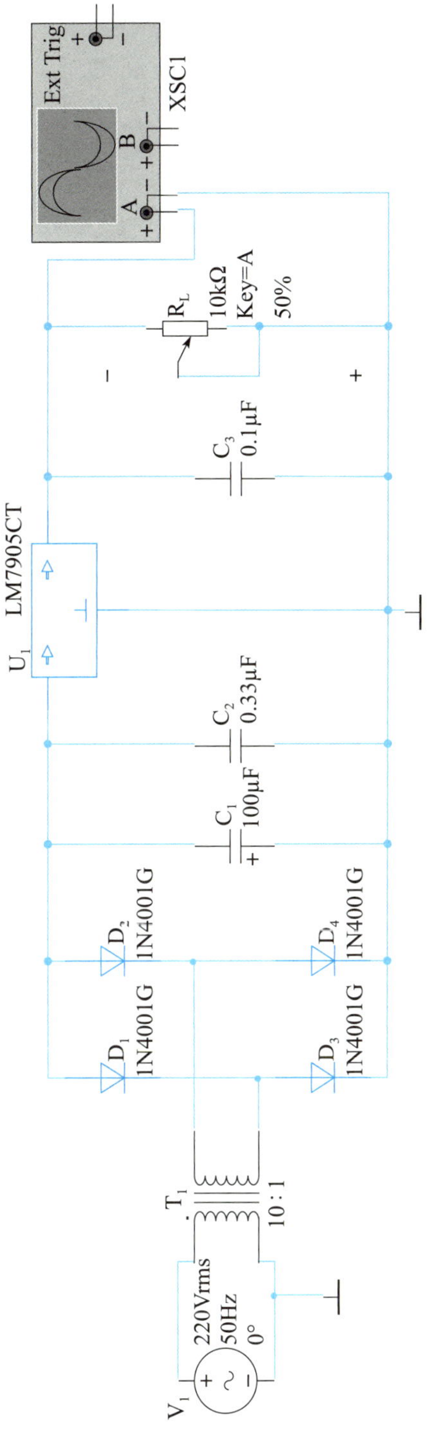

LM7905 稳压电路图

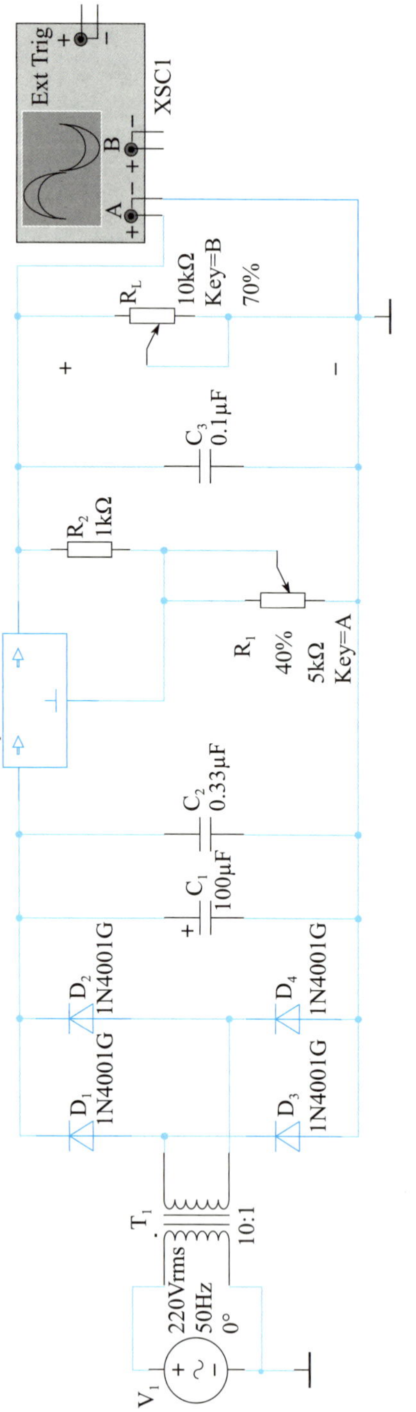
Ext Trig
XSC1
A
B
R_L
10kΩ
Key=B
70%
C_3
0.1μF
R_2
1kΩ
LM317AH
U_1
R_1
40%
5kΩ
Key=A
C_2
0.33μF
C_1
100μF
D_1
1N4001G
D_2
1N4001G
D_3
1N4001G
D_4
1N4001G
T_1
10:1
V_1
220Vrms
50Hz
0°

LM317 稳压电路图

任务五 小功率直流稳压电源制作

任务描述

直流稳压电源是电子实验中的常用设备，直流 5V 是最常用的电压之一，所以很多直流稳压电源设备会单独提供一路固定 5V 输出电压，另一路输出电压可调。请设计、制作一台小功率直流稳压电源，其要求如下：

1. 功能要求

实现将 220V 交流照明电转换为低压直流电的功能。

2. 技术指标

输入：交流电压 220V。

输出：一路直流电压+5V，输出电流 1A；另一路+3～+12V 可调，输出电流 0.5A。

纹波系数：小于 0.01%。

知识储备

知识 1　可调式稳压电路的组成与分析

交流高压转换为直流低压，需要有两个转变：一个是交流变直流，一个是高压变低压。这两个转变可以分别进行，常见的方法是先用变压器将高压交流转换为低压交流，然后再将低压交流转换为低压直流。变压器只能将交流信号进行升压或降压，不能对直流进行电压升降转换。

将低压交流转换为低压直流，不能一步达到要求，需要两步：一是通过整流电路，将交流转换为广义的直流，这样的直流纹波系数非常大，不能满足用电设备的需求；二是滤波，滤波将去掉绝大多数的电流波纹，使纹波系数达到技术指标要求。

按照国家标准《电能质量　供电电压偏差》(GB/T 12325—2008)，标称电压为 220V 的单相供电电压可以有－10%～＋7%的电压偏差。也就是说，220V 交流电源的电压可能在 198～235.4V 波动，而一般的直流用电设备不希望电源有这么大的波动，所以直流稳压电源都有稳压环节。

综上所述，直流稳压电源系统结构框图如图 1-35 所示。

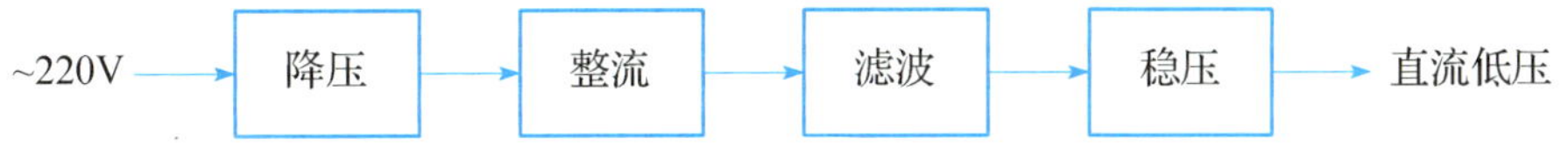

图 1-35　直流稳压电源系统结构框图

直流稳压电源主要由降压、整流、滤波和稳压几个部分组成。降压变压器需要考虑的主要因素有次级线圈数量、次级输出电压、功率。次级线圈数量和输出直流电压的路数有关系，如果只有一路直流电压输出，就仅需一个次级线圈；如果有两路直流电压输出，但是这两路直流电压差不大，也可以只使用一个次级线圈；如果有多路直流电压差很大的直流电压输出，则应该选用多个次级线圈的变压器。

变压器的次级输出电压根据输出直流电压进行推算。因为 220V 交流电可以有－10％～＋7％的电压偏差，所以设计电路时必须考虑变压器初级线圈输入电压在 198～235.4V 波动，输出电压都能满足技术指标要求。如果输出直流电压要求有 12V，则考虑 7805 之类的三端稳压集成电路两端有 3V 压降，则要求滤波电路的输出至少达到 15V，按照 1.2 倍的关系换算成变压器次级有效值就是 12.5V。由此，变压器的匝数比应该是 198/12.5＝15.84，取整为 15∶1。再按照 15∶1 的匝数比可以推出整流滤波后的直流电压值范围是 15.84～18.83V。

变压器的功率可以由负载的功率得到。按照项目要求，两路直流的负载功率分别为 5W 和 6W，再加上稳压电路自身消耗的功率，变压器的功率选择 20W 比较合适。在选择变压器功率的时候，一方面要考虑很多情况下负载并不是满载运行，本身是有余量的，所以变压器不用预留过大功率；另一方面，变压器偶尔短时少量超过额定功率并不会损坏；还要考虑某些特殊情况，如误操作导致的短时间短路，变压器不应烧毁；还有变压器功率余量过大会导致体积、重量、价格的大幅增加。所以，在选择变压器的时候，应该充分考虑正常工作的最大功率，变压器的额定功率应略大于正常工作的最大功率。

通过前面的分析可以知道，对于本任务来说，由于＋3～＋12V 一路的三端稳压集成电路输入电压比较高，并不适合直接给 7805 供电，否则容易使 7805 过热，所以应该使用两个次级线圈的变压器。给 7805 供电的变压器线圈匝数比应为 29∶1，给 LM317 供电的变压器线圈匝数比应为 15∶1。

为减小纹波系数，采用桥式整流，整流二极管的选择非常重要。技术指标要求 7805 一路的直流电流为 1A，所以整流二极管的最大平均整流电流应不小于 1A，为应对干扰、误操作等特殊情况，选择器件型号时应留有至少 10％的余量，如果条件允许可以选择 2～3 倍安全系数，所以 7805 一路选择 2A 的整流二极管型号，0.5A 的 LM317 一路选择 1A 的整流二极管型号。

整流二极管可能遇到的最高反向电压是一个必须考虑的问题，过高的反向电压会永久性损坏二极管，导致电路故障。正常工作时，二极管反向峰值电压由变压器次级输出电压的峰值决定。变压器初级有效值最高为 235.4V，按照匝数比 15∶1 计算出次级有效值最高为 15.69V，则幅值为 22.19V，即正常工作时二极管最高反向工作电压为 22.19V。为了应对各种不可预见的干扰（如雷电导致的电网电压波动），在选择二极管型号时，通常将二极管最高反向工作电压提升 1 倍，所以本任务按照最高反向工作电压 50V 来选择二极管型号。7805 一路的最高反向工作电压低于 LM317 一路，50V 是很低的标准，所以也按照最高反向工作电压 50V 来选择二极管型号。

如果两路的技术指标差距太大，某些参数要求过高，则符合要求的器件会特别昂贵，这时减少昂贵器件的数量、降低设备成本就很重要；相反，在技术指标差距很小时，很多器件虽然型号不同，但是价格相同，这时就可以用高指标的型号替代低指标的型号，能够减少器件种类。

综上所述，7805 一路的整流二极管的型号选择 1N5401，其最大平均整流电流为 3A，最高反向工作电压为 50V；LM317 一路的整流二极管的型号选择 1N4001，其最大平均整流电流为 1A，最高反向工作电压为 50V，满足技术指标要求。

由于工作电流不太大，滤波电路可以采用电容滤波。滤波电容一般选择铝电解电容，在高品质电路中一般选择钽电解电容，钽电解电容价格较高，性能较好。电解电容的耐压是容易忽视的问题，电解电容的耐压应高过工作电压的 1/3 以上，很多场合取工作电压的 1.5～2 倍，以防止过高的干扰电压导致电容失效。电解电容的工作电压应按照整流电路输出的峰值计算，LM317 一路应该按照下式计算：

$$U=\sqrt{2}\frac{U_{1max}}{N}=\sqrt{2}\times\frac{235.4}{15}\approx 22V \tag{1-14}$$

式中 U_{1max} 为电网电压的最高有效值；N 为变压器匝数比。鉴于余量，可以选择 35V 耐压的电解电容。过高耐压值的电容会带来体积和价格的增加。7805 一路可以选择 25V 耐压的电解电容。

电解电容的容量可以根据时间常数 RC 进行选择，一般负载动态范围大的需要选择大容量电容，大容量电容体积大，价格高。在这里选择 470μF 的电容。

稳压电路使用 LM7805 和 LM317 典型电路。

知识 2　焊接

电子线路焊接是利用加热手段，在两种金属的接触面，通过焊接材料的原子或分子的相互扩散作用，使两种金属间形成一种永久的牢固结合。利用焊接的方法进行连接而形成的接点称为焊点。

焊接是电子线路装接时最常见的技术手段，焊接方法有很多种，常见的有手工焊接、波峰焊接、回流焊接等。手工焊接相对常见，手工焊接的优点是成本低、技术要求不高，适用于样品制作和小批量生产。手工焊接分为电烙铁焊接和热风枪焊接两种。波峰焊接是一种自动化焊接方法，适用于大批量生产，优点是生产效率高、焊点质量稳定，适用于大规模生产。回流焊接也称为再流焊接，是一种基于表贴器件（SMT）的焊接方法。回流焊接先将焊锡膏涂敷在焊盘上，然后通过加热炉烘烤，将焊锡膏熔化形成焊点，适用于大规模生产，焊点质量稳定。

焊接方法的选择是受器件类型限制的，如果设计的线路板采用插接件，则应该选用手工焊接或者波峰焊接；如果线路板采用表贴件，则应该选择回流焊接；如果线路板上既有表贴件，又有插接件，可以先进行表贴件的回流焊接，然后采用一定的保护措施，再对插接件进行波峰焊接。

目前表贴元器件越来越普及，很多线路板完全采用表贴件，采用贴片机、回流焊机的全自动化装接，极大提高了生产效率。

传统焊锡含铅，工作场所应有空气清洁净化措施，焊接完毕后应清洗手部和面部。为了符合环保要求，很多国家已逐渐转向无铅焊接。无铅焊接使用不含铅的焊膏材料，其工艺与传统的焊接方法类似，但需要在较高的温度下进行。

手工焊接是电子类专业的必备技能。手工焊接的工具主要有电烙铁、热风台、电烙铁支架、吸锡器、镊子、偏口钳、剥线钳等，耗材有烙铁头、焊锡丝、焊锡膏、海绵、松香、助焊膏、酒精、印制电路板（PCB）、铜导线等。

电烙铁主要有手持式和台式两类，如图 1－36 所示。手持式常分为内热式和外热式两种，焊接较小的电子元器件时可以选择 20W 内热式；如果元器件较大，则需要选择功率较大的电烙铁。手持式电烙铁携带方便，多数为恒温式，价格较低，也有价格略高的可调温式电烙铁。台式电烙铁调温性能好，升温快，是固定工作场所的优选。烙铁头可以根据需要更换为尖头、扁头等不同形状。

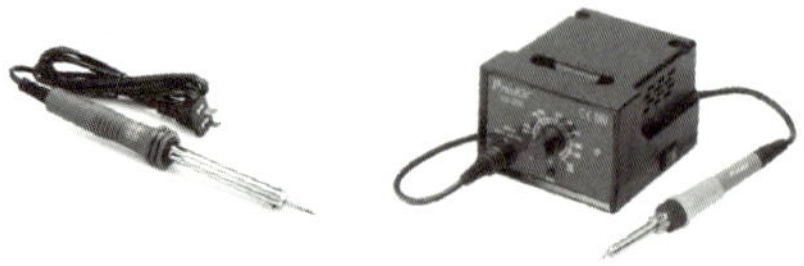

（a）手持式　（b）台式

图 1－36　电烙铁

在使用电烙铁的时候需要配合支架使用，以避免电烙铁烫伤皮肤或损坏其他物品。要养成随时将电烙铁放入支架的良好习惯。电烙铁支架如图 1－37 所示，通常配合有一个凹槽，用于放置海绵。海绵需要使用专用耐热海绵，使用前需要将其润湿，在烙铁头有氧化物或污物时可以使用润湿的海绵擦拭干净。

图 1－37　电烙铁支架

小提示

海绵中的水不要过多，海绵蘸水后用手压干即可。海绵是耗材，污损后要及时更换。

焊锡丝是常用焊料，一般内部含有松香，加热后的松香可以帮助清除氧化物，还可以增加焊锡的流动性。焊锡膏是膏状焊料，常用于表贴元器件的焊接，开封后的焊锡膏要尽快使用，以免干涸变硬。

助焊膏的作用与松香类似，但是有些助焊膏有腐蚀性，在焊接完毕后应该用无水酒精清洗干净。

吸锡器是在拆卸元器件时使用的工具，其外观如图 1－38 所示，使用时需用电烙铁加热焊点，在焊锡熔化时，用吸锡器吸除。

图 1－38　吸锡器外观

镊子用于夹持元器件，偏口钳用于剪短元器件的引脚，剥线钳用于去除导线的绝缘皮。

印制电路板（PCB）的基板是由绝缘隔热的材质所制成的，表面有导电的铜箔。PCB 预留焊接的铜箔呈圆形，称为焊盘。类似面包板的通用裸板称为万能板，如图 1－39 所示。

图 1－39　万能板

任务实施

一、仿真

（1）用仿真软件绘制双路直流稳压电路图。

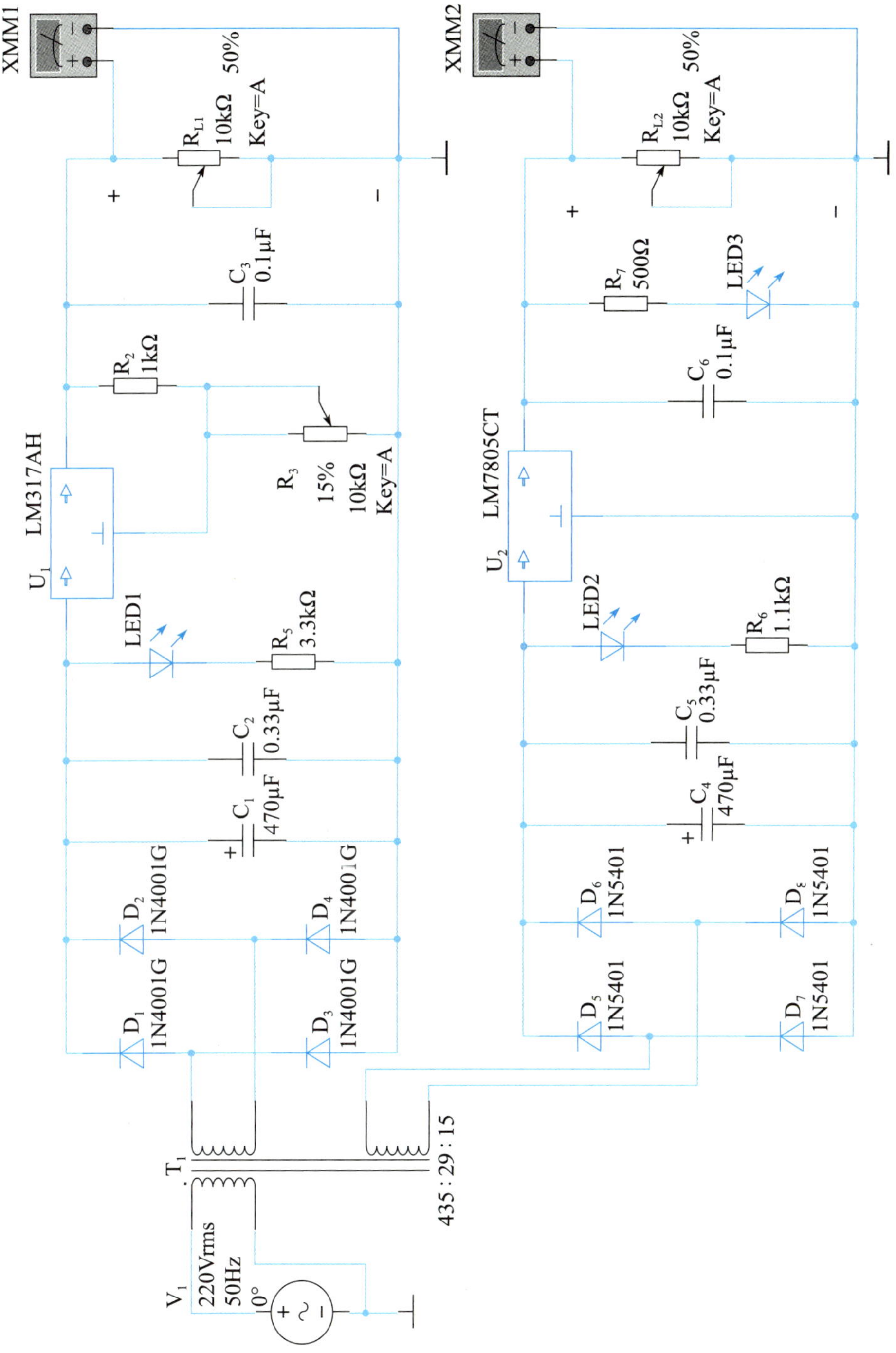

双路直流稳压电源电路图

（2）调节电位器 R_3，用万用表测量输出电压，记录输出电压变动范围，与设计指标对比。

（3）调节负载电位器 R_{L1}，测试输出纹波系数，与设计指标对比。

（4）测量负载电位器 R_{L2} 的两端电压，与设计指标对比。

（5）调节负载电位器 R_{L2}，测试输出纹波系数，与设计指标对比。

（6）用示波器观察电路中各处波形。

（7）仿照双路直流稳压电路图用 LM7809 和 LM7909 设计一个双电源电路，绘制电路图并进行仿真。

（8）汇总分析仿真结果，撰写仿真总结报告。

视频

1-10 双路直流稳压电源仿真

视频

1-11 直流稳压电源实操

二、准备工作

工具和材料清单如下表所示。

工具和材料清单

		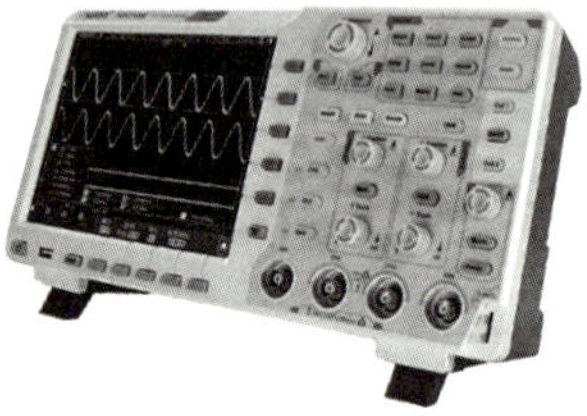
1N5401、1N4001 二极管	万用表	示波器

500Ω、1kΩ、1.1kΩ、3.3kΩ 电阻	0.1μF、0.33μF 瓷片电容	面包板

铜导线	万能板	25V、470μF，35V、470μF 电解电容

续表

剥线钳	偏口钳	发光二极管（LED）

电烙铁	吸锡器	LM7805、LM317

220V/15V+8V 变压器	焊锡丝	10kΩ 电位器

电源插头	绝缘胶带	

三、实施记录

1. 拟订测试方案

测试方案拟订表

序号	测试项	测试方案（含电路图）	简述理由
1	电阻	(1) 外观检测； (2) 万用表测试	
2	二极管	(1) 外观检测； (2) 万用表测试	

续表

序号	测试项	测试方案（含电路图）	简述理由
3	电容	（1）外观检测； （2）用万用表测试	
4	稳压集成电路	（1）观察外观是否异常，读取型号信息； （2）根据型号查找数据手册，了解参数； （3）用万用表检查引脚间有无异常短路	
5	变压器	（1）外观检查有无绝缘破损； （2）用万用表检查有无引脚异常短路； （3）识别初级引脚、次级引脚	
6	直流稳压电源	（1）通电前用万用表检查是否短路； （2）接通电源后用万用表测量直流量和交流量，记录测量结果； （3）用示波器观察输入信号和输出信号，记录波形	

2. 元器件识别与检测过程记录

元器件识别与检测过程记录表

序号	元器件	识别与检测过程实施记录	识别与检测结果
1	电阻		
2	二极管		
3	电容		
4	稳压集成电路		
5	变压器		

3. 电路装接过程记录

电路装接过程记录表

序号	元器件	装接过程记录	初测结果（是否正常）
1	变压器、整流、滤波部分		

续表

序号	元器件	装接过程记录	初测结果（是否正常）
2	固定电压部分		
3	可调电压部分		

4. 测量结果与分析

测量结果与分析表

序号	测量项	测量结果 1	测量结果 2	分析
1	固定电压部分			
2	可调电压部分			

四、总结与评价

填写任务评价表，简单总结任务完成过程及心得体会。

任务评价表

任务名称				总分		
姓名		学号		日期		
考核项目	考核内容	配分	自评 30%	互评 30%	师评 40%	得分
素质	遵守实验室规章制度，与同学和谐协作，执行 5S 管理标准	30				
知识	能借助信息化资源自主学习，理论联系实际，正确完成任务	30				
技能	布线合理，操作规范，未造成受伤或设备与元器件损坏、遗失，按时完成任务	40				

项目小结

（1）半导体材料的导电性能介于导体和绝缘体之间，与掺杂浓度密切相关，掺杂浓度越高导电性越好。

（2）半导体材料具有掺杂特性、热敏性、光电效应、压电效应等特点，可以用来制作各种元器件。

（3）两种掺杂半导体交界处形成PN结，PN结具有单向导电性，是二极管和其他半导体元器件的基本结构。

（4）二极管最重要的特性是单向导电性。

视频

1-12　PN结

（5）整流电路利用二极管的单向导电性，将交流转变为脉动的直流。

（6）滤波电路利用电容和电感滤除电路中的交流分量，被滤除的交流分量频率取决于电路中电容和电感的参数。

（7）稳压集成电路性能好，使用方便，是稳压电源的常用器件。

（8）稳压集成电路在使用时要注意安装符合要求的散热片，否则达不到技术手册上的功率上限。

（9）开关稳压电源具有体积小、重量轻、效率高、输出电流大等优点，但是也有干扰大的缺点，所以在干扰敏感的场合仍然使用线性直流稳压电源。

课后练习

一、判断题

1. 半导体材料只有硅和锗两种四价元素。（　　）
2. 二极管的英文是Diode。（　　）
3. 发光二极管没有单向导电性。（　　）
4. 整流电路可以将交流电转换成直流电，所以整流后的电压是非常稳定的。（　　）
5. π型滤波的效果好于单个电容滤波。（　　）

二、选择题

1. PN结的电容效应可能导致（　　）。

A. 二极管在高频时单向导电性变差

B. 二极管在高频时单向导电性变好

C. 发光二极管更亮

D. 稳压管稳压性能更好

2. 稳压二极管在稳压时工作在（　　）。

A. 正向截止区　　B. 正向导通区

C. 反向截止区　　D. 反向击穿区

3. 电感滤波的优点是（　　）。

A. 体积小　　B. 重量轻　　C. 电流大　　D. 价格低

三、填空题

1. 桥式整流电路中需要________个二极管。
2. 半波整流的输入交流电压有效值U_2与输出电压U_o的关系为________。
3. 纹波系数是衡量直流电中________成分多少的参数。

四、问答题

1. 二极管最主要的特性是什么？
2. 如何使用万用表测量二极管的好坏？
3. 半导体材料都有哪些性质？可以用来制作哪些传感器？
4. 如何使用示波器观察信号波形？
5. 整流的功能是什么？主要采用什么样的元器件进行整流？
6. 滤波的功能是什么？主要采用什么样的元器件进行滤波？
7. 线性直流稳压电源和开关稳压电源的区别是什么？
8. 稳压的功能是什么？集成稳压电路有什么好处？
9. 谈谈你对集成电路的认识。
10. 小功率直流稳压电源在调试中应该注意哪些问题？

项目二 音频小信号放大器制作

项目目标

1. 知识目标

(1) 掌握晶体管的结构、分类、特点等基本知识；
(2) 深刻理解晶体管的主要参数；
(3) 了解场效应管的结构、分类、特点等基本知识；
(4) 理解场效应管的主要参数；
(5) 深刻理解晶体管放大电路的工作原理；
(6) 了解场效应管放大电路的工作原理；
(7) 理解小信号放大器电路的微变等效电路。

2. 技能目标

(1) 能熟练识别和检测晶体管、场效应管、传声器和扬声器等元器件；
(2) 能对简单电路进行故障判断；
(3) 能对小信号放大器电路参数进行测量；
(4) 会对印制电路板（PCB）进行装接；
(5) 会使用万用表和示波器；
(6) 掌握仿真软件的使用方法，能对简单电路进行仿真；
(7) 会使用面包板搭建简单电路。

3. 素养目标

(1) 培养科学思维能力；
(2) 锻炼工程实践能力；
(3) 提升学习能力；
(4) 强化工匠精神；
(5) 提升信息化素养；
(6) 培养协作精神和团队意识。

知识导图

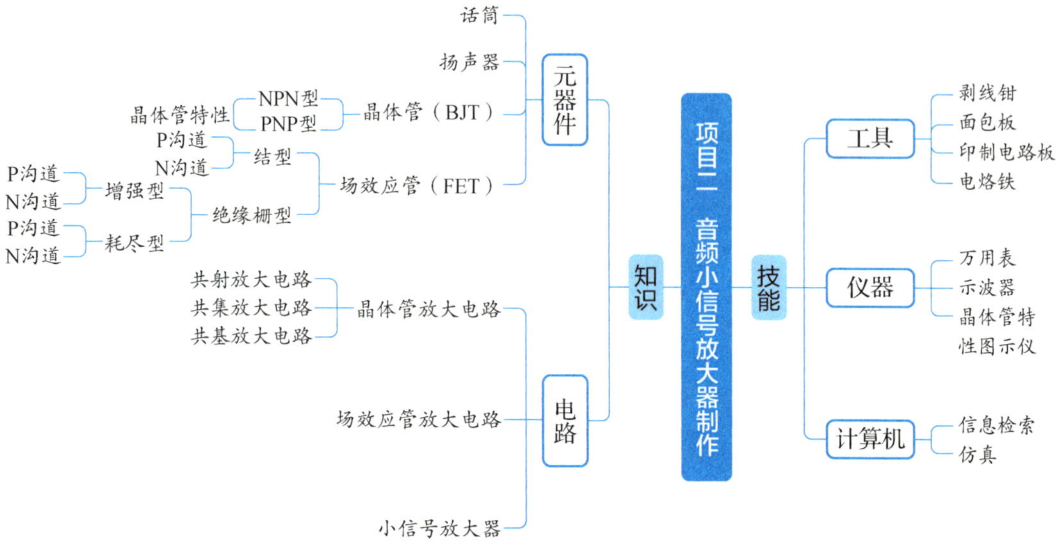

任务一 晶体管的识别与检测

任务描述

晶体管（BJT）也称为三极管，是最常见的半导体器件之一。晶体管内部有两个PN结，同时有电子和空穴两种导电模式，工作原理较为复杂。本任务为晶体管的识别与检测，要求能识别晶体管外观（见图2-1）特征，能识别晶体管标识中的型号，会根据型号检索数据手册，知道数据手册中主要参数的含义，会使用万用表对晶体管进行简单测量。

图2-1 晶体管外观

知识储备

知识　晶体管

1. 晶体管简介

三极管是电子技术发展史上的重要里程碑，有了三极管才有了真正意义上的基于元器件的放大。最早出现的电子器件是真空电子器件，看上去像灯泡，外壳是透明玻璃，里面有发光发热的电极，体积很大，很费电。随着半导体技术的出现和发展，这个时候就有了三极管，称为真空三极管或电子三极管（Triode)，也称为双极型晶体管(Bipolar Junction Transistor，BJT）或者晶体三极管，一般简称为三极管或者晶体管。

视频

2-1　晶体管理论

小提示

第一代电子器件是起源于 1904 年的电子管；第二代电子器件是半导体器件，典型标志是 1947 年问世的晶体管；第三代电子器件是集成电路，出现于 1958 年；1971 年之后又出现了大规模集成电路和超大规模集成电路。

晶体管是实现用微弱电流控制大电流的元器件，可以用来放大电流信号，是电子电路的核心元器件。晶体管在结构上具有两个相距很近的 PN 结，这两个 PN 结把整块半导体分成三部分，中间部分是基区，两侧部分是发射区和集电区，排列方式有 PNP 和 NPN 两种。两种结构对应两种电路符号，其结构示意图和电路符号如图 2-2 所示。

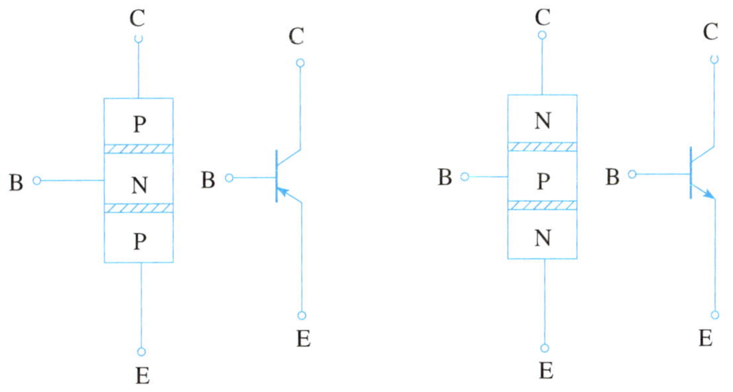

（a）PNP型　　（b）NPN型

图 2-2　两种晶体管的结构示意图和电路符号

图 2-2 中的 B 为基极、C 为集电极、E 为发射极，电路符号中的箭头方向是从 P 型半导体指向 N 型半导体，代表了工作电流的方向。三个引脚的字母可以大写，也可以小写，一般用大写字母表示电压（或电流）时，大写字母下标表示直流量，如 U_E、I_E，小

写字母下标表示交流有效值，如 U_e、I_e；用小写字母表示电压（或电流）时，大写字母下标表示总瞬时值（包含直流分量和交流分量），如 u_E、i_E，小写字母下标表示交流分量的瞬时值，如 u_e、i_e。

如果将晶体管看作一个节点，根据基尔霍夫电流定律可知：晶体管三个引脚的电流和为 0，即

$$i_E = i_B + i_C \tag{2-1}$$

对于晶体管来说，这个公式是普遍适用的。

晶体管的分类方式有很多，除了按结构分为 NPN 型、PNP 型，按材质可分为硅管、锗管；按功能可分为开关管、功率管、达林顿管和光敏管等；按功率可分为小功率管、中功率管和大功率管等；按工作频率可分为低频管、高频管等；按结构工艺可分为插件晶体管、贴片晶体管等。

2. 晶体管的伏安特性曲线

在使用晶体管时，输入信号总加在基极和发射极之间（发射结），描述输入信号电压和电流关系的特性曲线称为输入伏安特性曲线，简称输入特性曲线。

晶体管的输入特性曲线如图 2-3 所示，u_{CE} 对输入特性有影响，当 $u_{CE}=0$ 时，输入特性与二极管一样，i_B 随着 u_{BE} 的增大快速增大成指数关系，硅管导通压降为 0.5～0.7V，锗管导通压降为 0.1～0.3V。当 u_{CE} 增大时，特性曲线向右移动，导通电压有所增大，曲线趋势差别不大。

晶体管的输出伏安特性曲线是指集电极和发射极之间的电压和电流的关系，如图 2-4 所示，晶体管的输出特性受基极电流 I_B 的影响非常大，从图中可以看出，不同的 I_B 对应不同的曲线。因为 I_B 可以取一定区间之内的无穷多数值，所以特性曲线是无法完美画出来的，只能取一些典型值进行示意。

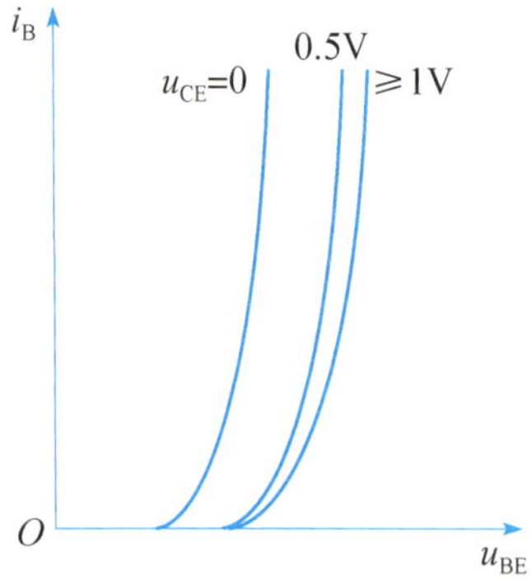

图 2-3　晶体管的输入特性曲线

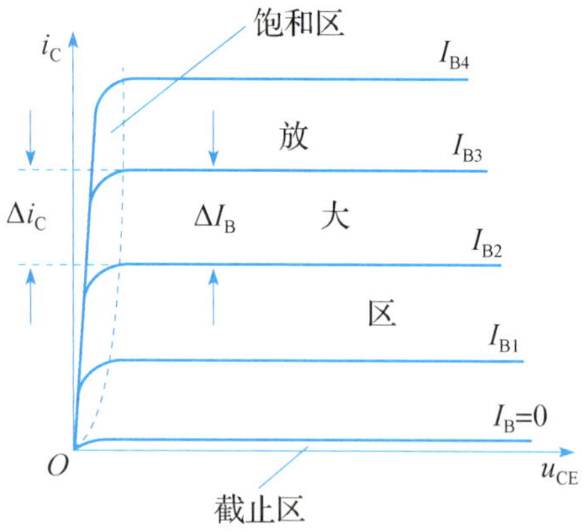

图 2-4　晶体管的输出伏安特性曲线

根据输出伏安特性曲线的特点，可以将其划分为截止区、放大区和饱和区三个区。当 $I_B=0$ 时为截止区，在截止区内，i_C 随着 u_{CE} 的增大而略有增加，但是总的来说电流非常小，经常可以忽略不计，此时晶体管三个引脚电流全为 0。

在放大区，i_C 随着 u_{CE} 的增大略有增加，但是增加得不明显，很多时候忽略这个增加

值。在放大区，i_C 比 i_B 大很多倍，这个倍数称为共发射极交流电流放大系数，常用 β 表示：

$$\beta=\frac{\Delta I_C}{\Delta I_B} \tag{2-2}$$

β 是晶体管的一个重要参数，大小与数据手册里的 h_{FE} 相同。β 的范围一般是几十到几百，没有量纲。在放大区，β 比较稳定，在 i_C 和 u_{CE} 变化不大的时候，可以认为 β 基本不变，这是用晶体管进行小信号放大时将 β 作为常数的前提条件。需要注意的是，在放大区不同位置，β 的大小有所不同，并不是固定值，也就是说，对于大信号放大而言，β 并不是常数。若承认电流放大系数 β 不是恒定常量，则公式

$$i_C=\beta i_B \tag{2-3}$$

在整个输出伏安特性曲线范围内都是成立的。

在饱和区，i_C 的增加速度跟不上 i_B 的速度，也就是说，在饱和区电流放大系数比较小。在深度饱和的时候，晶体管的电流放大作用非常小，如果基极电位过高（NPN 型），甚至可能变得像两个二极管一样，当然，一般基极电位总是低于集电极电位（NPN 型）。在饱和区，U_{CE} 很小，通常用 U_{CES} 表示饱和管压降，一般小功率晶体管有

$$U_{CES}<0.4\text{V} \tag{2-4}$$

估算时常取 $U_{CES}=0.3\text{V}$。

课堂讨论

晶体管由两个 PN 结构成，是否等同于两个二极管直接连接？有没有将晶体管当作二极管应用的可能呢？

3. 晶体管的主要参数

描述晶体管电流放大能力的参数除了共发射极电流放大系数 β，还有共基极交流放大系数 α。

$$\alpha=\frac{\Delta I_C}{\Delta I_E} \tag{2-5}$$

α 和 β 之间的关系为

$$\alpha=\frac{\beta}{1+\beta} \tag{2-6}$$

需要说明的是，晶体管的直流放大系数和交流放大系数大小近似相等，在计算时都可以使用 α、β 进行计算。

特征频率 f_T 是反映晶体管中两个 PN 结的电容效应对放大性能影响的参数。当信号的频率增加到一定程度后，PN 结电容效应逐渐显现，电流放大系数会逐渐下降，频率越高 β 越小，f_T 是指 β 下降到 1 时的频率。

集-基反向饱和电流 I_{CBO} 是指发射极开路、在集电极与基极之间加上一定的反向电

压时，由少数载流子产生的反向漏电流。在一定温度下，I_{CBO} 是一个常量，随着温度的升高而增大。在相同环境温度下，硅管的 I_{CBO} 比锗管的 I_{CBO} 小得多。

穿透电流 I_{CEO} 是指基极开路、集电极与发射极之间加一定电压时的集电极电流。该电流好像从集电极直通发射极一样，故称为穿透电流。I_{CEO} 和 I_{CBO} 一样，也是衡量晶体管热稳定性的重要参数。

晶体管的极限参数是指容易导致晶体管损坏或失效的参数，主要有集电极最大允许功耗 P_{CM}、集电极最大电流 I_{CM} 和反向击穿电压。

集电极最大允许功耗取决于晶体管的温度和散热条件，硅管的上限温度约为 150℃，锗管约为 70℃。如果晶体管产生热量的速度超过散热的速度，就会造成温度升高，当温度升高到上限温度时，晶体管就会损坏。因为集电极功率 P_C 直接反映了热量产生的速度，所以，在使用晶体管时不仅要考虑 P_{CM}，同时还要考虑散热是否良好，其中的关键在于晶体管工作时的实际最高温度一定要低于上限温度。

晶体管的电流放大系数 β 与集电极电流 I_C 有关，在很大的 I_C 变化范围内，β 基本不变，但是当 I_C 大于 I_{CM} 时，β 将明显下降。I_C 大于 I_{CM} 并不会直接导致晶体管损坏，但是容易导致 P_{CM} 过大造成晶体管损坏。

反向击穿主要是指晶体管内部的PN 结被过高的反向电压击穿，因为晶体管内部有两个 PN 结和三个引脚，所以衡量反向击穿的电压参数比较多，有集电极开路时的射-基极间反向击穿电压 $U_{(BR)EBO}$、发射极开路时的集-基极间反向击穿电压 $U_{(BR)CBO}$、基极开路时的集电极-发射极间反向击穿电压 $U_{(BR)CEO}$ 等，其中 $U_{(BR)CEO}$ 的数值比较小。

由极限参数确定的晶体管安全工作区如图 2－5 所示。

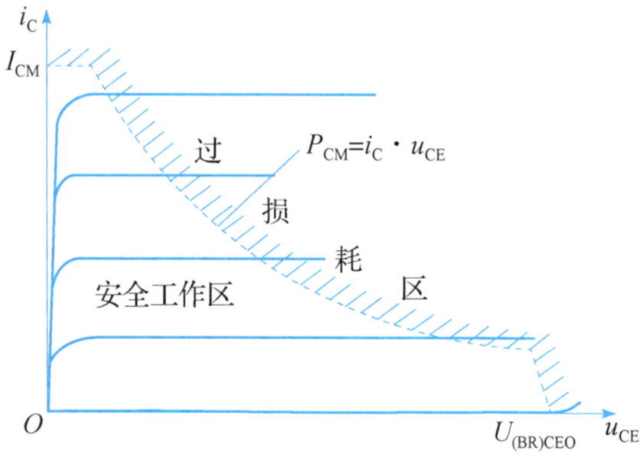

图 2－5　晶体管安全工作区

课堂讨论

热传递有哪几种方式？哪些因素会导致元器件温度上升？如何获得更好的散热效果？

4. 晶体管的型号

中国、美国、日本和欧洲对晶体管型号的命名各有不同，命名方式繁多，具体型号的参数需查阅数据手册。根据国家标准《半导体集成电路型号命名方法》(GB/T 249—2017)，半导体分立器件型号由五部分组成。

第一部分用阿拉伯数字表示器件的电极数目，2 表示二极管，3 表示三极管（晶体管）；第二部分用汉语拼音字母表示半导体器件的材料和极性；第三部分用汉语拼音字母表示半导体器件的类别；第四部分用阿拉伯数字表示登记顺序号；第五部分用汉语拼音字母表示规格号。例如，3DG6C 表示硅 NPN 型高频小功率晶体管。

素养提升

2021 年 10 月，中共中央、国务院印发的《国家标准化发展纲要》指出，标准是经济活动和社会发展的技术支撑，是国家基础性制度的重要方面。标准化在推进国家治理体系和治理能力现代化中发挥着基础性、引领性作用。

5. 晶体管的外观

晶体管根据功能和功率的不同有多种外观。小功率晶体管常采用塑封的方法，外形如同被切平一面的圆柱，有三个引脚，外形如图 2－6（a）所示。切平的一面标有型号，面对标有型号的平面，从左往右，引脚排列为 1、2、3 的顺序，引脚排列序号如图 2－6（b）所示。需要注意的是，不同系列的晶体管引脚功能需要通过查阅数据手册或者实际测试确定，没有统一的规律，90 系列晶体管引脚功能与图 2－6（b）相同。

中功率晶体管常采用带散热片的塑封方式，如图 2－7 所示。中功率晶体管的引脚比较粗，后边有金属片，金属片上的圆孔为安装孔，用于将晶体管固定在散热片上。只有按照数据手册的规定安装散热片，才能达到额定功率。

（a）外形

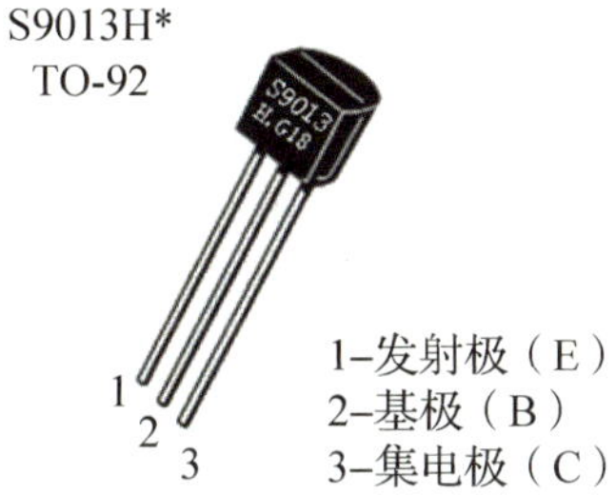

（b）引脚排列序号

图 2－6　小功率晶体管

图 2－7　中功率晶体管

大功率晶体管常采用金属壳，如图 2－8 所示。这种大功率晶体管的金属外壳就是集电极 C，所以只有 B 和 E 两个针状引脚。金属壳便于散热，同时其上面还有用于安装散热片的圆孔。在有些大功率场合，需要的散热片比较大，为节省体积和减轻重量，常将大功率晶体管用螺丝直接固定在设备的金属外壳上，利用设备的金属外壳散热。

表贴晶体管（见图 2－9）通常功率很小，体积也很小。表贴晶体管可以借助 PCB 散热。表贴晶体管一个引脚的那侧是集电极。

图 2－8　大功率晶体管

图 2－9　表贴晶体管

6. 用万用表检测晶体管

用万用表检测晶体管时，首先应该注意万用表是数字万用表还是指针万用表。这两种万用表的表笔连接内部电池的方式不同，数字万用表的红表笔连接的是内部电池的正极，指针万用表的红表笔连接的是内部电池的负极。由于数字万用表已广泛应用，本书将以数字万用表为例对检测晶体管进行说明。

用万用表检测晶体管主要有两种场景：一种是设备调试或维修时怀疑某晶体管损坏，在线路板上进行初步检测；另一种是对拆下来的或者尚未安装的晶体管进行检测。在线路板上的检测以测量晶体管内部两个 PN 结是否还具有单向导电性为主，如果两个 PN 结都有单向导电性，可以初步排除损坏的怀疑；如果测不出单向导电性，有可能是受周边电路的影响，此时需要将晶体管拆下来检测。对于拆下来的晶体管，除了测试 PN 结是否具有单向导电性，还可以利用万用表的 h_{FE} 挡位进一步测量晶体管电流放大系数 β。

用万用表检测晶体管时，首先将万用表设置到二极管挡位，用红表笔接触晶体管的一个引脚，用黑表笔分别去测试其余的引脚，有导通压降则说明红表笔接的是 P 型半导体，此时黑表笔接的是 N 型半导体。更换表笔位置，重复上述操作，测出三个引脚的极性，从而判断晶体管是 NPN 结构还是 PNP 结构。用万用表二极管挡位直接测量集电极和发射极，两者是不通的，如果两者导通，说明该晶体管已损坏。

数字万用表基本都有 h_{FE} 挡位，可以用来帮助判断引脚是集电极 C 还是发射极 E。在用万用表二极管挡位确定了晶体管的基极和管型后，将晶体管插入测量孔中，观察显示屏上的数据，然后交换引脚位置进行对比，以所测的数值最大的一次为准，该数值近似等于电流放大系数 β，此时对应插孔标示的字母即为晶体管的实际电极名称。

7. 用晶体管特性图示仪检测晶体管

晶体管特性图示仪可用来测定晶体管的共集电极、共基极、共发射极的输入特性、输出特性、转换特性、α 和 β 参数特性，还可以测定各种反向饱和电流 I_{CBO}、I_{CEO}、I_{EBO} 和各种击穿电压等。

使用晶体管特性图示仪时，应先打开电源开关预热，然后进行测试。

按照待测晶体管的测试条件要求，结合仪器面板的相关旋钮、按键，设定好相关测试条件再进行测试。待测晶体管不要插错引脚，以免损坏器件。另外，测试时如果所加电压和电流过大，也可能损坏被测器件。

仿真软件中，利用 IV 分析仪测试晶体管伏安特性曲线的电路如图 2－10 所示，IV 分析仪显示界面如图 2－11 所示。

从 IV 分析仪读取数据计算 β 值时，应借助游标。先将游标移动到需要测量 β 值的位置，右击游标，选择“选择光迹”选项，如图 2－12 所示。

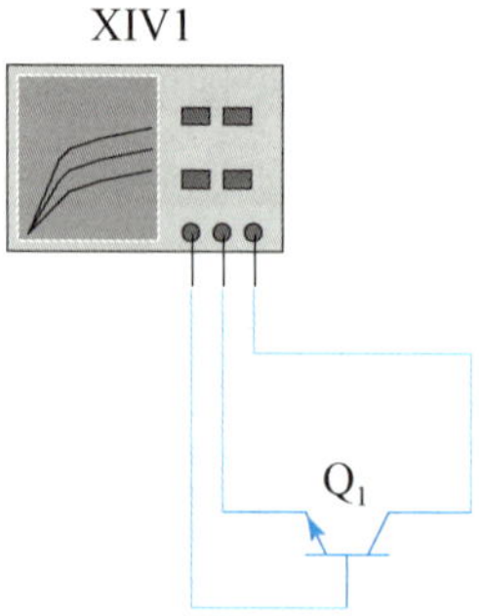

图 2－10 仿真软件测试晶体管伏安特性曲线的电路

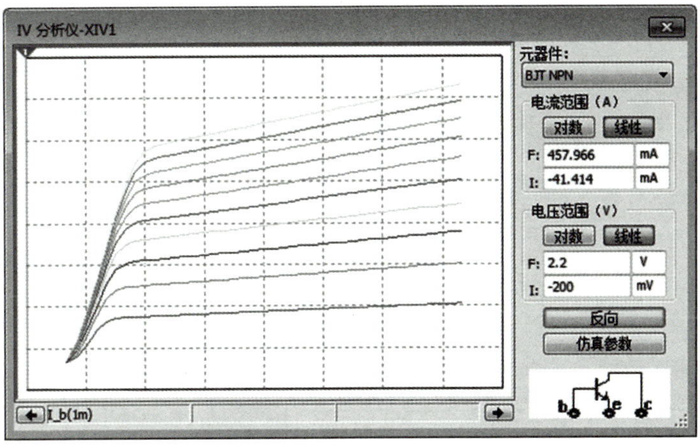

图 2 - 11　IV 分析仪显示界面

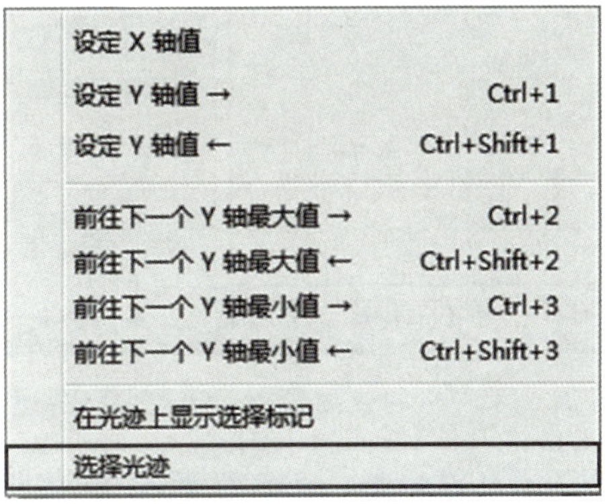

图 2 - 12　选择“选择光迹”

然后在弹出的对话框中选择对应的光迹，如图 2－13 所示，“I_b”后面括号中的数值为光迹所对应的电流 i_B 的大小，记为 i_{B1}。

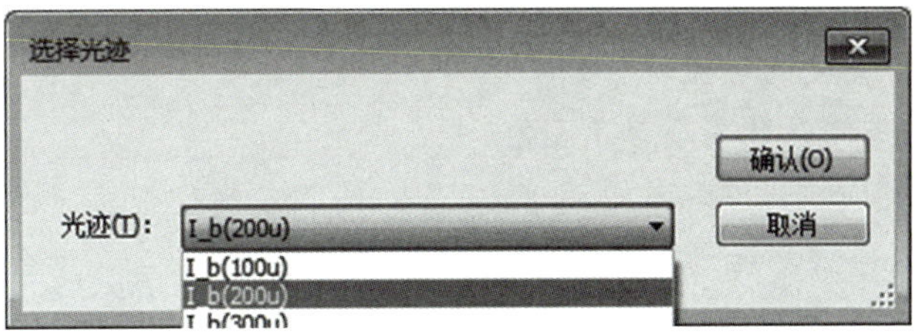

图 2 - 13　选择对应的光迹

读出此时 i_C 的数值，记为 i_{C1}。然后改变光迹再测量一次，分别记为 i_{B2} 和 i_{C2}，用公式

$$\beta=\left|\frac{i_{C1}-i_{C2}}{i_{B1}-i_{B2}}\right| \tag{2-7}$$

计算，即可得到 β 值。

用 IV 分析仪也可以测试晶体管输入伏安特性曲线，测试方法与二极管一样，也需要设置合适的参数，如图 2-14 所示。

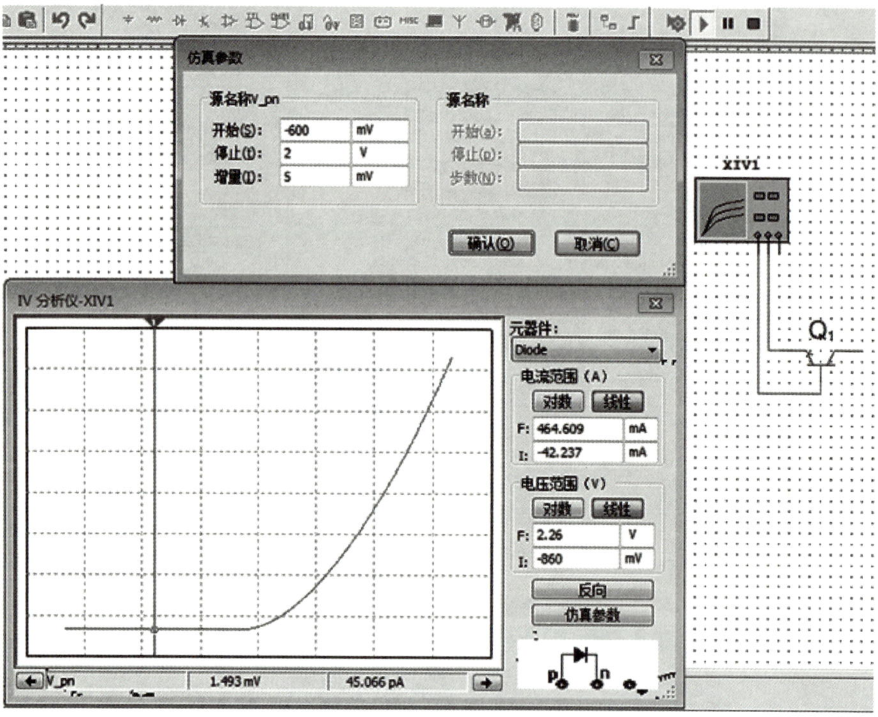

图 2-14　用 IV 分析仪测试晶体管输入伏安特性曲线

实用案例

日常生活中经常看到各种利用发光二极管（LED）显示状态的电路，如很多设备在工作时会有工作状态指示：LED 亮代表正常工作，LED 灭代表停止工作，闪烁代表接收信息等。每个 LED 需要的电流可达到 10mA 左右，设备内部常采用晶体管驱动 LED。

常见的晶体管驱动 LED 电路如图 2-15 所示，在设计电路时需要注意 R_b、R_c 电阻值的计算选取。

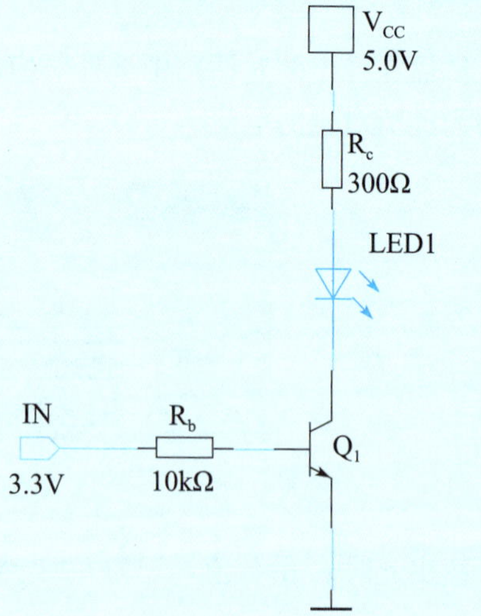

图 2-15　常见的晶体管驱动 LED 电路

任务实施

视频
2-2 晶体管特性曲线仿真

视频
2-3 晶体管实操

一、仿真

（1）用仿真软件绘制测试晶体管输入伏安特性曲线的电路图，选择 Diode 功能仿真测试晶体管输入特性。

（2）用仿真软件绘制测试晶体管输出伏安特性曲线的电路图，选择 BJT NPN 功能仿真测试晶体管输出特性。

（3）更换 PNP 晶体管，再次仿真测试伏安特性曲线。

（4）汇总分析仿真结果，撰写仿真总结报告。

二、准备工作

工具和材料清单

		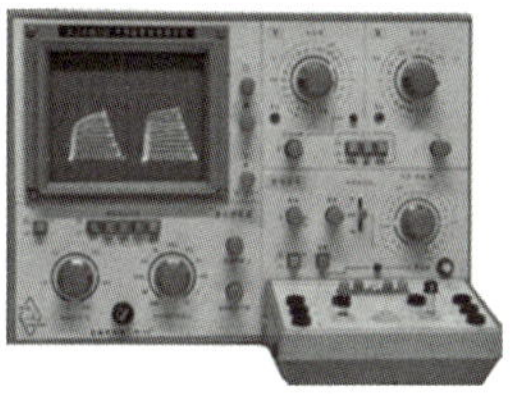
晶体管	万用表	晶体管特性图示仪

导线	面包板	剥线钳

三、实施记录

1. 拟订测试方案

测试方案拟订表

序号	元器件	测试方案（含电路图）	简述理由
1	晶体管	（1）外观检测； （2）万用表测试； （3）晶体管特性图示仪测试	

2. 外观识别记录

外观识别记录表

序号	元器件	外观识别实施记录	识别结果（型号、符号）
1	晶体管 1		
2	晶体管 2		
3	晶体管 3		

3. 万用表测量记录

万用表测量记录表

序号	元器件	万用表测量实施记录	测量结果（测量值）
1	晶体管 1		
2	晶体管 2		
3	晶体管 3		

4. 晶体管特性图示仪测量记录

晶体管特性图示仪测量记录表

序号	元器件	晶体管特性图示仪测量实施记录	测量结果（测量值）
1	晶体管 1		
2	晶体管 2		
3	晶体管 3		

5. 测量结果与分析

测量结果与分析表

序号	元器件	测量结果	数据手册值	测量结果分析
1	晶体管 1			

续表

序号	元器件	测量结果	数据手册值	测量结果分析
2	晶体管 2			
3	晶体管 3			

四、总结与评价

填写任务评价表，简单总结任务完成过程及心得体会。

任务评价表

任务名称				总分		
姓名		学号		日期		
考核项目	考核内容	配分	自评 30%	互评 30%	师评 40%	得分
素质	遵守实验室规章制度，与同学和谐协作，执行 5S 管理标准	30				
知识	能借助信息化资源自主学习，理论联系实际，正确完成任务	30				
技能	布线合理，操作规范，未造成受伤或设备与元器件损坏、遗失，按时完成任务	40				

任务二 晶体管放大电路的基本类型

任务描述

晶体管放大电路是采用晶体管作为核心器件的放大电路，是基本放大电路单元。本任务要求会用仿真软件对晶体管放大电路进行仿真，能合理选择电路参数，设计放大电路（见图 2－16），识别和测试电路元器件，根据原理图搭建实际电路，使用万用表和示波器测量电路参数，会调试电路。

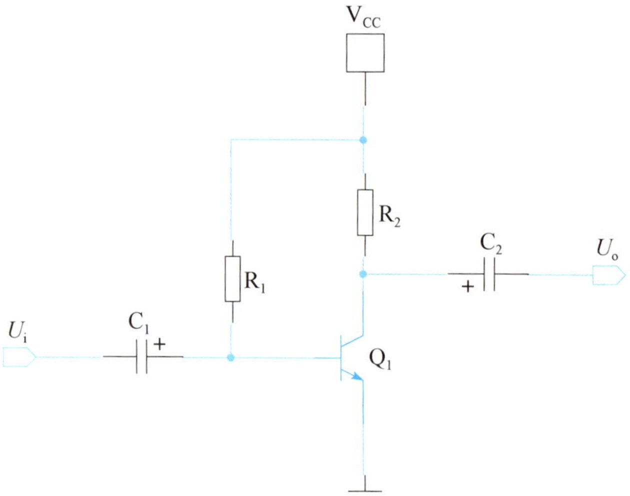

图 2-16 放大电路

知识储备

知识 1 共射放大电路

1. 晶体管放大电路

放大是电子信息处理中最基本的技术，是指将小信号变成大信号，大信号包含小信号的全部信息，区别仅在于两者的功率不同。因为功率等于电压和电流的乘积，所以，放大包括电压放大、电流放大和电压与电流同时放大三种情况。

课堂讨论

大家能想到哪些信号需要放大?

放大的前提条件是不失真，失真是指损失信息。如果在放大过程中损失了关键信息，就失去了放大的意义。

课堂讨论

打电话时，通话过程中听到了杂音，是否损失了信息? 这次通话有意义吗?

素养提升

2021 年 12 月，中央网络安全和信息化委员会发布的《“十四五”国家信息化规划》指出，没有信息化就没有现代化。信息化为中华民族带来了千载难逢的机遇，必须敏锐抓住信息化发展的历史机遇。

从能量的角度看，小信号包含的能量少，大信号包含的能量多，放大电路能够将小信号放大成大信号，增加的这部分能量来自直流电源。放大系统的框图如图 2-17 所示。

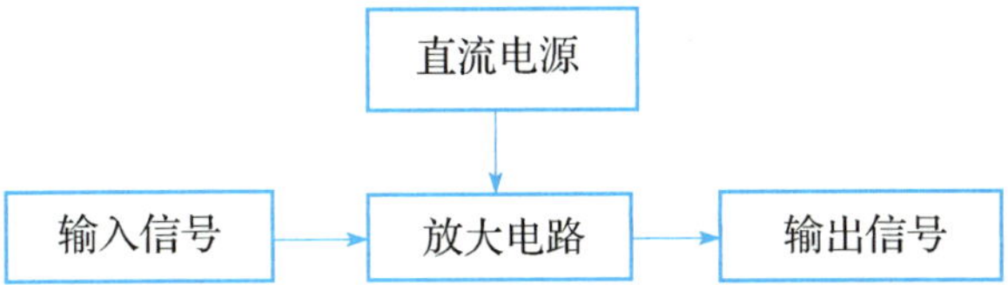

图 2-17　放大系统的框图

根据晶体管输出伏安特性曲线可知，晶体管有截止、放大和饱和三种工作状态。截止时：发射结反偏，集电结反偏；放大时：发射结正偏，集电结反偏；饱和时：发射结正偏，集电结正偏。

要想用晶体管放大输入信号，需要将输入信号加在发射结两端。晶体管有三个引脚，可以构成三种基本组态的放大电路，即共发射极放大电路、共基极放大电路和共集电极放大电路。

2. 共射放大电路分析

视频

2-4　共射放大电路分析

共射放大电路是共发射极放大电路的简称，既能放大信号电压，又能放大信号电流，信号的总功率能得到很大的提升。

共射放大电路如图 2-18 所示，图中电容 C_1 和 C_2 是隔离电容，用于防止直流电流流入信号源或者负载，电阻 R_1 和 R_2 为直流偏置电阻，用于确定晶体管在输出伏安特性曲线中的工作位置。

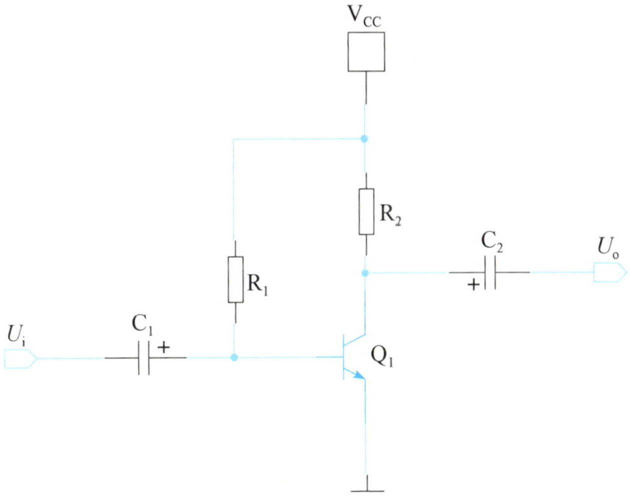

图 2-18　共射放大电路

在电源电压不变的情况下，基极偏置电阻 R_1 越大 I_B 越小，晶体管工作状态越靠近截止区；反之，则靠近饱和区。一般小信号放大时，I_B 在微安到毫安的级别。集电极偏置电阻 R_2 主要影响 u_{CE} 的大小，一般而言，集电极偏置电阻 R_2 越大，u_{CE} 越小，越靠近饱和区。

3. 分析方法

在晶体管中有输入信号的交流量和电源的直流量两种分量混合，直接分析比较困难。在交流信号很小的情况下，在放大区局部小范围内，晶体管伏安特性曲线线性度较好，采用线性化分析方法能简化分析。线性化分析可以采用叠加定理，分别分析交流信号源和直流电源单独作用时的效果，最终将两者的结果相叠加，就是交流信号源和直流电源共同作用的结果。

因此，线性化分析的时候，可以将电路图分别绘制出直流通路和交流通路两个等效电路图。直流通路仅考虑直流电源的作用，计算出的电压和电流称为静态工作点，在表达式中加下标字母 Q；交流通路仅考虑交流信号源的作用，计算出的结果就是输出的交流信号电压、电流和放大倍数。静态工作点在总输出中占据中心位置，稳定不变，交流信号围绕着静态工作点发生波动变化。叠加定理的运用效果如图 2－19 所示。

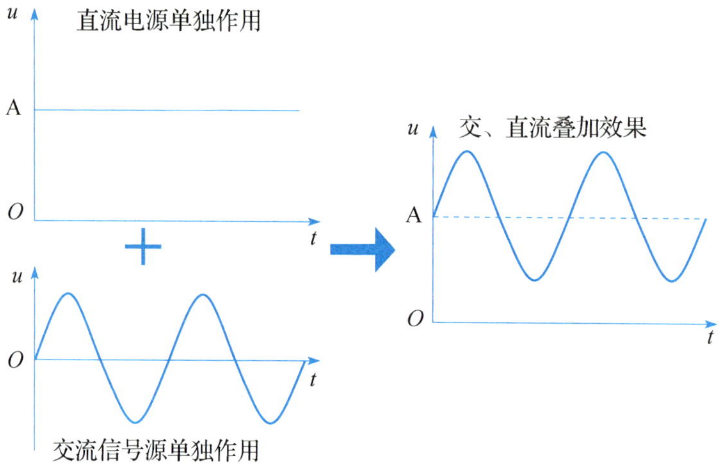

图 2－19　叠加定理的运用效果

包含信号源和负载的完整共射放大电路如图 2－20 所示，图中 V_1 为交流信号源，R_L 为负载电阻。在绘制直流通路时，所有电容都视作断路（开路），电感视作短路，交流电流源视作断路，交流电压源视作短路，如果电感和交流电压源内有电阻，则需要保留电阻。绘制出的直流等效电路如图 2－21 所示。

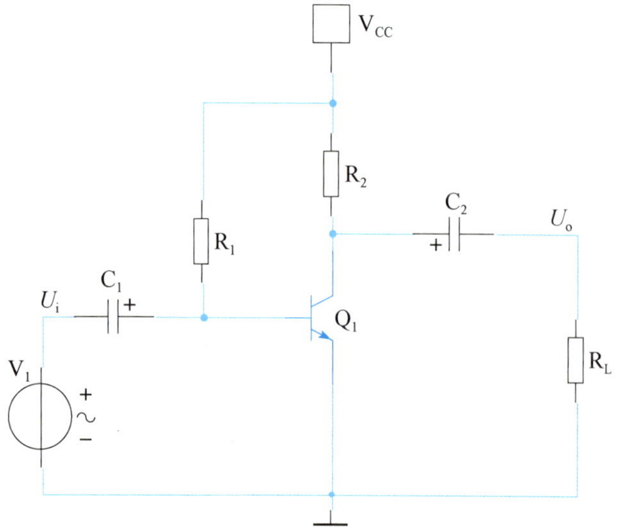

图 2－20　完整共射放大电路

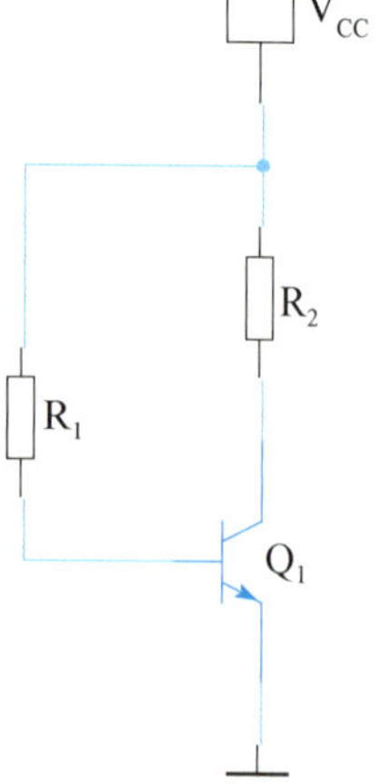

图 2－21　直流等效电路

直流等效电路非常简单，基极支路等于电阻 R_1 与晶体管发射结串联。假设发射结导通压降为 0.7V，基极电流为

$$I_{BQ}=\frac{V_{CC}-0.7}{R_1} \tag{2-8}$$

式中用下标 Q 表示静态工作点。

集电极电流为

$$I_{CQ}=\beta I_{BQ} \tag{2-9}$$

集电极和发射极之间的电压为

$$U_{CEQ}=V_{CC}-I_{CQ}R_2 \tag{2-10}$$

在绘制交流通路时，所有大电容都视作短路，大电感视作断路，直流电流源视作断路，直流电压源视作短路，凡是两端电压恒定的元器件都视作短路，如稳压状态的稳压管也需要视作短路。如果电容和电感大小恰巧在工作频率具有一定阻抗，则需要保留。绘制出的交流等效电路如图 2-22 所示。

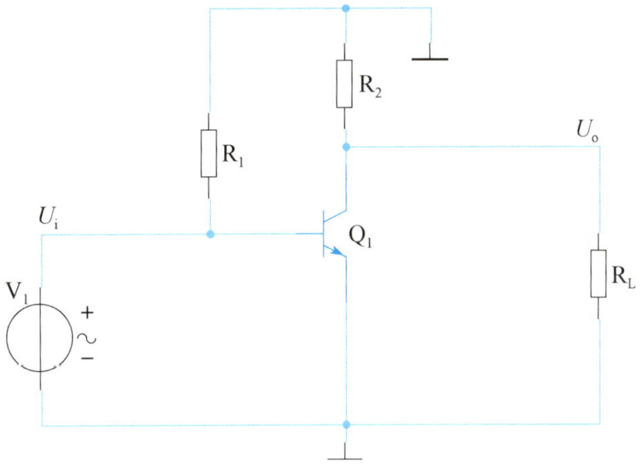

图 2-22　交流等效电路

整理后的交流等效电路如图 2-23 所示。

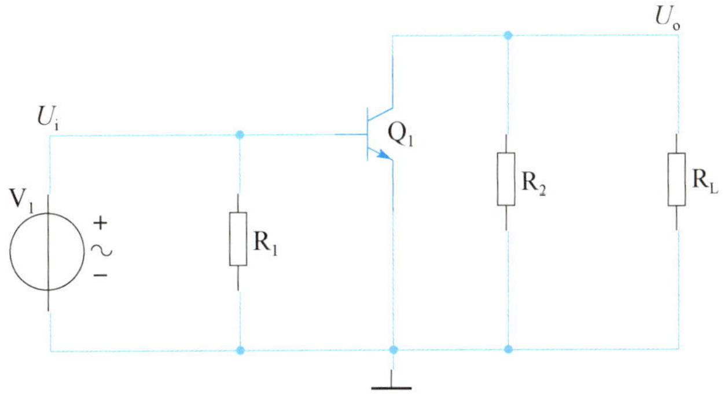

图 2-23　整理后的交流等效电路

分别绘制直流等效电路和交流等效电路将有利于后续的分析计算。

4. 微变等效法

在信号特别小的情况下，晶体管满足线性工作条件，对晶体管进行等效变换，有利于分析电路的工作原理。对晶体管等效变换的方法有多种，在频率不太高的场合常采用简化 h 参数法。简化 h 参数法将晶体管基极和发射极之间等效为一个电阻 r_{be}，流过 r_{be} 的电流为 i_b，将集电极和发射极之间等效为一个受控电流源 βi_b，基极和集电极之间等效断路。晶体管简化 h 参数模型如图 2－24 所示。

r_{be} 为基极和发射极之间的等效动态电阻，常温下，计算公式可简化为

$$r_{be}=300+(1+\beta)\frac{26\text{mV}}{I_{EQ}}\Omega \tag{2-11}$$

式中 I_{EQ} 是晶体管发射极的直流电流，代入公式的时候需要以毫安为单位，这样计算出的等效动态电阻单位是欧姆。

图 2－23 中的晶体管用微变等效模型代替后，得到共射放大电路的微变等效电路，如图 2－25 所示。

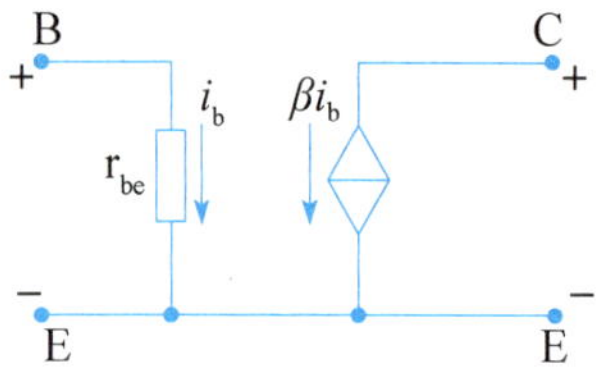

图 2－24　晶体管简化 h 参数模型

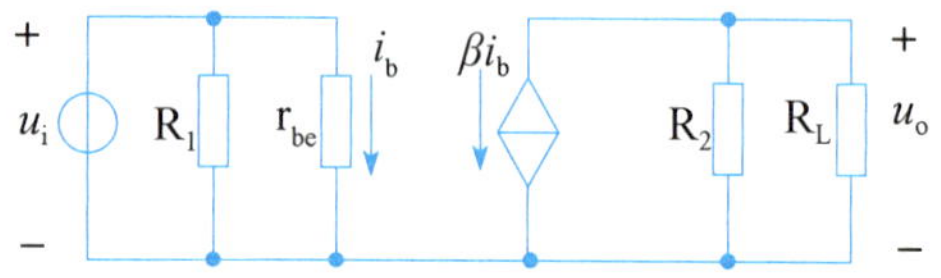

图 2－25　共射放大电路的微变等效电路

该电路的输入信号

$$u_i=r_{be}i_b \tag{2-12}$$

输出信号

$$u_o=-\beta i_b R_L' \tag{2-13}$$

式中 R_L' 为 R_2 和 R_L 的并联等效电阻。

$$R_L'=\frac{R_2R_L}{R_2+R_L} \tag{2-14}$$

电压放大倍数

$$A_u=\frac{u_o}{u_i}=-\beta\frac{R_L'}{r_{be}} \tag{2-15}$$

因为 r_{be} 大小受静态工作点影响，所以电压放大倍数的大小与静态工作点有关。式中的负号表示输出信号与输入信号反相。

由于

$$I_{CQ}=\beta I_{BQ} \tag{2-16}$$

$$I_{EQ}=I_{BQ}+I_{CQ} \tag{2-17}$$

所以

$$I_{EQ}=(1+\beta)I_{BQ} \tag{2-18}$$

在计算电压放大倍数时，需要先计算直流 I_{BQ}，得到 I_{EQ} 后才能计算 r_{be}，最后计算出电压放大倍数。

该电路的输入电阻等于 R_1 和 r_{be} 并联，约等于 r_{be}；输出电阻等于 R_2。

共射放大电路的输入信号波形和输出信号波形对比如图 2－26 所示，图中上面的波形为输入信号波形，下面的波形为输出信号波形，两者反相，输出是输入的大约 50 倍。

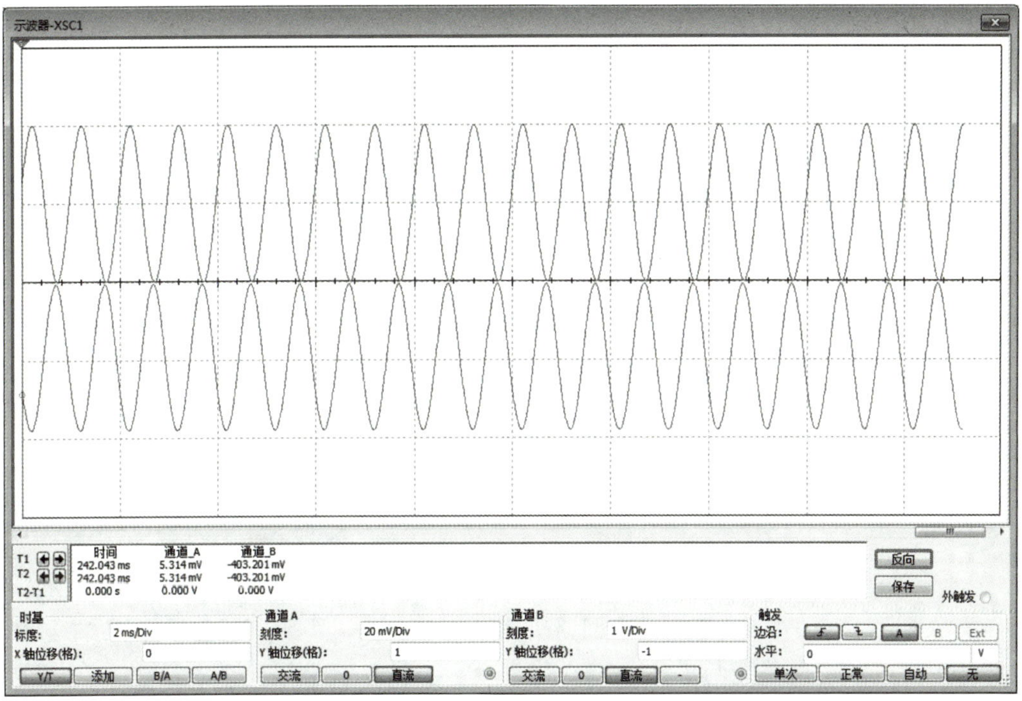

图 2－26　共射放大电路的输入信号波形和输出信号波形对比

共射放大电路具有较大的电流放大倍数。集电极电流是基极电流的 β 倍，由集电极电阻和负载电阻进行分流。如果集电极电阻等于负载电阻，则电流放大倍数能达到 β 的一半，负载电阻比集电极电阻小得越多，分得的电流越多，电流放大倍数也就越大。

结合电流放大倍数和电压放大倍数可知，共射放大电路的功率放大倍数还是很大的。

视频

2－5　共射放大电路实操

5. 图解法

图解法和微变等效法的思想根源是相同的，即电路中的电压和电流既要满足电路回路方程（基尔霍夫电压定律、电流定律），又要满足元器件自身的特性方程，这两种方法都是对这两个方程的联立求解。不同的是，微变等效法是用计算的方法，图解法用的是绘图的方法。微变等效法用于小信号放大；图解法既能用于小信号放大，又能用于大信号放大。

计算的方法优点是精确，前提是有很好的数学模型对实际情况进行拟合，有时候很难得到精准的数学模型，就难以采用计算的方法。例如，晶体管在输出伏安特性曲线不同的位置具有不同的电流放大倍数，信号幅度很大时，信号在一个周期内电流放大倍数就会变化很多，而这种电流放大倍数的变化难以用数学模型精确描述。计算机辅助设计极大地减轻了计算工作量，使得很多复杂的数学模型被运用到电路计算中，扩展了计算方法的应用范围。

绘图的方法精度相对不高，精度依赖于原始数据和作图工具，优点是比较直观，常用于定性分析和大信号分析。

图解法先写出输入方程，将输入方程绘制到输入特性曲线图中，取两条曲线的交叉点，即为输入静态工作点（I_{BQ} 和 U_{BEQ}），也就是回路方程和器件特性方程的联立解。根据输入特性曲线交叉点的电流 I_{BQ}，找到输出特性曲线，在输出特性曲线图中绘制输出回路的方程，求两者的交叉点，即为输出静态工作点（I_{CQ} 和 U_{CEQ}）。

以图 2－21 为例，输入回路方程

$$V_{CC}=I_{BQ}R_1+U_{BEQ} \tag{2-19}$$

该方程为一条直线，只需求出其与横坐标轴和纵坐标轴的交点，再用直线连接即可。令 $U_{BEQ}=0$，可得

$$I_{BQ}=\frac{V_{CC}}{R_1} \tag{2-20}$$

令 $I_{BQ}=0$，可得

$$U_{BEQ}=V_{CC} \tag{2-21}$$

绘制该直线，如图 2－27 中输入回路负载线所示。输入回路负载线与晶体管输入伏安特性曲线的交点 Q 即为静态工作点，对应的 U_{BEQ} 和 I_{BQ} 即为此时晶体管中的直流电压和直流电流。电源电压 V_{CC} 变化时，将导致输入回路负载线位置发生变化，Q 点将沿晶体管伏安特性曲线移动。

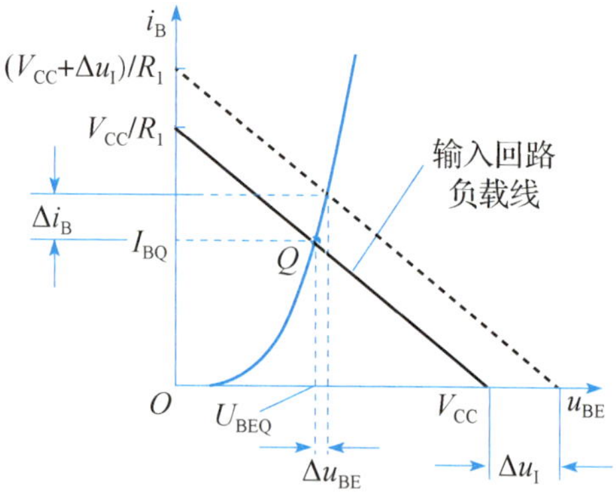

图 2－27　输入回路负载线

仍以图 2－21 为例，输出回路方程

$$V_{CC}=I_{CQ}R_2+U_{CEQ} \tag{2-22}$$

该方程为输出直流负载线，也是一条直线，绘制方法与输入回路方程一样，绘制在晶体管输出伏安特性曲线图中，如图 2－28 所示。输出直流负载线与 I_{BQ} 对应的晶体管输出伏安特性曲线的交点 Q 即为输出静态工作点，对应的 U_{CEQ} 和 I_{CQ} 即为此时晶体管中的直流电压和直流电流。

直流通路分析完毕后，就要分析交流通路了。交流信号源的电压加在晶体管基极和发射极之间，随着信号电压瞬时幅度的变化，电流按照晶体管输入伏安特性曲线在 Q 点附近变化。

输出端复杂一些，交流负载与直流负载不同，直流负载只有 R_2 一个电阻，输出直流负载线的斜率为 $-1/R_2$，而交流负载由 R_2 和 R_L 并联作为负载电阻，输出交流负载线的斜率为 $-1/R'_L$，因此，输出交流负载线要更陡峭一些，同时，输出交流负载线显然也要过 Q 点，绘制出的输出交流负载线如图 2－29 所示。随着输入信号瞬时值的大小变化，输出信号随其沿着输出交流负载线在静态工作点附近变化。

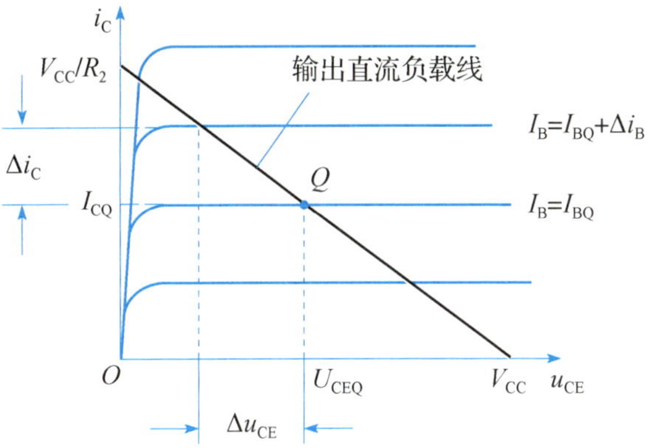

图 2－28　输出直流负载线

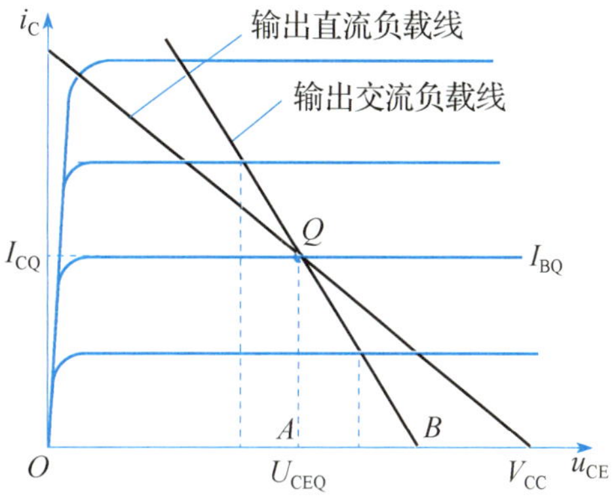

图 2－29　输出交流负载线

交流信号的动态分析如图 2－30 所示，其中图 2－30（a）为输入分析，图 2－30（b）为输出分析。

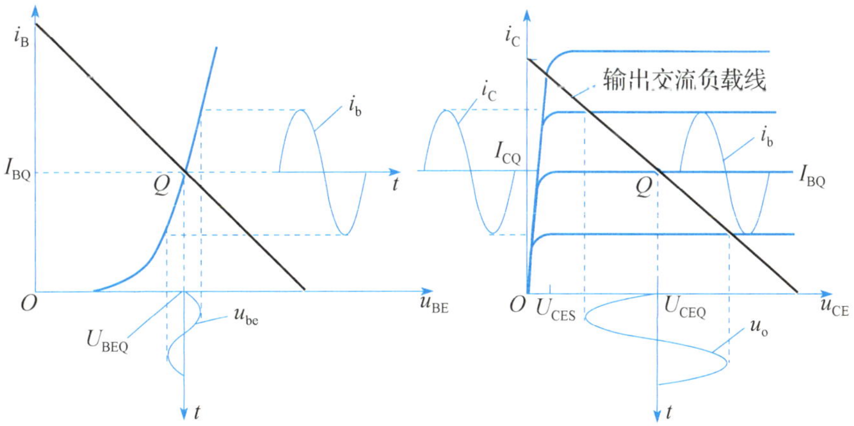

（a）输入分析　　（b）输出分析

图 2－30　交流信号的动态分析

用图解法便于定性分析大信号情况下的失真情况，如图 2－31 所示。静态工作点过于靠近饱和区将容易造成输出信号波形底部失真，称为饱和失真；静态工作点过于靠近截止区将容易造成输出信号顶部失真，称为截止失真。若静态工作点距离截止区和饱和区等距离，将得到最大的不失真动态范围。

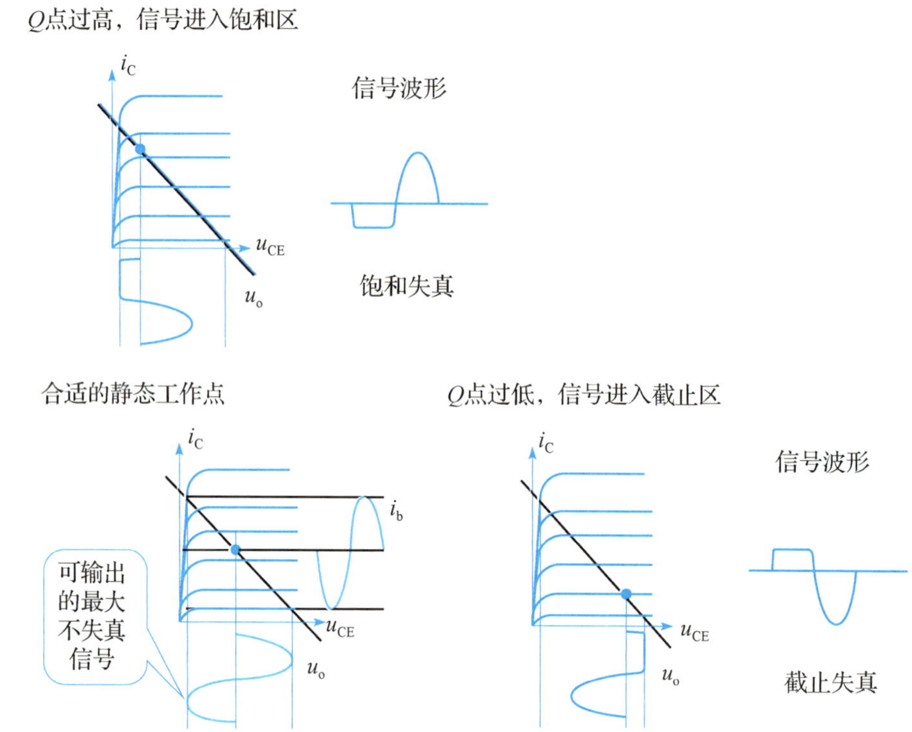

图 2-31　失真分析

6. 稳定静态工作点的共射放大电路

视频

2-6　稳定静态工作点电路

温度变化对晶体管的工作状态有比较大的影响，如图 2-32 所示。温度升高会引起晶体管参数的变化（$I_{CEO}\uparrow$，$\beta\uparrow$，$U_{BE}\downarrow$），最终导致 I_C 升高。因为电路工作时晶体管会发热，所以，即使静态工作点选得很好，也有可能因温度 $T\uparrow\rightarrow I_{CQ}\uparrow\rightarrow Q$ 点上移，从而导致饱和失真。

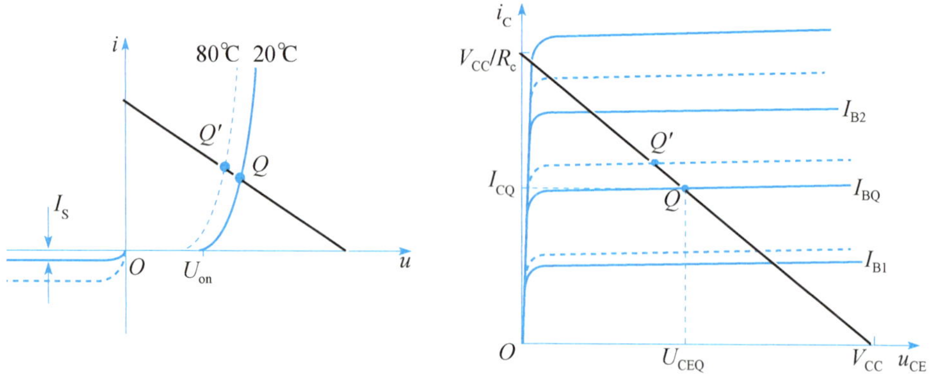

（a）输入特性　　（b）输出特性

图 2-32　温度变化对静态工作点的影响

常采用直流负反馈的方法稳定静态工作点，电路如图 2-33 所示。

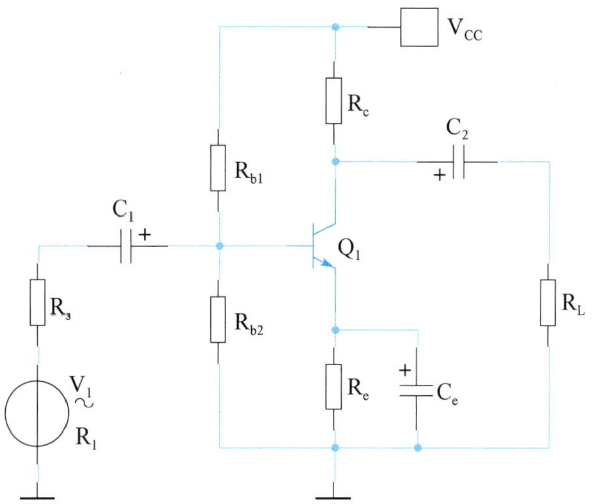

图 2-33　稳定静态工作点的共射放大电路

图 2-33 中，V_1 为信号源，R_1 为信号源内阻。C_1 和 C_2 为耦合电容，为交流信号提供通路，阻断直流电流。R_{b1}、R_{b2}、R_c 和 R_e 构成晶体管的直流偏置电路，使晶体管工作在合适的静态工作点。C_e 为旁路电容，C_e 与 R_e 并联，C_e 的交流阻抗远小于 R_e，使交流电流和直流电流分两路走，交流信号从晶体管发射极通过 C_e 流入接地点，避免交流信号流经 R_e，R_e 上只有直流电流。R_L 为负载。

图 2-33 的直流等效电路如图 2-34（a）所示，交流等效电路如图 2-34（b）所示。

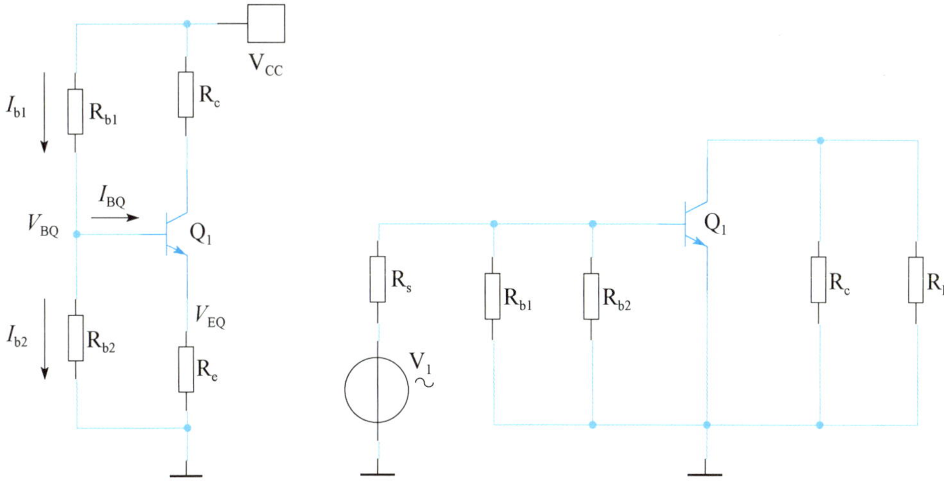

（a）直流等效电路　　　　（b）交流等效电路

图 2-34　等效电路

在直流等效电路中

$$I_{b1}=I_{BQ}+I_{b2} \tag{2-23}$$

通常 I_{BQ} 很小，若忽略不计，则 V_{BQ} 相当于 R_{b1} 和 R_{b2} 的串联分压

$$V_{BQ}=\frac{R_{b2}}{R_{b1}+R_{b2}}V_{CC} \tag{2-24}$$

由于电阻较少受温度影响，并且分子、分母同时变化，所以 V_{BQ} 基本不受温度影响，比较稳定。

当温度升高导致 I_{BQ}、I_{CQ} 和 I_{EQ} 增大时，会导致 V_{EQ} 升高，由于 V_{BQ} 较稳定，所以 V_{EQ} 升高直接导致晶体管 U_{BEQ} 降低，从而减小了 I_{BQ}，由于 I_{CQ} 和 I_{BQ} 成正比关系，所以 I_{CQ} 也减小，实现了负反馈，降低了温度对静态工作点的影响。

R_e 是负反馈的采样元器件，交流信号不经过 R_e，所以该负反馈只对直流信号起作用，对交流信号不起作用。

课堂讨论

如果想让 R_e 对直流和交流信号都起到反馈作用，应该如何修改电路？

知识 2　共集放大电路

共集放大电路是共集电极放大电路的简称，也称为射极输出器或射极跟随器。共集放大电路之所以被称为射极跟随器，是因为从发射极输出的信号与输入信号相似，并能跟随输入信号变化，电压放大倍数略小于 1，但是具有较高的电流放大能力，常用作隔离电路和功率放大电路。

共集放大电路如图 2－35 所示，图中电容 C_1 和 C_2 是隔离电容，用于防止直流电流流入信号源或者负载，电阻 R_{b1}、R_{b2} 和 R_e 为直流偏置电阻，与稳定静态工作点的共射放大电路相同，所以该电路具有负反馈的效果，具有较好的温度稳定性。

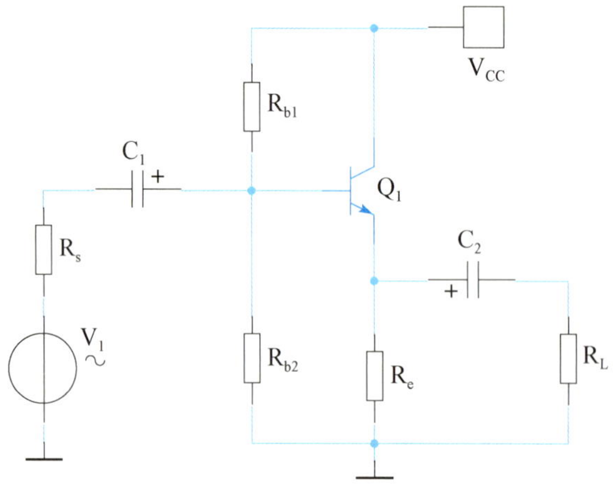

图 2－35　共集放大电路

图 2－35 的直、交流等效电路如图 2－36 所示。由于 R_e 没有旁路电容，同时有交流和直流电流流过 R_e，所以 R_e 对交流信号也有负反馈的作用。

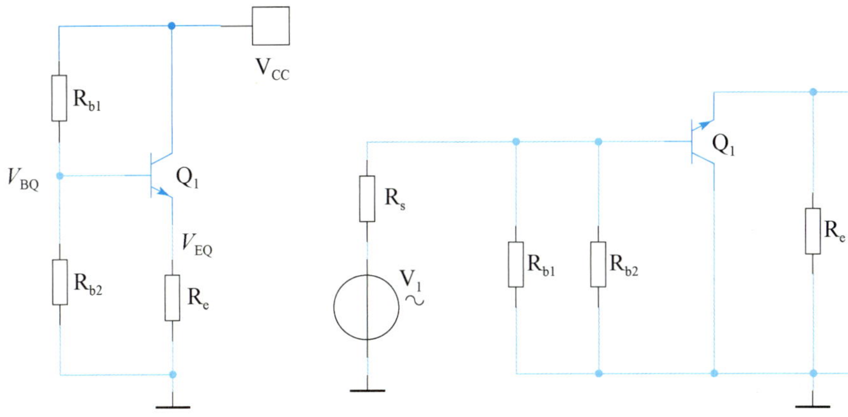

（a）直流等效电路　　（b）交流等效电路

图 2-36　等效电路

求解静态工作点时，忽略基极电流 I_{BQ}，有

$$V_{BQ}=\frac{R_{b2}}{R_{b1}+R_{b2}}V_{CC} \tag{2-25}$$

$$V_{BQ}=U_{BEQ}+V_{EQ} \tag{2-26}$$

按照 $U_{BEQ}\approx 0.7V$ 可以估算出 V_{EQ}，根据

$$I_{EQ}=\frac{V_{EQ}}{R_E} \tag{2-27}$$

可以求出 I_{EQ}，$I_{CQ}\approx I_{EQ}$。

U_{CEQ} 为

$$U_{CEQ}=V_{CC}-V_{EQ} \tag{2-28}$$

为了计算电压放大倍数，绘制出共集微变等效电路，如图 2-37 所示，图中省略了信号源内阻。

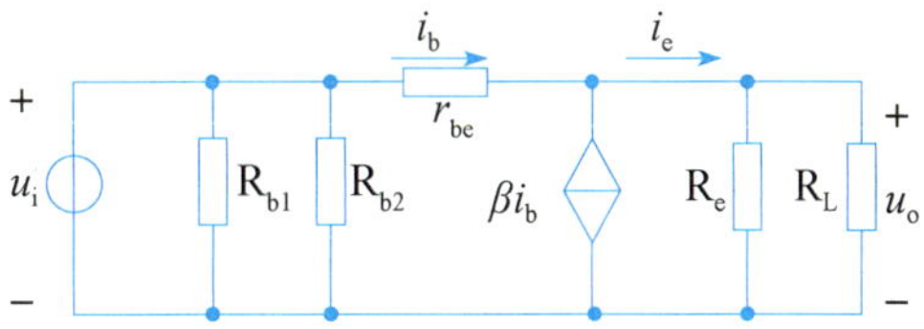

图 2-37　共集微变等效电路

由分析共集微变等效电路可知

$$u_i=u_o+i_b r_{be} \tag{2-29}$$

$$u_o=i_e R'_L \tag{2-30}$$

式中 R'_L 为 R_e 和 R_L 并联的等效电阻。

$$R'_L=\frac{R_e R_L}{R_e+R_L} \tag{2-31}$$

所以，电压放大倍数

$$A_u=\frac{u_o}{u_i}=\frac{i_e R'_L}{i_e R'_L+i_b r_{be}} \tag{2-32}$$

因为

$$i_e=(1+\beta)i_b \tag{2-33}$$

所以

$$A_u=\frac{(1+\beta)R_L'}{r_{be}+(1+\beta)R_L'} \tag{2-34}$$

通常 r_{be} 只有几百欧姆，远远小于$(1+\beta)R_L'$，所以

$$A_u\leqslant 1 \tag{2-35}$$

该电路的输入电阻为

$$R_i=R_{b1}/\!/R_{b2}/\!/[r_{be}+(1+\beta)R_L'] \tag{2-36}$$

式中“//”表示电阻之间是并联关系。输入电阻通常比较大。

输出电阻为

$$R_o=\frac{(R_s/\!/R_{b1}/\!/R_{b2})+r_{be}}{1+\beta}/\!/R_e \tag{2-37}$$

式中 R_s 为信号源内阻，一般很小，远小于 R_{b1} 和 R_{b2}，r_{be} 也不大，一般为几百欧姆，分子相加后除以$(1+\beta)$就变得非常小了。所以，总输出电阻很小。

共集放大电路的输入、输出信号波形对比如图 2-38 所示，图中上面的波形为输入信号波形，下面的波形为输出信号波形。从图中可以看出，输入与输出同相位，输出信号波形的幅度与输入信号波形近似相等。

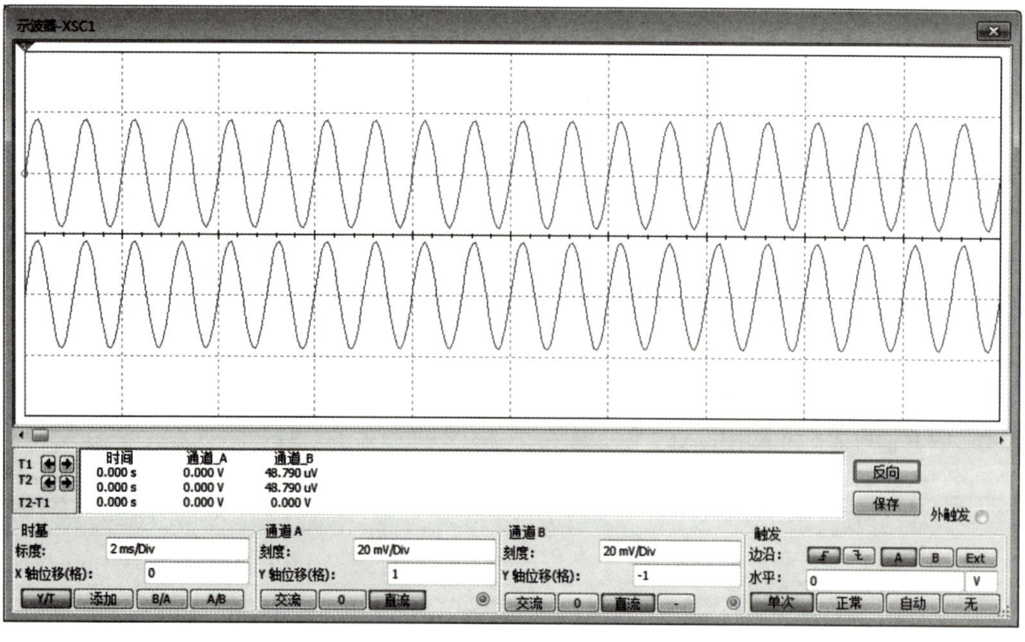

图 2-38　共集放大电路输入、输出信号波形对比

知识3　共基放大电路

晶体管共有三种基本放大组态，共基组态是应用较少的一种，共基放大电路不能放大电流，能够放大电压，输入电阻低，输出电阻高，主要用在需要宽频带的场合进行电压放大，有时也可以当作恒流信号源使用。

共基放大电路如图2－39所示，图中三个电容都比较大，用于通过交流信号，隔断直流量。

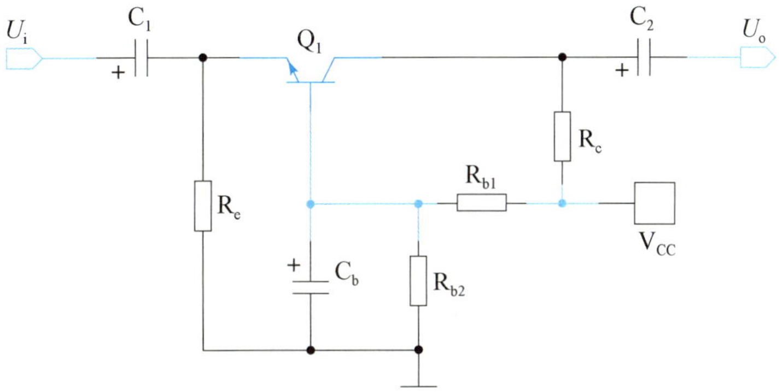

图2－39　共基放大电路

共基放大直流通路如图2－40所示，整理后与图2－34（a）相同，分析和计算也完全一样，不再赘述。

共基放大交流通路如图2－41所示，整理后的等效电路如图2－42所示。将晶体管用微变等效电路替换，如图2－43所示。

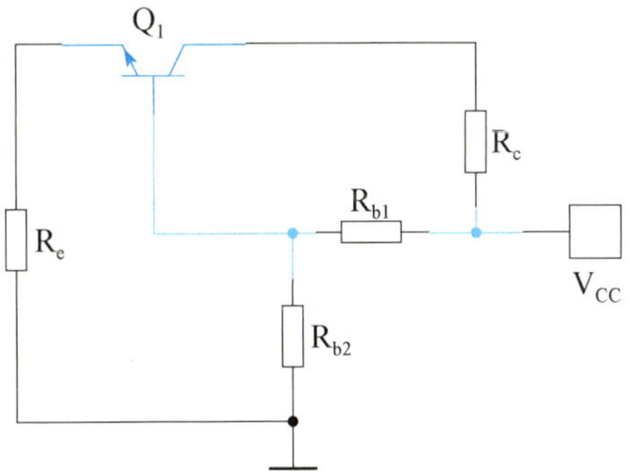

图2－40　共基放大直流通路

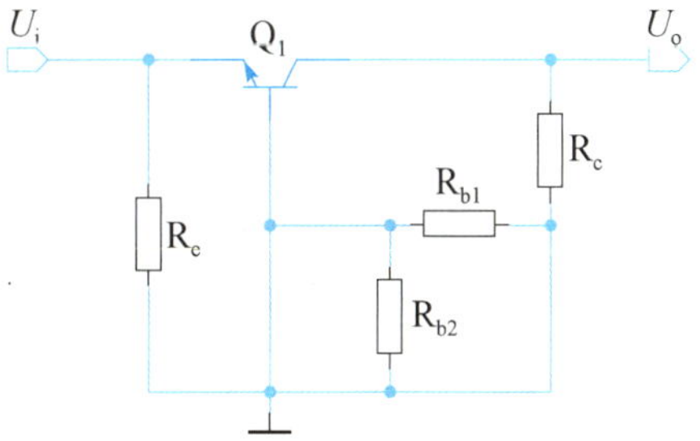

图2－41　共基放大交流通路

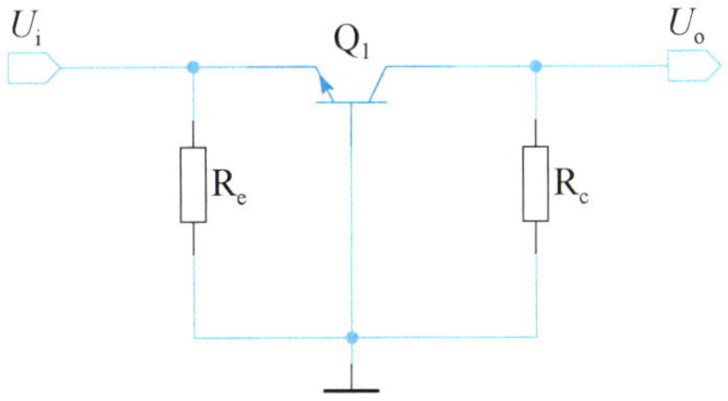

图2－42　共基放大交流等效电路

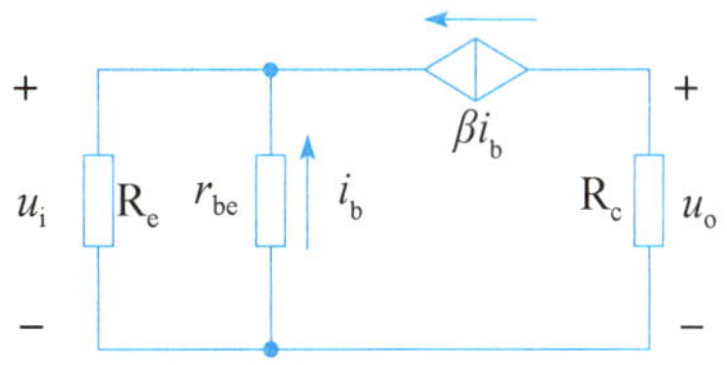

图2－43　共基放大微变等效电路

在图 2-43 中，共基放大电路输入电压

$$u_i=-i_b r_{be} \tag{2-38}$$

输出电压

$$u_o=-i_c R_c \tag{2-39}$$

电压放大倍数

$$A_u=\frac{u_o}{u_i}=\frac{-i_c R_c}{-i_b r_{be}}=\beta\frac{R_c}{r_{be}} \tag{2-40}$$

输入电阻

$$R_i=R_e // \frac{r_{be}}{1+\beta} \tag{2-41}$$

输出电阻

$$R_o=R_c \tag{2-42}$$

知识 4 频率特性和频率特性测试仪

前面分析电子信号时常使用时域分析法，横坐标为时间，对应的仪器为示波器，可以观察信号随时间先后发生的变化。对于很多复杂信号来说，波形非常复杂，难以看出组成成分，在时域也不易观察其变化规律，这时可以引入频域分析法。频域分析法是用频率的观点进行分析，横坐标为频率，可以用频谱分析仪对电子信号进行观察和测量，用频率特性分析仪对电路进行分析和测量。

频率特性可以由微分方程或传递函数求得，还可以用实验方法测定。频域和时域之间可以通过傅里叶变换进行转换，时域函数通过傅里叶变换或者拉普拉斯变换就变成了频域函数。从频域能够解释或看到时域发现不了的问题。例如，在时域，白光就是白色的光，在频域，不同颜色的光频率不同，白光可以分解成红、橙、黄、绿等不同颜色的光。

电路的频率特性曲线图（见图 2-44）也称为波特图，横坐标为频率（Frequency），为了展开显示更多的频率范围，横坐标轴常采用对数标注。图 2-44 中上边为增益（Gain）的幅度图形，称为幅频特性曲线；下边为相位（Phase）图形，称为相频特性曲线。

频率特性分析仪也称为扫频仪，用于测试电路的频率特性曲线，如图 2-45 所示。

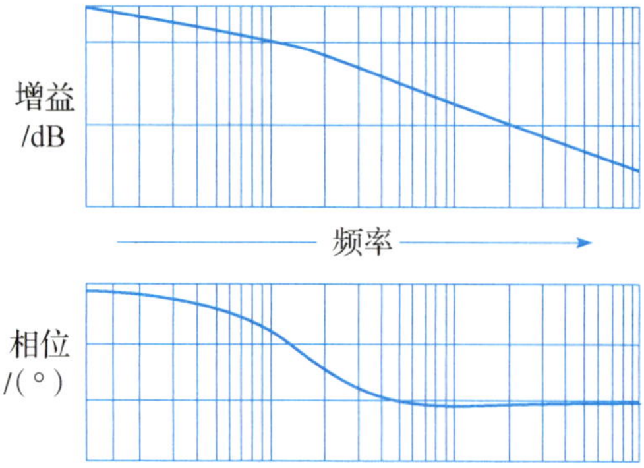

图 2-44 频率特性曲线图（波特图）

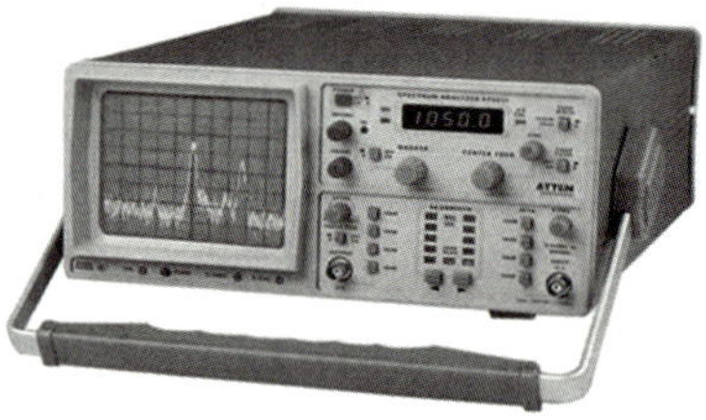

图 2-45 频率特性分析仪（扫频仪）

仿真软件中也有频率特性测试仪，如图 2-46 所示。

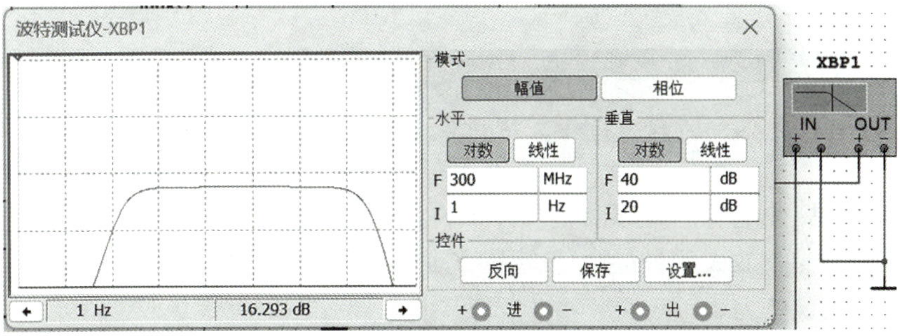

图 2-46　仿真软件中的频率特性测试仪

频谱分析仪是一种用于测量电子信号幅度与频率关系的电子设备，对应于时域分析的示波器，如图 2-47 所示。

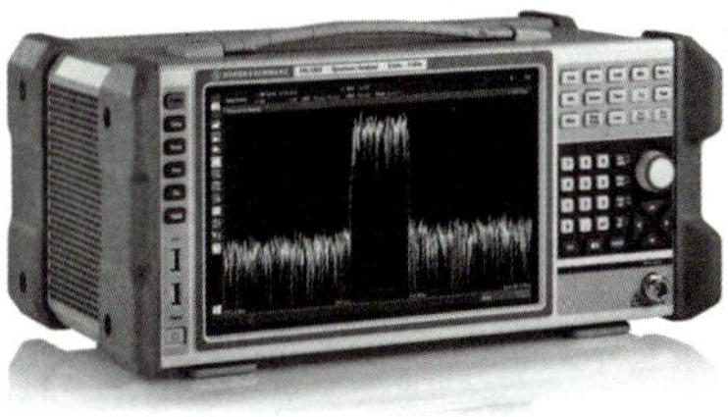

图 2-47　频谱分析仪

课堂讨论

扫频仪和频谱分析仪有哪些异同之处？如何根据需要选择应用？

小提示

时域分析和频域分析是分析问题的两种工具，是从不同角度去观察事物，没有优劣之分，需要根据不同需求选择合适的方法，有时需要使用两种方法共同分析。

素养提升

成语“兼听则明，偏听则暗”最早出自汉·王符《潜夫论·明暗》，从多个角度观察事物，往往能更全面地获取信息。

放大器的电压放大倍数 A_u 可以用对数方式表示，常称为电压增益（G_u），单位为分贝（dB），计算方法为

$$G_u = 20\log_{10}\frac{u_o}{u_i}\quad(\text{dB})\tag{2-43}$$

功率放大倍数的分贝形式称为功率增益（G_P），计算方法为

$$G_P = 10\log_{10}\frac{P_o}{P_i}\quad (\text{dB}) \tag{2-44}$$

课堂讨论

电压增益计算公式的系数为什么与计算功率增益的系数不同？

由于放大电路中电容、电感及半导体器件结电容等电抗元器件的存在，在输入信号频率较低或较高时，放大倍数的数值会下降并产生相移。通频带用于衡量放大电路对不同频率信号的放大能力。

通频带是指通频带的宽度，简称带宽，是放大器的重要参数，通常是指放大器的增益为－3dB 时的频率范围。当信号频率高到一定程度时，放大器的增益会降低，增益降低到－3dB 时的频率称为上截止频率，用 f_H 表示；通常信号频率低到一定程度的时候，放大器的增益也会降低，增益降低到－3dB 时的频率称为下截止频率，用 f_L 表示。通频带的宽度 $BW=f_H-f_L$。电压增益的－3dB 对应于电压放大倍数的 0.707（即 $1/\sqrt{2}$），如图 2－48 所示。

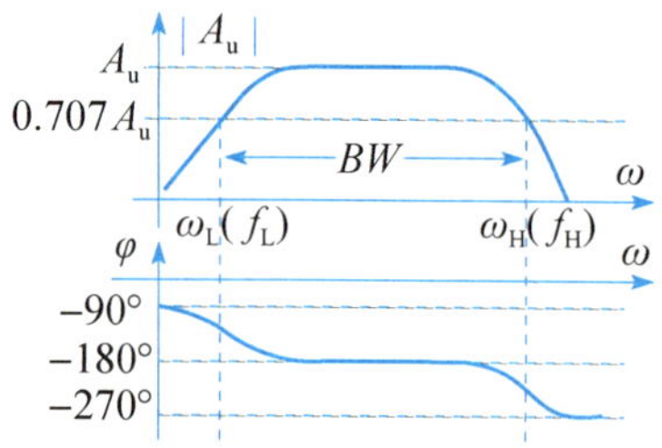

图 2－48　通频带的宽度

任务实施

（1）用仿真软件绘制共射放大电路图。图中 V_1 和 R_s 为信号源，可以用函数发生器代替。

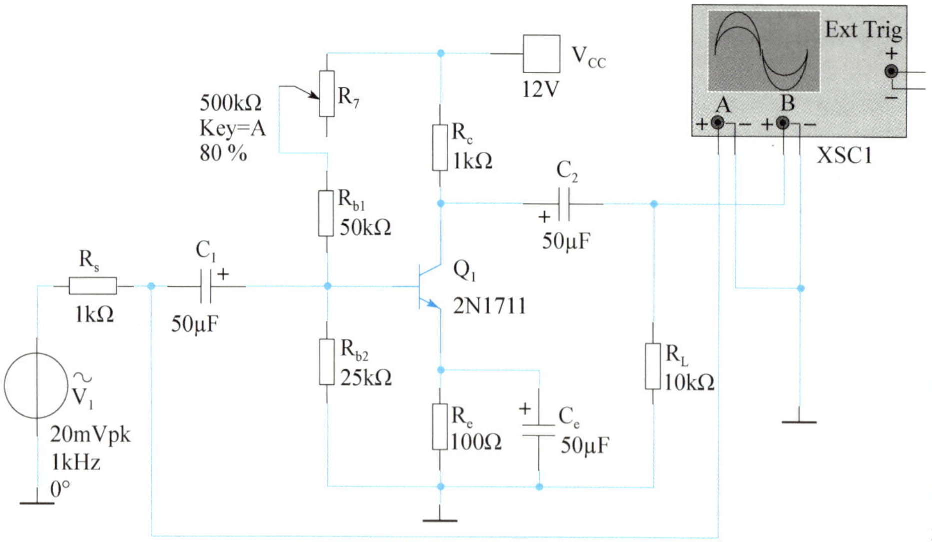

共射放大电路仿真图

视频

2－7　基本放大电路仿真

（2）运行仿真，用示波器观察输出波形和输入波形。用万用表或示波器测量电路的电压放大倍数。

小提示

需要注意的是：这里是仿真，不是实际测量。实际使用的万用表都有适用的频率范围，通常万用表适用的频率较低，若要测量较高频率的信号电压，需要选用高频毫伏表，否则误差会非常大。

（3）调整电位器 R_7，观察波形变化，测量电压放大倍数。

（4）在电容 C_1 和晶体管基极之间串联万用表，同时在电容 C_2 和负载 R_L 之间也串联万用表，两个万用表都选择交流电流挡，分别测量输入信号电流和负载上的输出信号电流，并计算电流放大倍数。

（5）将 R_c 改为 5kΩ，R_L 改为 1kΩ，再次调整电位器 R_7，使电压放大倍数尽量大，测量电压放大倍数，同时测量电流放大倍数。将测量结果与前面的测量结果进行对比。

（6）增大输入信号，观察失真情况，改变各电阻的阻值，观察各电阻对失真的影响。

（7）改变电源电压，观察电源电压对放大电路的影响。

（8）用波特测试仪测量系统带宽。

（9）用仿真软件绘制共集放大电路图。图中 V_1 和 R_s 为信号源，可以用函数发生器代替。

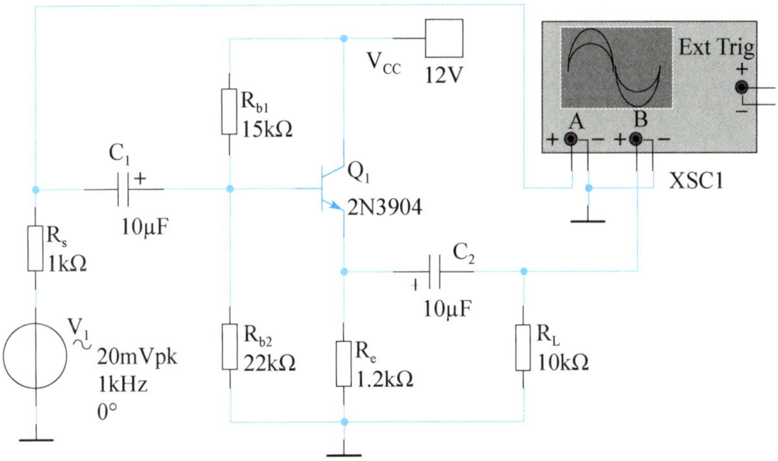

共集放大电路仿真图

（10）运行仿真，用示波器观察输出波形和输入波形。用万用表或示波器测量电路的电压放大倍数。

（11）改变各电阻和负载阻值，观察波形变化，测量电压放大倍数。

（12）用万用表测量交流电流放大倍数。

（13）改变输入信号和电源电压大小，观察它们对放大电路的影响。

（14）用波特测试仪测量系统带宽。

（15）用仿真软件绘制共基放大电路图。

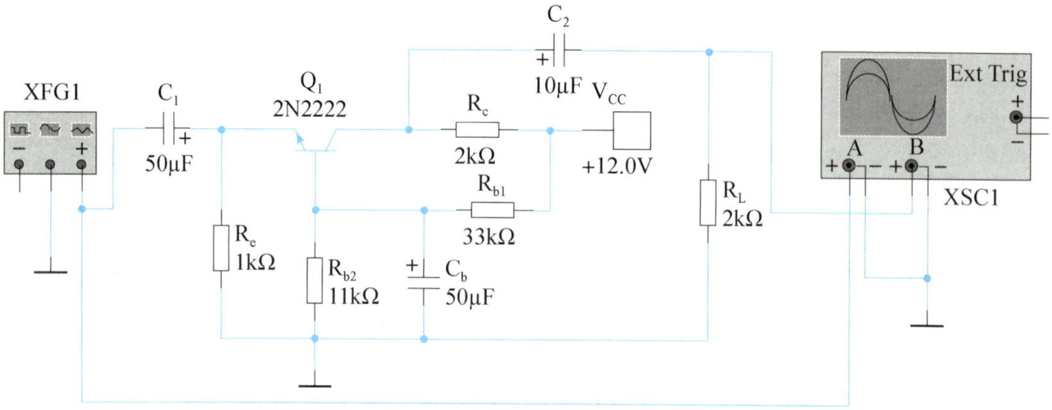

共基放大电路仿真图

(16) 将函数发生器设置为振幅 10mV、频率 1kHz 的正弦波，运行仿真，用示波器观察输出波形和输入波形。利用示波器或万用表测量电压放大倍数。

(17) 改变各电阻和负载 R_L 的阻值，观察波形变化，测量电压放大倍数。

(18) 用万用表测量交流电流放大倍数。

(19) 改变函数发生器的频率、幅度和信号类型，用示波器观察波形变化。改变电源电压大小，用示波器观察波形变化。

(20) 用波特测试仪测量系统带宽。

(21) 汇总分析仿真结果，撰写仿真总结报告。

任务三 场效应管

任务描述

场效应管（FET）是常见的半导体器件之一，场效应管内部只有电子（或空穴）一种导电模式，工作原理较为复杂。本任务要求能识别场效应管（见图 2－49）外观特征，识别场效应管标识中的型号，会根据型号查阅数据手册，知道数据手册中主要参数的含义，会使用万用表对场效应管进行简单测量，了解场效应管放大电路结构。

图 2－49 场效应管

知识储备

知识1　场效应管的分类与结构

场效应管晶体管（FET）简称为场效应管，是区别于双极型晶体管（BJT）的一种半导体器件。晶体管（BJT）是用微弱电流控制大电流的电流控制元器件，场效应管是利用电场效应控制电流的元器件。场效应管具有输入电阻大（$10^7\sim10^{15}\,\Omega$）、噪声小、功耗低、动态范围大、易于集成、没有二次击穿现象、安全工作区域宽等优点，应用非常广泛。

场效应管主要分为结型场效应管（JFET）和绝缘栅型场效应管（IGFET）两大类，都是利用单一极性载流子导电的元器件，所以也称为单极型晶体管。

场效应管有栅极（Gate）、漏极（Drain）、源极（Source）三个引脚，除了结型场效应管，还有称为衬底的第四端，不过多数场效应管的第四端并没有引出引脚，外观与晶体管类似，如图 2-50 所示。

场效应管的符号与结构有关，结型场效应管分为 N 沟道和 P 沟道两种结构，这两种结构的结型场效应管都有 PN 结的结构，在应用时，PN 结应该反偏，利用栅极电压对源极和漏极之间的电流大小进行控制。结型场效应管符号如图 2-51 所示，符号中箭头的方向为 PN 结的方向，从 P 型半导体指向 N 型半导体。

图 2-50　场效应管外观

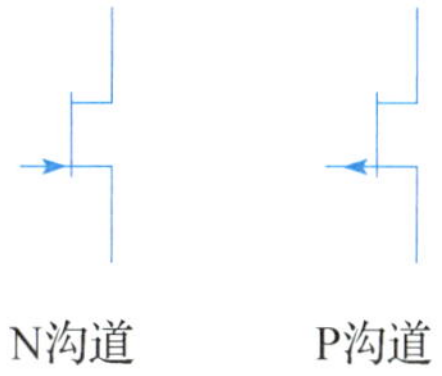

图 2-51　结型场效应管符号

绝缘栅型场效应管也常称为 MOS 管，分为增强型和耗尽型两类，每类都有 N 沟道和 P 沟道两种符号，图 2-52 为增强型场效应管符号，图 2-53 为耗尽型场效应管符号。

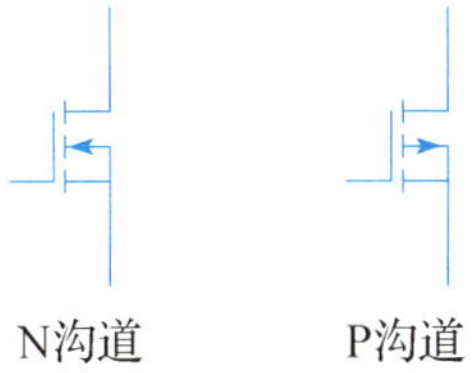

图 2-52　增强型场效应管符号

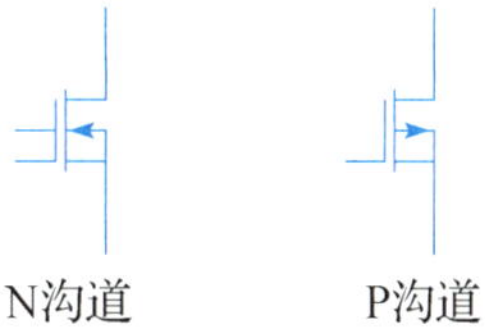

图 2-53　耗尽型场效应管符号

场效应管的直流参数主要有开启电压、夹断电压、饱和漏电流和直流输入电阻等，交流参数主要有低频跨导、极间电容和低频噪声系数等，极限参数主要有最大漏极电流、最大耗散功率、漏源击穿电压和栅源击穿电压等。

不同结构类型的场效应管具有不同的伏安特性曲线，以 N 沟道为例，结型场效应管的伏安特性曲线如图 2－54 所示；增强型效应管的伏安特性曲线如图 2－55 所示；耗尽型场效应管的伏安特性曲线如图 2－56 所示。其中主要的区别在于，结型和耗尽型场效应管不需要加源极偏置电压就有导电沟道存在，而增强型场效应管需要加源极偏置电压才能出现导电沟道。结型场效应管只能采用反偏电压，而耗尽型场效应管可以加正偏电压也可以加反偏电压。P 沟道结型、增强型和耗尽型场效应管的伏安特性曲线分别如图 2－57、图 2－58 和图 2－59 所示。

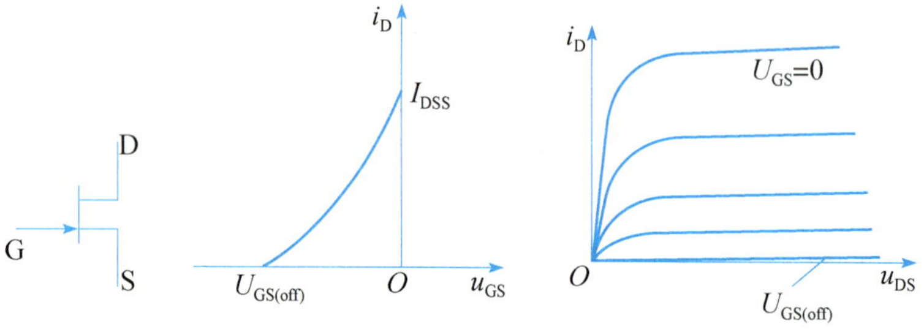

图 2－54　N 沟道结型场效应管的伏安特性曲线

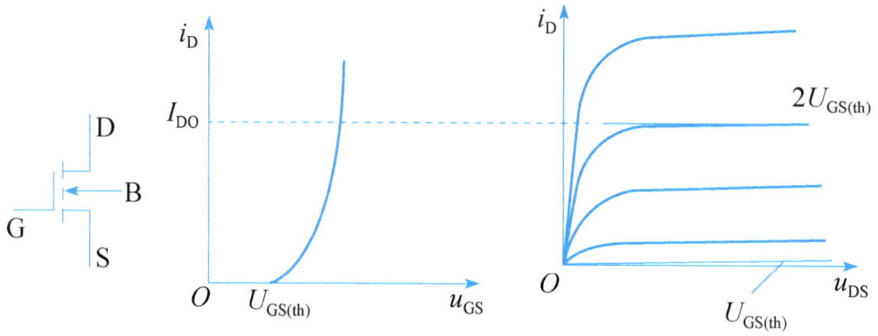

图 2－55　N 沟道增强型场效应管的伏安特性曲线

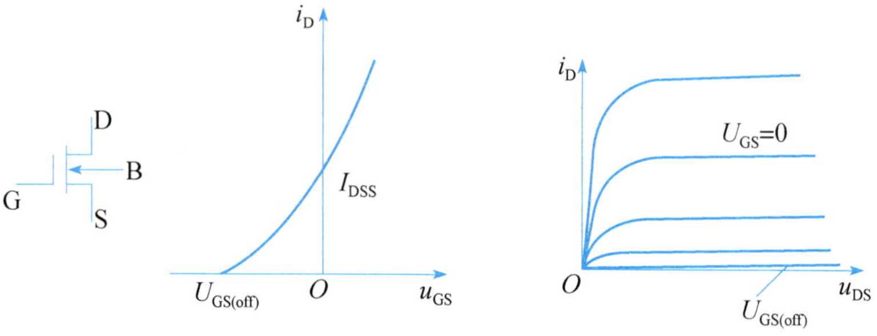

图 2－56　N 沟道耗尽型场效应管的伏安特性曲线

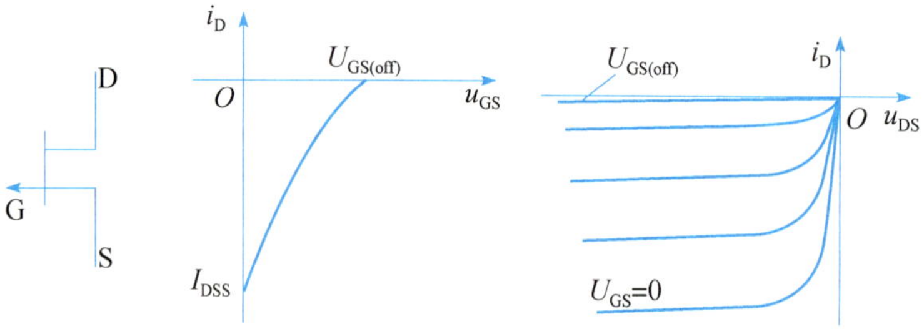

图 2－57　P 沟道结型场效应管的伏安特性曲线

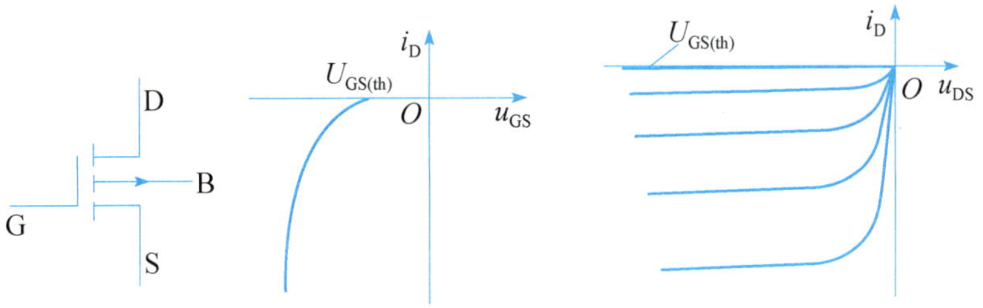

图 2-58 P 沟道增强型场效应管的伏安特性曲线

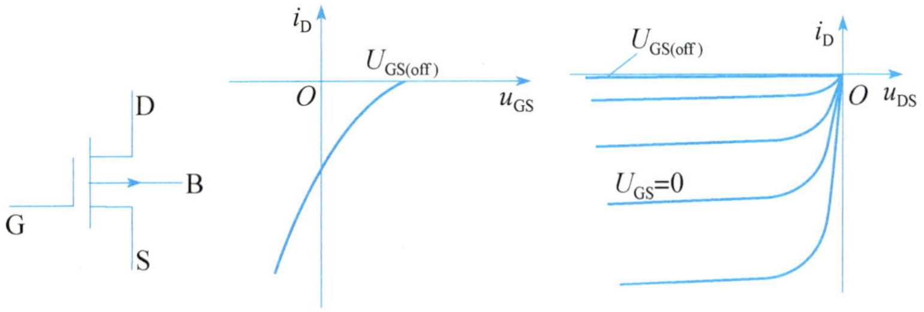

图 2-59 P 沟道耗尽型场效应管的伏安特性曲线

知识 2 场效应管的特点与应用

1. 内部保护二极管

普通绝缘栅型场效应管内部源极和漏极结构对称，但是源极和衬底连接，内部产生寄生二极管，称为体二极管（Body Diode），通常源极和漏极不能互换。功率型场效应管常带电动机、变压器等感性负载，为此，很多功率型场效应管会在源极（S）和漏极（D）之间制作保护二极管，如图 2-60（a）所示。保护二极管在场效应管突然关断时，起到提供续流通路的作用。由于 MOSFET 的栅极容易受静电击穿，有些 MOSFET 在栅极和源极之间内置了保护二极管，如图 2-60（b）所示。

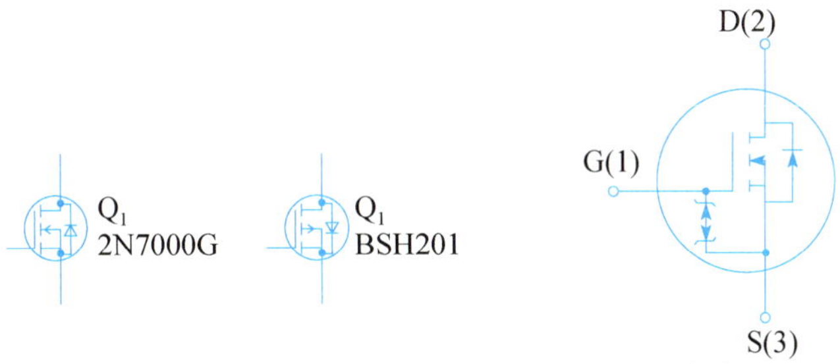

（a）（b）

图 2-60 具有保护二极管的绝缘栅型场效应管

2. 使用万用表检测场效应管

结型场效应管内部具有两个 PN 结，可用万用表判别二极管的方法判断两个 PN 结是否正常，结型场效应管的源极和漏极结构对称，两个 PN 结的测量数据基本相同，源极（S）和漏极（D）间的电阻很小。如果测量结果为两个 PN 结阳极相连，如图 2-61（a）所示，则为 N 沟道 JFET，阳极侧为栅极；如果测量结果为两个 PN 结阴极相连，如图 2－61（b）所示，则为 P 沟道 JFET，阴极侧为栅极。

绝缘栅型场效应管的栅极容易被静电击穿，测试时应将栅极（G）和源极（S）短接，用万用表测试源极（S）和漏极（D），如果二者之间有一个 PN 结，则说明保护二极管正常。不通电时源极和漏极间电阻接近无穷大，当栅极和源极间的给定电压大于开启电压时，用万用表电阻挡测量源极和漏极间的电阻变得非常小（几十欧姆），否则器件已损坏。

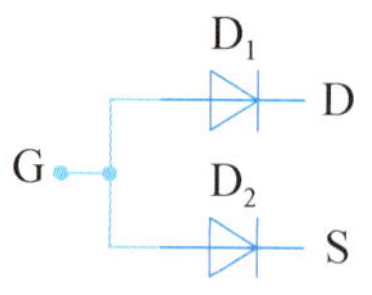

（a）N沟道JFET

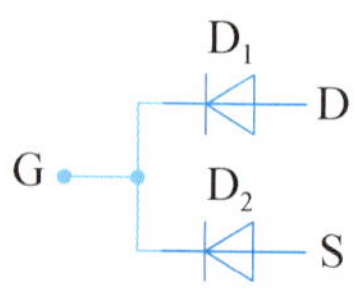

（b）P沟道JFET

图 2－61　用万用表测试 JFET

3. 场效应管使用注意事项

场效应管具有输入电阻高、噪声系数小、便于集成等优点，但它的不足之处是使用、保管不当容易造成损坏。使用时应注意以下几点：

（1）在使用场效应管时应注意漏源电压、漏源电流、栅源电压、耗散功率等参数不应超过最大允许值。

（2）绝缘栅型场效应管在使用中要特别注意对栅极的保护。如果栅极感应有电荷，很难泄放掉，感应电荷的积累会使栅极击穿。为了避免这种情况，任何时候都不要让栅极“悬空”。即使不用时，也要用金属导线将三个引脚短接。焊接时，电烙铁应可靠接地，最好将电烙铁电源断开后再进行焊接，以免击穿栅极。

（3）结型场效应管的栅极偏置电压不能接错极性，如果 PN 结正偏，将造成栅极电流过大，使元器件损坏。

（4）可以用万用表测结型场效应管的 PN 结正、反电阻。

（5）绝缘栅型场效应管的漏极和源极通常不能互换，结型场效应管的漏极和源极可以互换。

（6）有些绝缘栅型场效应管将衬底引出一根引脚，这种 MOSFET 的漏极与源极可互换使用。

（7）和晶体管相似，场效应管也有放大和开关两方面的应用，设计和使用时需要注意工作状态是否正确。

4. 场效应管和晶体管比较

场效应管（FET）和晶体管（BJT）都具有较强的放大能力，并由此发展成单极型和双极型两大类集成电路，是电子技术中两种非常重要的元器件，现将这两种元器件的特点进行比较。

（1）晶体管是电流控制元器件，用基极电流控制集电极电流；场效应管是电压控制元器件，用栅源电压控制漏极电流。场效应管的跨导比较小，其放大作用低于晶体管。

（2）由于场效应管是利用电场效应工作的，其输入端几乎不取电流，输入电阻很大，因此，晶体管和场效应管各适用于不同的信号源。信号源输出电流非常微弱时，应选用场效应管构成放大电路；信号源输出电流较强时，可以选用晶体管构成放大电路。

（3）晶体管的电子和空穴均参与导电，是双极型元器件；场效应管是仅利用电子（或空穴）一种载流子导电的单极型元器件，所以场效应管的温度稳定性好，在温度变化较大的场合，宜选用场效应管。

（4）场效应管的制造工艺简单，便于集成，特别适用于集成电路。

（5）在小电流、低电压时，场效应管可以作为受栅源电压控制的可变电阻来使用。

小提示

如果发现场效应管在工作中过热，有可能是以下原因：

（1）电路设计的问题，本应该工作在开关状态的场效应管实际工作在线性状态。

（2）工作频率太高，导致场效应管上的损耗增大，进而发热增加。

（3）没有做好足够的散热设计。

（4）场效应管的选型有误，对功率判断有误或者没有充分考虑内阻值，导致开关阻抗增大。

小提示

虽然JFET在寿命和效率方面具有优势，但是，MOSFET（MOS）输入电阻更大、漏极电阻更小、更易于处理信号、价格更有优势，所以更受市场欢迎。由于耗尽型MOSFET不易控制，应用较少，增强型MOSFET应用较多。增强型PMOS相对于增强型NMOS存在导通电阻大、价格贵等缺点，所以在设计电路时经常优先选择增强型NMOS。

实用案例

为了防止输入信号源接反，可以利用二极管的单向导电性实现，但是会带入二极管的导通压降。如果采用P沟道场效应管，可以通过较小的内阻实现减小压降的效果，电路如图2-62所示。

在输入IN为正电压时，输入信号会通过Q_1的体二极管到达输出端，使得稳压管D_1和R_1导通，Q_1的U_{GS}超过所需的U_{ON}，从而导致Q_1导通。当输入信号接反时，输入IN为负电压，Q_1的体二极管不会导通，稳压管D_1也不会导通，从而实现Q_1关断，防止反接带来的损失。

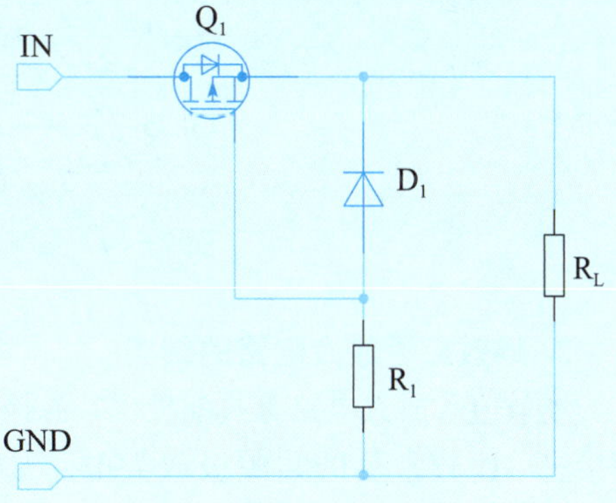

图2-62　输入防反接电路

知识3　场效应管放大电路

1. 场效应管的工作状态

与晶体管分为饱和区、放大区、截止区类似，场效应管输出伏安特性曲线分为可变电阻区、恒流区和夹断区等，如图2-63所示。预夹断轨迹是可变电阻区和恒流区的分界线，场效应管应避免进入击穿区，否则容易损坏。场效应管工作在恒流区（类似于晶体管放大区）可以用于放大信号，工作在可变电阻区相当于开关闭合（类似于晶体管饱和），工作在夹断区相当于开关断开（类似于晶体管截止）。

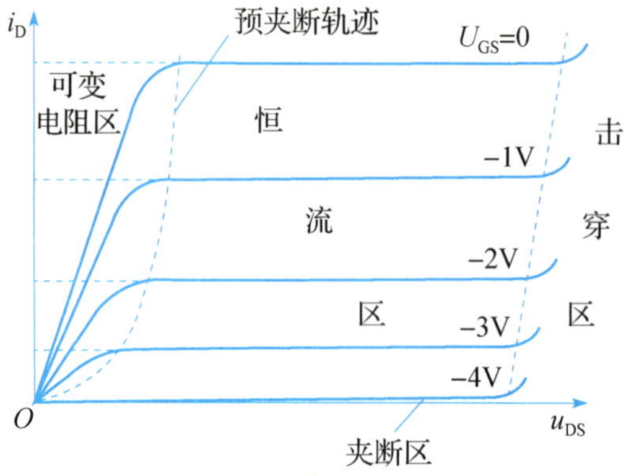

图 2 - 63　场效应管输出特性曲线分区

课堂讨论

某场效应管的输出伏安特性曲线如图 2 - 64 所示，如何分析该场效应管的类型（提示：N 沟道增强型 MOS）？

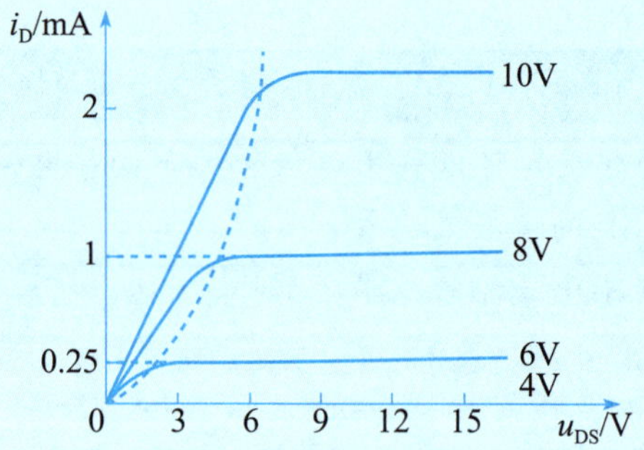

图 2 - 64　某场效应管输出伏安特性曲线

2. 场效应管放大电路的结构

场效应管放大电路有共漏极、共源极和共栅极等接法，比较常见的共源极放大电路如图 2 - 65 所示。

图中 C_1、C_2 是隔直耦合电容，C_S 是旁路电容，R_{g1} 和 R_{g2} 对直流电源 V_{DD} 分压来确定场效应管栅极电位 V_g，确定静态工作点 Q，R_{g3} 的作用是增大输入电阻 R_i，R_S（与 R_{g1}、R_{g2}、C_S 配合）起到直流负反馈作用，R_d 也影响静态工作点，并与负载 R_L 并联构成等效交流负载。

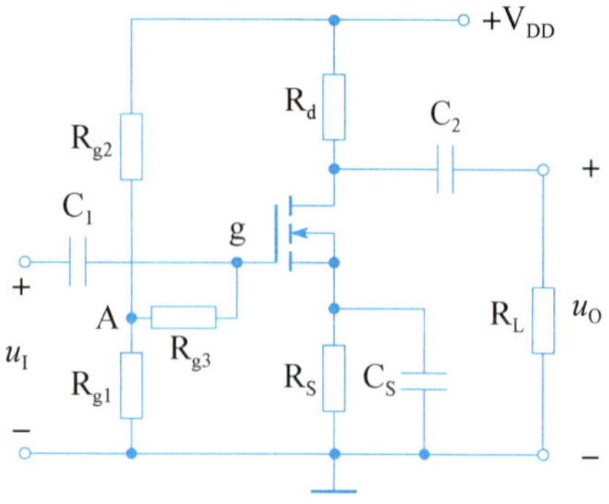

图 2 - 65　比较常见的共源极放大电路

课堂讨论

场效应管共源极放大电路与晶体管共射放大电路有何异同？有哪些元器件功能类似？

3. 场效应管放大电路直流分析

因为流入场效应管栅极的直流电流为 0，R_{g3} 上无电流通过，V_A 等于 V_g，栅极电位由 R_{g1} 和 R_{g2} 对直流电源 V_{DD} 分压确定，可知栅极静态工作点电位

$$U_{GQ}=V_A=\frac{R_{g1}}{R_{g1}+R_{g2}}\cdot V_{DD} \tag{2-45}$$

源极静态工作点电位

$$U_{SQ}=I_{DQ}R_S \tag{2-46}$$

静态工作点栅源电压

$$U_{GSQ}=U_{GQ}-U_{SQ}=\frac{R_{g1}}{R_{g1}+R_{g2}}\cdot V_{DD}-I_{DQ}R_S \tag{2-47}$$

增强型场效应管静态工作点漏极电流

$$I_{DQ}=I_{DO}\left(\frac{U_{GSQ}}{U_{GS(th)}}-1\right)^2 \tag{2-48}$$

式中 I_{DO} 是 U_{GSQ} 为两倍开启电压 $U_{GS(th)}$ 时的漏极电流值。

结型和耗尽型场效应管静态工作点漏极电流

$$I_{DQ}=I_{DSS}\left(1-\frac{U_{GSQ}}{U_{GS(off)}}\right)^2 \tag{2-49}$$

式中 I_{DSS} 为饱和漏极电流，是转移特性曲线中 U_{GS} 等于 0 时的漏极电流值。

静态工作点漏源电压

$$U_{DSQ}=V_{DD}-I_{DQ}(R_d+R_S) \tag{2-50}$$

4. 场效应管放大电路交流分析

与晶体管类似，场效应管的交流分析方法有图解法和微变等效法两种。图解法适用于大信号，微变等效法适用于小信号。

场效应管低频微变等效模型如图 2-66 所示。图 2-66（a）为场效应管类型，图 2-66（b）为对应的低频电路模型，在高频时需考虑参数较多，此处不赘述。

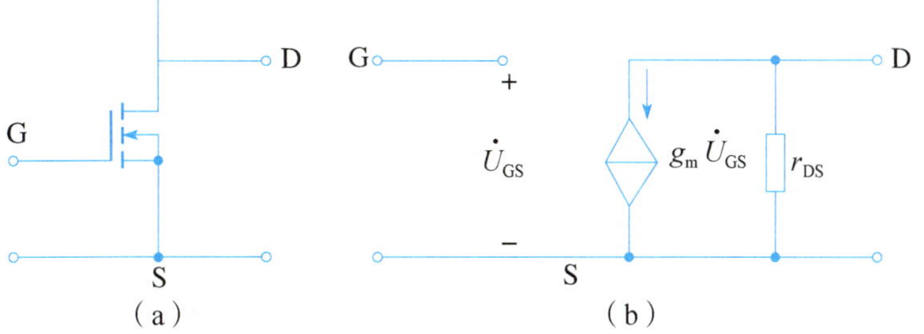

图 2-66 场效应管低频微变等效模型

跨导 g_m 由 $U_{GS}=U_{GSQ}$ 时的转移特性曲线上 Q 点处切线斜率决定，N 沟道增强型场效应管跨导如图 2-67 所示。

增强型场效应管跨导计算方法为

$$g_m=\frac{\partial i_D}{\partial u_{GS}}\bigg|u_{DS}=\frac{2}{U_{GS(th)}}\sqrt{I_{DO}I_{DQ}} \tag{2-51}$$

理想状态时，输出伏安特性曲线在恒流区与横坐标轴接近平行，$r_{DS}=\infty$（开路），如图 2-68 所示，源极和漏极之间只等效为一个受控电流源

$$i_D=I_{DO}\left(\frac{u_{GS}}{U_{GS(th)}}-1\right)^2 \tag{2-52}$$

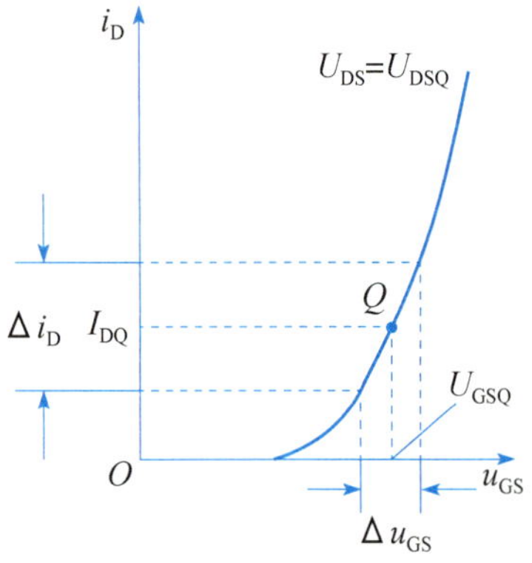

图 2-67　N 沟道增强型场效应管跨导

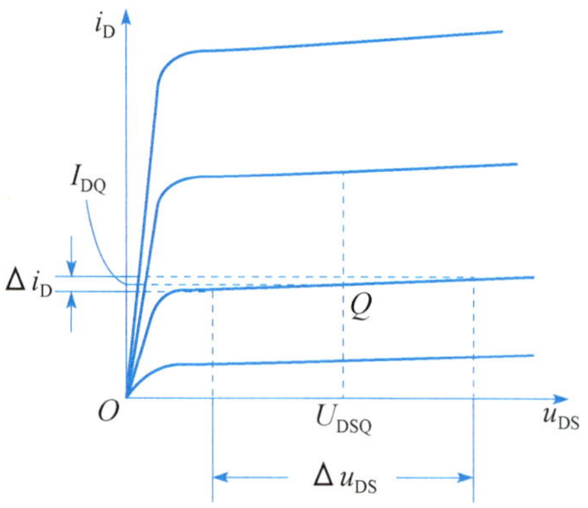

图 2-68　输出电阻 r_{DS}

图 2-69（a）为增强型 N 沟道场效应管放大电路的交流通路，图 2-69（b）为对应的微变等效电路，电压放大倍数为

$$A_U=\frac{\dot{U}_o}{\dot{U}_i}=\frac{-\dot{I}_d}{\dot{U}_{gs}}=-\frac{g_m\dot{U}_{GS}R_d}{\dot{U}_{GS}}=-g_mR_d \tag{2-53}$$

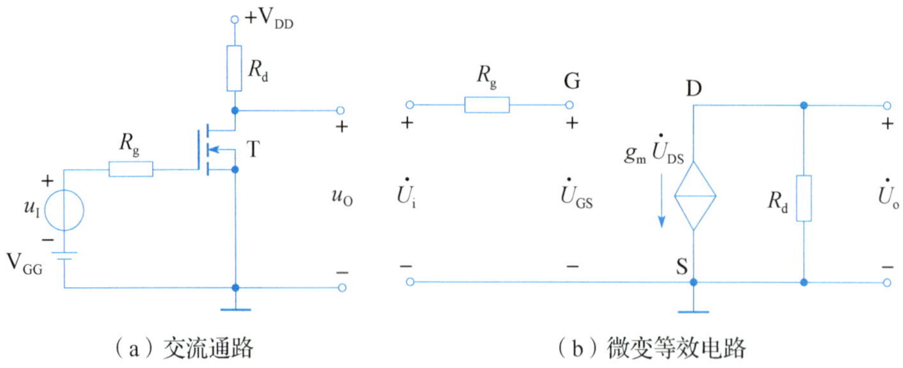

图 2-69　增强型 N 沟道场效应管放大电路的交流通路与微变等效电路

与晶体管共射放大电路类似，共源放大电路也是反相放大电路。

输入电阻

$$R_i=\infty \tag{2-54}$$

输出电阻

$$R_o=R_d \tag{2-55}$$

对于图 2-65，输入电阻与直流偏置电阻相关，为

$$R_i=R_{g3}+R_{g1}//R_{g2} \tag{2-56}$$

任务实施

一、仿真

（1）用仿真软件测试场效应管特性曲线。

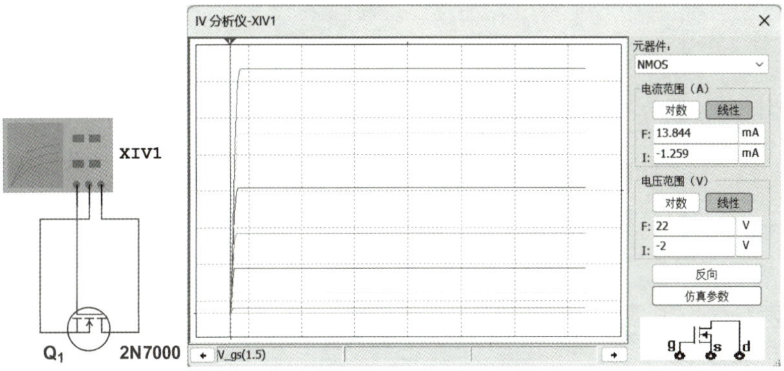

场效应管特性曲线仿真

2-8 场效应管仿真

（2）用仿真软件绘制场效应管放大电路图。调整 R_{g1}、R_{g2} 大小，用示波器观察输出波形的变化；调整 R_d 大小，用示波器观察输出波形的变化；调整信号源幅度，用示波器观察输出波形的变化。

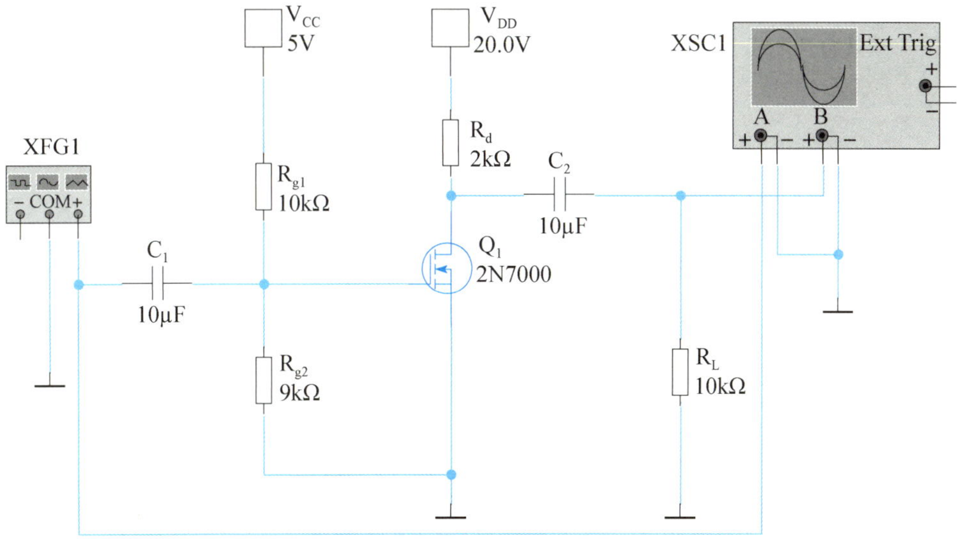

场效应管放大电路仿真图

（3）汇总分析仿真结果，撰写仿真总结报告。

二、准备工作

工具和材料清单如下表所示。

工具和材料清单

		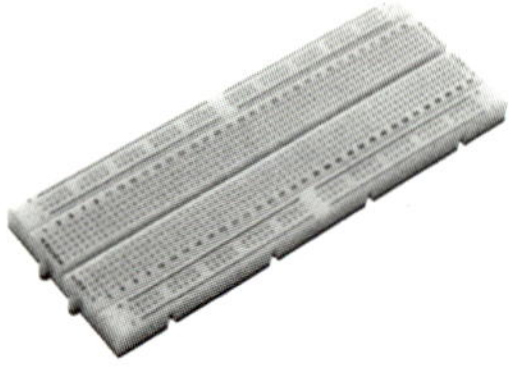
场效应管	万用表	面包板

0.5mm^2 单芯铜线	剥线钳	偏口钳

三、实施记录

1. 拟订测试方案

测试方案拟订表

序号	测试项	测试方案（含电路图）	简述理由
1	场效应管	（1）外观检测； （2）万用表测试	

2. 元器件识别与检测过程记录

元器件识别与检测过程记录表

序号	元器件	识别与检测过程实施记录	识别与检测结果
1	场效应管 1		
2	场效应管 2		

3. 测量结果与分析

测量结果与分析表

序号	测量项	测量结果	数据手册	对比分析
1	场效应管 1			
2	场效应管 2			

四、总结与评价

填写任务评价表，简单总结任务完成过程及心得体会。

任务评价表

任务名称				总分		
姓名		学号		日期		
考核项目	考核内容	配分	自评 30%	互评 30%	师评 40%	得分
素质	遵守实验室规章制度，与同学和谐协作，执行 5S 管理标准	30				
知识	能借助信息化资源自主学习，理论联系实际，正确完成任务	30				
技能	布线合理，操作规范，未造成受伤或设备与元器件损坏、遗失，按时完成任务	40				

任务四 音频小信号放大器

任务描述

扩音器是用于放大声音的电子产品，主要由话筒、放大电路、扬声器和直流电源组成。扩音器内部的放大电路通常包括音频小信号放大电路和功率放大电路两部分，目前已经普遍采用集成电路实现。本任务为用晶体管实现音频小信号放大器，如图 2 - 70 所示。要求能识别驻极体话筒、扬声器等元器件的外观特征，会判定引脚，会根据型号查阅数据手册，知道数据手册中主要参数的含义，会设计简单小信号放大电路，能按照电路图进行仿真和电路安装，会调试小信号放大电路，能熟练使用电烙铁、万用表、示波器等工具和仪器设备。

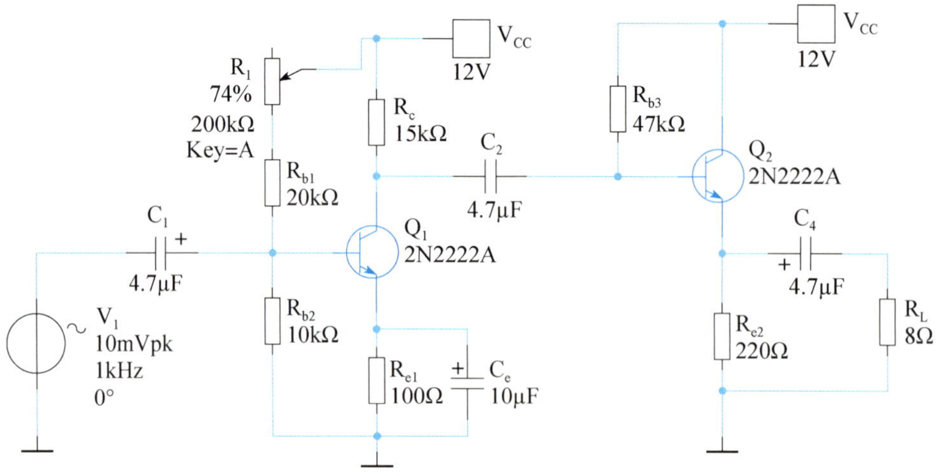

图 2-70　音频小信号放大器

知识储备

知识 1　话筒和扬声器

1. 话筒

话筒也称为传声器，是将声音信号转换为电信号的能量转换器件。话筒种类繁多，按声电转换原理可分为电动式、电容式、压电式、电磁式、碳粒式、半导体式等。目前，驻极体话筒应用最为广泛，也称驻极体传声器，是利用驻极体材料制成的一种特殊电容式声电转换器件。其原理大致是：内部由金属膜片、金属极板和场效应管构成，金属膜片或者金属极板采用驻极体材料，驻极体材料可以保存电荷。声音导致金属膜片振动，改变了金属膜片和金属极板之间的电容大小，从而使场效应管输出相应的电压。驻极体话筒的外形与结构示意图如图 2-71 所示。

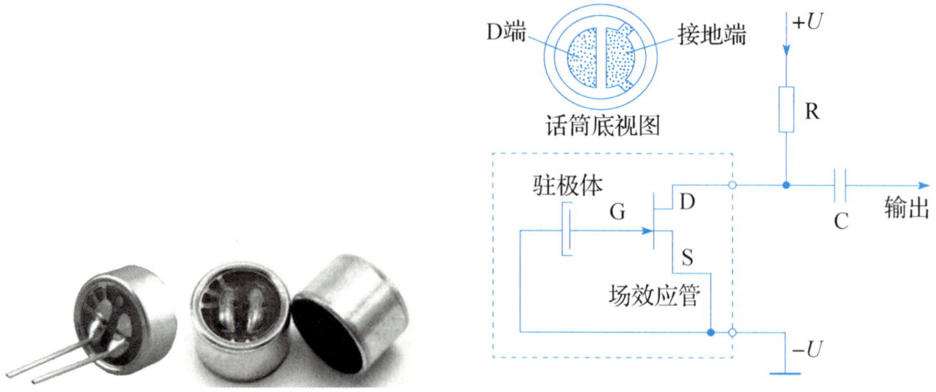

（a）外形　（b）结构示意图

图 2-71　驻极体话筒的外形与结构示意图

驻极体话筒具有体积小、结构简单、声电性能好、价格低、使用方便的特点，广泛应用于多种场合，如一般会议场合、语音通信系统（如摄像机、手机、复读机等设备）。驻极体话筒的缺点是拾声的音质效果相对较差，多用于对音质效果要求不高的场合。

常见的驻极体话筒形状多为圆柱形，其直径有 ϕ6mm、ϕ9.7mm、ϕ10mm、ϕ10.5mm、ϕ11.5mm、ϕ12mm 等多种规格；引脚电极数分两端式和三端式，引脚形式有直插式、引线式（带软屏蔽引线）和焊脚式（无引线）。

驻极体话筒的参数指标主要有：

（1）工作电压。

工作电压是指驻极体话筒正常工作时，施加在话筒两端的最小直流工作电压，典型值有 1.5V、3V 和 4.5V。

（2）工作电流。

工作电流是指驻极体话筒静态时所通过的直流电流，实际上就是内部场效应管的静态电流，通常在 0.1～1mA。

（3）最大工作电压。

最大工作电压是指驻极体话筒内部场效应管漏极和源极两端所能够承受的最大直流电压。当超过该极限电压时，场效应管就会被击穿损坏。

（4）灵敏度。

灵敏度是指话筒在一定的外部声压作用下所能产生的音频信号电压大小，其单位通常用 mV/Pa（毫伏/帕）或 dB。一般驻极体话筒的灵敏度多在 0.5～10mV/Pa 或 −66～−40dB 范围内。话筒灵敏度越高，在相同大小的声音下所输出的音频信号幅度越大。

（5）频率响应。

频率响应也称频率特性，是指话筒的灵敏度随声音频率变化而变化的特性，常用曲线来表示。当声音频率超出厂家给出的上、下限频率时，话筒的灵敏度会明显下降。驻极体话筒的频率响应一般较为平坦，普通产品的范围在 100Hz～10kHz，质量较好的话筒为 40Hz～15kHz，优质话筒可达 20Hz～20kHz。

（6）输出阻抗。

输出阻抗是指话筒在一定的频率（1kHz）下输出端所具有的交流阻抗。驻极体话筒经过内部场效应管的阻抗变换，其输出阻抗一般小于 3kΩ。

（7）固有噪声。

固有噪声是指在没有外界声音时话筒所输出的噪声信号电压。话筒的固有噪声越大，工作时输出信号中混有的噪声就越大。一般驻极体话筒的固有噪声都很小，为微伏级电压。

（8）指向性。

指向性也称为方向性，是指话筒灵敏度随声波入射方向变化而变化的特性。话筒的指向性分单向性、双向性和全向性。单向性话筒的正面对声波的灵敏度明显高于其他方向；双向性话筒在前、后方向的灵敏度均高于其他方向；全向性话筒对来自四面八方的声波都有基本相同的灵敏度。

2. 扬声器

扬声器又称“喇叭”，是负责将电信号转换为声音信号的能量转换器件。扬声器在各种发声的电子、电气设备中得到了极为广泛的应用，如电视机、电话、收音机、扩音器等。扬声器的外形和结构示意图如图 2-72 所示。

（a）外形

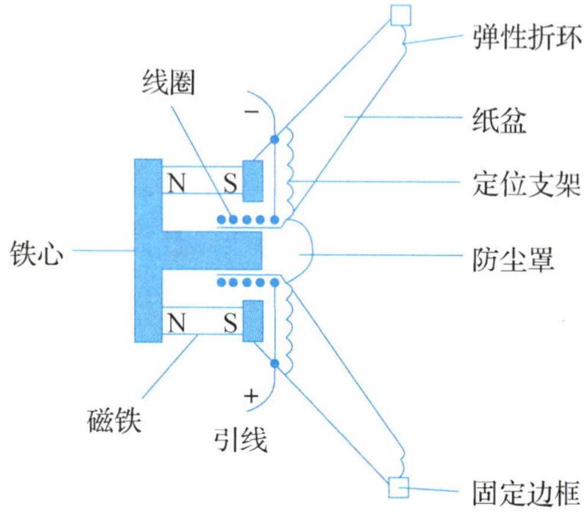

（b）结构示意图

图 2-72 扬声器的外形和结构示意图

扬声器按照工作原理可分为电动式、电磁式、静电式、压电式、离子式等，电动式又称为动圈式，应用最为广泛。动圈式扬声器的主要工作原理是利用交流信号通过线圈时产生变化的磁场，该磁场与永磁体的固定磁场产生排斥或吸引力，线圈带动纸盆运动，从而发出振动的声音。

扬声器的主要参数有额定阻抗、功率、频率特性、谐振频率、灵敏度等。

（1）额定阻抗。

扬声器的额定阻抗也称为标称阻抗，是扬声器在共振峰呈现的最小阻抗，有 4Ω、6Ω、8Ω、16Ω 和 32Ω 等。额定阻抗是交流阻抗，通常为扬声器音圈直流电阻的 1.1 倍左右。

（2）功率。

扬声器的功率分为额定功率、最小功率、最大功率和瞬间功率，单位均为 W。

额定功率也称标称功率，是指扬声器长时间正常连续工作而无明显失真的输入平均电功率。

最小功率也称起步功率，是指扬声器能被推动工作的基准电功率。

最大功率也称最大承载功率，是指扬声器长时间连续工作时所能承受的最大输入功率。

瞬间功率也称瞬时承受功率，是指扬声器在短时间内（10ms）所能承受的最大功率，一般为额定功率的 8～30 倍。

（3）频率特性。

频率特性是指当输入扬声器的信号电压恒定不变时，扬声器输出声压随输入信号频率变化的规律，反映了扬声器对不同频率信号输出声波的能力。

频响曲线是具有许多峰谷点的不规则连续曲线，频响曲线越平坦，说明频率失真越小，有效频率范围越宽。一般低音扬声器的频率范围在 20Hz～3kHz，中音扬声器的频率范围在 500Hz～5kHz，高音扬声器的频率范围通常在 5kHz 以上。

（4）谐振频率。

谐振频率是指扬声器所能重放的最低频率，它与扬声器的口径大小有关。低音扬声器的谐振频率一般随其口径的增大而降低，口径为 6 英寸（1 英寸≈2.54cm）的低音扬声器的谐振频率为 50Hz 左右，口径为 12 英寸的低音扬声器的谐振频率为 20Hz 左右。

谐振频率是决定扬声器低频特性的重要参数，谐振频率越低，扬声器重放低音的质感和力度越好。

（5）灵敏度。

灵敏度用来反映扬声器的电声转换效率。高灵敏度的扬声器，用较低的电功率即可推动出声。

小提示

扬声器电阻很小，内部的音圈漆包线很细，无法承受太大电流，所以驱动扬声器一定要用纯交流信号，避免直流电流过大导致过热烧毁。

课堂讨论

扬声器内部的音圈是不分正负的，扬声器的接线柱为什么标有正负号？

素养提升

如果两个声波源反相，则声波抵消，这也是主动降噪耳机的工作原理。延伸到生活、工作中，要注意同向同行，戮力同心，避免内耗。

知识 2　音频小信号放大器设计

从设计流程来看，设计一个电子产品通常包括以下流程步骤：

（1）需求分析。

（2）系统设计，任务分解。

（3）单元电路设计，仿真，验证。

（4）总体仿真，验证，修改。

（5）小规模量产测试，生产工艺流程修改。

（6）批量生产。

在设计放大电路时，通常要考虑以下问题：

（1）信号源是电压源还是电流源？输出的电压和电流有多大？信号源内阻有多大？中心频率有多高？信号带宽是多少？

（2）负载是感性负载、容性负载，还是纯电阻负载？需要多大的电压（电流）幅度？

需要多大的功率？需要的信号频率范围是多少？

（3）需要多大的放大倍数？放大电路的输入电阻、输出电阻应该是多少？放大电路的通频带宽度是多少？失真度要求是多少？

（4）单级放大电路能否完成任务？

（5）如果需要多级放大电路组合完成任务，这几级放大电路如何分工、配合、耦合连接？

（6）电路是否有自激振荡的风险？

（7）是否需要保护信号源、负载、核心元器件的保护电路？

（8）直流电源电压应该设定在多少伏？纹波系数要求值为多大？

（9）是否有外来干扰信号？干扰信号频率范围是多少？幅度有多大？有没有一定的规律性？

小信号放大器主要是指信号幅度小，工作在晶体管线性区的放大电路。共射放大电路既能放大电压也能放大电流，共集放大电路只能放大电流，共基放大电路具有较宽的通频带宽度，在设计电路时可以根据需要进行选择。在单一晶体管构成的放大电路无法满足需求时，可以考虑多级放大电路。

图 2－73 为两级共射放大电路的组合连接，两级放大电路通过电容 C_2 耦合，这种耦合方式称为阻容耦合。

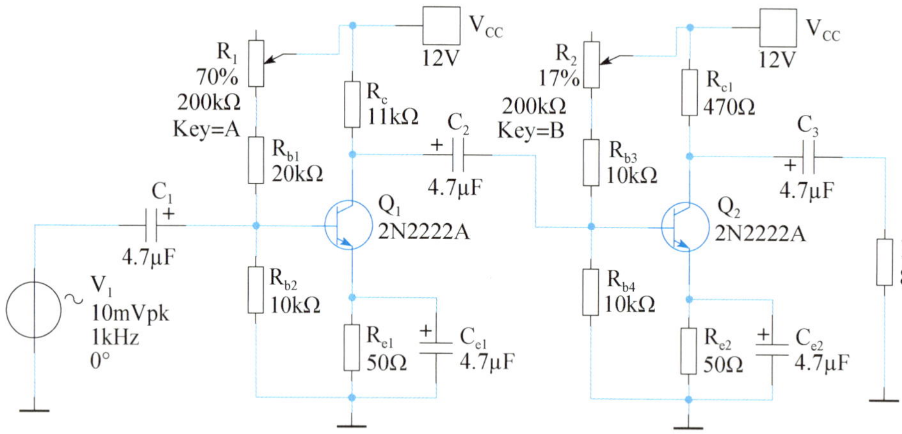

图 2－73　两级共射放大电路的组合连接

图 2－74 为共射和共集组合放大电路，也是阻容耦合方式，后级只进行电流放大。

失真是指放大电路输出信号与输入信号之间不吻合的程度（不包括幅度变化），一般用信号中全部谐波能量与基波能量之比的平方根来衡量失真大小，称为失真度。根据来源和特点，可以把失真分为谐波失真、互调失真、相位失真等。

谐波失真是由放大器的非线性引起的，失真的结果是使放大器输出产生原信号中没有的谐波分量，使声音失去了原有的音色，严重时声音会变得不自然。通常总谐波失真（Total Harmonic Distortion，THD）可以通过失真度测量仪进行测量。仿真软件中的失真分析仪如图 2－75 所示。

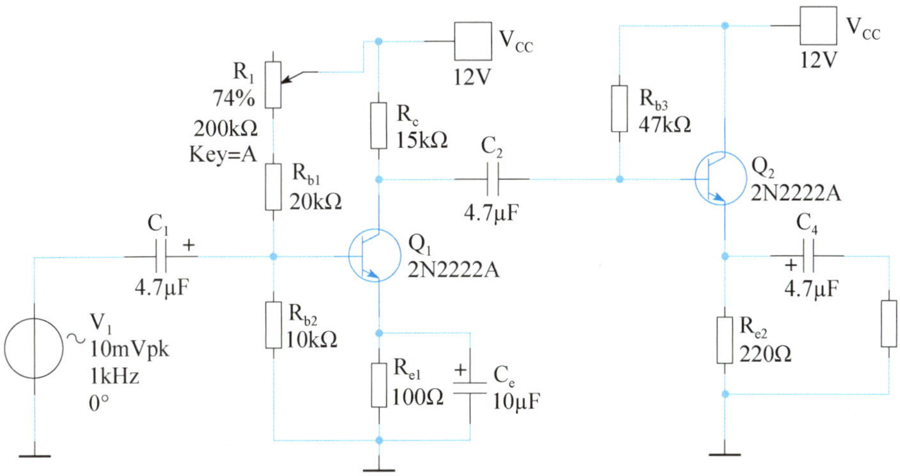

图 2-74　共射和共集组合放大电路

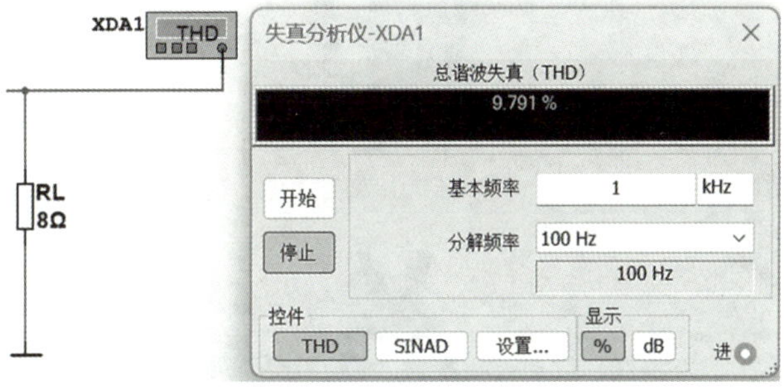

图 2-75　仿真软件中的失真分析仪

小提示

多媒体音箱的谐波失真在标称额定功率时的失真度小于 10%，要求较高的一般应该在 1%以下。

素养提升

多级放大电路组合可以起到更好的放大作用，团队协作通常比个人效率更高，在团队合作中要注意精心组织、取长补短、互相配合。

任务实施

一、仿真

视频

2-9　音频小信号放大器仿真

（1）用仿真软件绘制两级共射放大电路图（见图 2-73）。通过调节 R_c 使 V_{CQ} 在 6V 左右，通过调节电位器 R_1、R_2，观察输出波形是否正常，调节完 R_1、R_2 还需要再调节 R_c，这是因为有 R_{e1} 与 R_{e2} 存在，调节 I_{BQ} 会影响 I_{CEQ}。带载会大幅降低放大倍数，需带载调试。在示波器显示不失真的前提下，分别测量空载电压放大倍数和带载电压放大倍数，记录此时的总谐波失真。

（2）用仿真软件绘制共射和共集组合放大电路（见图 2－74）。调试电路，在示波器显示不失真的前提下，分别测量空载电压放大倍数和带载电压放大倍数，记录此时的总谐波失真。

（3）汇总分析仿真结果，撰写仿真总结报告。

二、准备工作

工具和材料清单如下表所示。

工具和材料清单

	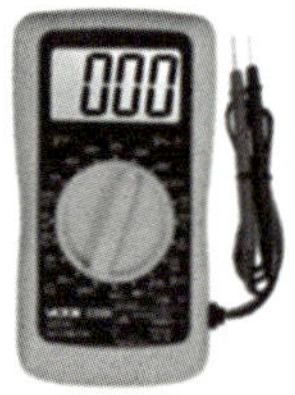	
2N2222 晶体管	万用表	面包板

0.5mm^2 单芯铜线	剥线钳	偏口钳

50Ω、100Ω、220Ω、470Ω、10kΩ、15kΩ、20kΩ、47kΩ 等电阻	16V、4.7μF 电容	200kΩ 电位器

万能板	电烙铁	吸锡器

续表

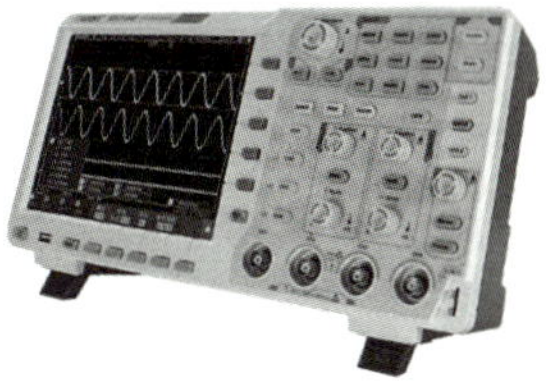		
示波器	8Ω、0.125W 扬声器	驻极体话筒
		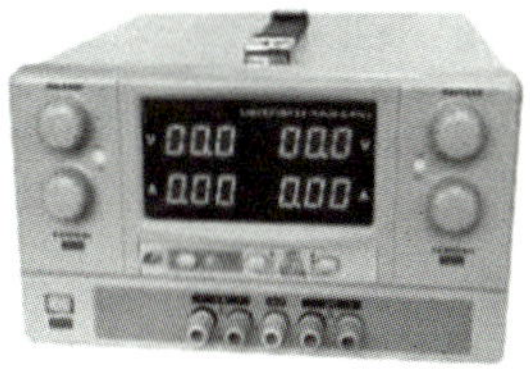
焊锡丝	高频毫伏表	直流稳压电源
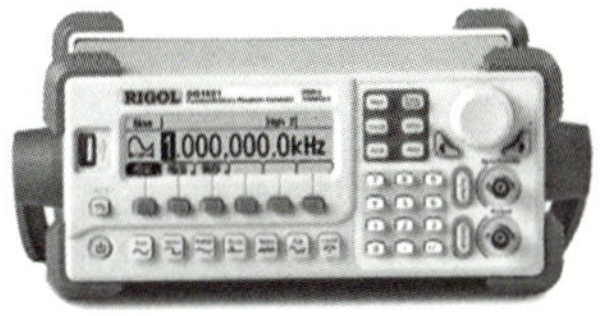		
信号源		

三、实施记录

1. 拟订测试方案

测试方案拟订表

序号	测试项	测试方案（含电路图）	简述理由
1	晶体管	(1) 外观检测； (2) 万用表测试	
2	稳压二极管	(1) 外观检测； (2) 万用表测试	
3	驻极体话筒	(1) 外观检测； (2) 万用表测试	
4	扬声器	(1) 外观检测； (2) 万用表测试	

续表

序号	测试项	测试方案（含电路图）	简述理由
5	话筒电路	（1）万用表测试； （2）示波器测试	
6	放大器电路	（1）万用表测试； （2）示波器测试； （3）高频毫伏表测试	
7	整体电路	（1）万用表测试； （2）示波器测试； （3）声音测试	

2. 设备和元器件识别与检测记录

设备和元器件识别与检测过程记录表

序号	设备和元器件	识别与检测过程实施记录	识别与检测结果
1	晶体管		
2	驻极体话筒		
3	扬声器		
4	信号源		
5	示波器		
6	高频毫伏表		
7	直流稳压电源		

3. 电路装接过程记录

电路装接过程记录表

序号	电路	装接过程记录	初测结果（是否正常）
1	放大器电路		

续表

序号	电路	装接过程记录	初测结果（是否正常）
2	话筒部分		
3	整体电路（包括话筒和扬声器）		

4. 测量结果与分析

测量结果与分析表

序号	测量项	测量结果	计算值	分析
1	放大器电路			
2	话筒部分			
3	整体电路			

四、总结与评价

填写任务评价表，简单总结任务完成过程及心得体会。

任务评价表

<table>
<tr><td>任务名称</td><td colspan="4"></td><td>总分</td><td colspan="2"></td></tr>
<tr><td>姓名</td><td> </td><td>学号</td><td colspan="2"></td><td>日期</td><td colspan="2"></td></tr>
<tr><td>考核项目</td><td>考核内容</td><td>配分</td><td>自评
30%</td><td>互评
30%</td><td>师评
40%</td><td>得分</td></tr>
<tr><td>素质</td><td>遵守实验室规章制度，与同学和谐协作，执行 5S 管理标准</td><td>30</td><td></td><td></td><td></td><td></td></tr>
<tr><td>知识</td><td>能借助信息化资源自主学习，理论联系实际，正确完成任务</td><td>30</td><td></td><td></td><td></td><td></td></tr>
<tr><td>技能</td><td>布线合理，操作规范，未造成受伤或设备与元器件损坏、遗失，按时完成任务</td><td>40</td><td></td><td></td><td></td><td></td></tr>
</table>

项目小结

(1) 晶体管（BJT）具有NPN和PNP两种结构，是电流放大元器件，最重要的参数是共射电流放大系数β。

(2) 晶体管有三个引脚，构成放大电路主要有共发射极、共集电极和共基极三种基本结构。共发射极放大电路具有电压放大和电流放大的能力，输入、输出电阻适中，输出和输入反相位，常用于普通的输入级、中间级和输出级等放大；共集电极放大电路具有高输入电阻和低输出电阻，电流放大倍数大，而电压放大倍数略小于1，输出与输入同相位，也称为射极跟随器，常用于输入级、输出级和起隔离作用的中间级；共基极放大电路输入电阻低，输出电阻高，电流放大倍数略小于1，电压放大倍数较大，输出与输入同相位，常用于宽频带放大，或作为恒流源使用。

(3) 晶体管放大电路的分析过程是先直流后交流，先画出直流通路等效电路图，分析晶体管的静态工作点，然后画出交流通路的等效电路图，分析交流放大情况。

(4) 晶体管的分析方法主要有微变等效法和图解法。微变等效法主要是利用基本电路元器件等效代替晶体管，使用计算方法进行分析。图解法是利用电路方程在晶体管输入、输出伏安特性曲线中绘图进行分析。

微变等效法用于小信号和高频等情况，图解法主要用于大信号的情况。微变等效法不能用于分析非线性失真，也不能用于静态分析。图解法不能分析高频工作情况，对于某些电路无法直接求出电压放大倍数等参数。

(5) 场效应管是单极型压控器件，与晶体管相比，输入阻抗高，抗干扰能力强，温度稳定性好，便于集成。

(6) 注意区分结型场效应管与绝缘栅型场效应管的不同。

(7) 保管和使用绝缘栅型场效应管的时候需要注意避免栅极“悬空”，焊接时应注意静电防护。

(8) 设计小信号放大器时，应注意失真问题。

(9) 话筒是将声音转换为电信号的器件，最常见的话筒类型是驻极体话筒。

(10) 扬声器是将交流电信号转换为声音的器件，使用时应注意其功率、阻抗等参数。

课后练习

一、判断题

1. 因为双极型晶体管由两个PN结组成，所以能用两个二极管反向连接当双极型晶体管使用。(　　)

2. 在晶体管的放大区，发射结正偏，集电结反偏。(　　)

3. 当放大电路输出有明显顶部失真或底部失真时，说明静态工作点设置不合理。(　　)

4. 图解法和微变等效法的基本原理和使用场景基本相同。( )

5. 分析放大电路直流数据时应采用晶体管微变等效模型进行分析。( )

6. 放大电路带负载时输出信号幅度与不带负载时一样大。( )

7. 信号源与晶体管放大电路之间的耦合需要考虑是否匹配的问题。( )

8. 晶体管放大小信号时需要直流电源提供能量。( )

9. 晶体管的工作状态有放大和饱和两种。( )

10. 所有类型的场效应管栅极都与内部绝缘。( )

二、选择题

1. 当晶体管发射结正偏，集电结也正偏时，晶体管进入（ ）状态。

A. 截止　B. 放大　C. 饱和　D. 损坏

2. N 沟道绝缘栅型场效应管在放大信号时，栅极电压 V_{gs} 应（ ）。

A. 等于零　B. 大于零　C. 小于零　D. 悬空不管

3. 晶体管放大电路输出的正弦波信号顶部和底部均出现明显失真，顶部和底部失真的幅度相仿，最有可能的原因是（ ）。

A. 静态工作点靠近截止区　B. 静态工作点靠近饱和区

C. 静态工作点设置不合理　D. 输入信号幅度过大

三、填空题

1. 晶体管有 NPN 和________两种结构。

2. 场效应管分为结型和________型两大类。

3. 按照导电沟道类型来分，场效应管可分为 N 沟道和________沟道两种。

4. 多级放大电路采用阻容耦合方式时，最重要的是用电容隔离________。

5. 射极输出器是指晶体管共________放大。

四、问答题

1. 放大的含义是什么？放大的前提是什么？

2. 晶体管有哪些参数？温度变化对晶体管有哪些影响？

3. 为使晶体管处于放大区，应给晶体管各引脚施加什么样的偏置电压？

4. 如果发现共射放大电路输出的正弦波出现顶部失真，原因是什么？应如何调节电路？如果输出波形出现底部失真呢？

5. 采用什么样的电路能够减小温度对晶体管放大电路的不利影响？

6. 设计一个小信号放大器应该考虑哪些问题？

7. 场效应管有哪些特点？

8. 在使用绝缘栅型场效应管时应注意什么？

9. 音频信号的频率范围是多少？

项目三 光控电路制作

项目目标

1. 知识目标

（1）了解多级放大电路的耦合方式；

（2）理解电流源电路的基本原理；

（3）理解差动放大电路的结构特点和工作原理；

（4）理解集成运放的特点和主要参数；

（5）了解光敏电阻的特点。

2. 技能目标

（1）能熟练识别和检测集成运放和光敏电阻等元器件；

（2）能对简单电路进行故障判断；

（3）会使用面包板搭建简单电路；

（4）会对印制电路板（PCB）进行装接；

（5）会使用万用表和示波器；

（6）掌握仿真软件的使用方法，能对简单电路进行仿真。

3. 素养目标

（1）培养科学思维能力；

（2）锻炼工程实践能力；

（3）提升学习能力；

（4）强化工匠精神；

（5）提升信息化素养；

（6）培养协作精神和团队意识。

知识导图

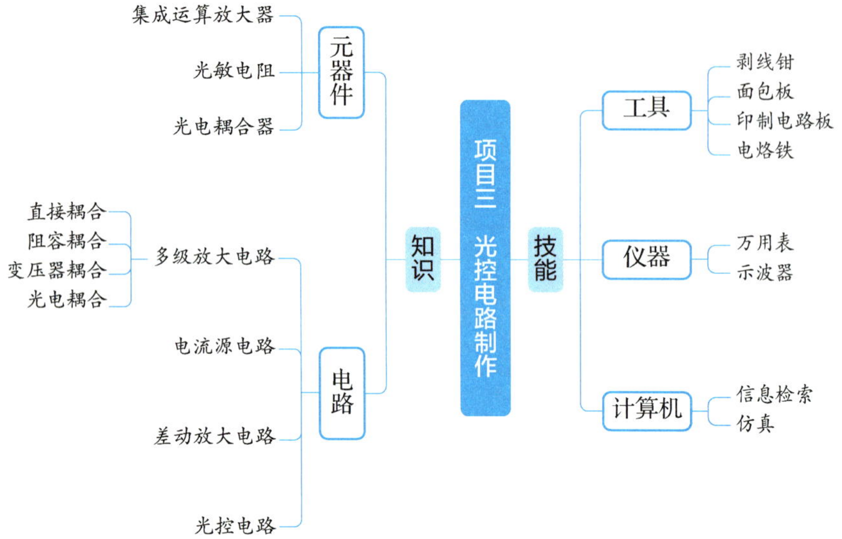

任务一 光控电路

任务描述

光控电路是常见的自动控制电路之一，可以利用光照强弱变化控制照明灯亮度调节、电动机转速快慢或者加热器功率高低等。本任务的光控电路如图 3 - 1 所示，要求能理解电路的工作原理，能识别光敏电阻，能根据电路图安装电路，会使用万用表和示波器对电路参数进行测量。

知识储备

知识 1 多级放大电路

多级放大电路的信号传递方式称为耦合，级间耦合可以使信号顺利地由前级传送到后级，信号在传送过程中失真应尽量小，级间传输效率要尽可能高。常见的耦合方式有直接耦合、阻容耦合、变压器耦合、光电耦合等。

多级放大电路的放大倍数等于每级放大倍数的乘积，总体电压放大倍数较大。对于信号源而言，多级放大电路的输入电阻相当于负载内阻，其值等于第一级的输入电阻。对于负载而言，多级放大电路的输出电阻相当于信号源内阻，其值等于最后一级放大电路的输出电阻。多级放大电路的相移较大，通频带比较窄，比其中任何一级都窄。

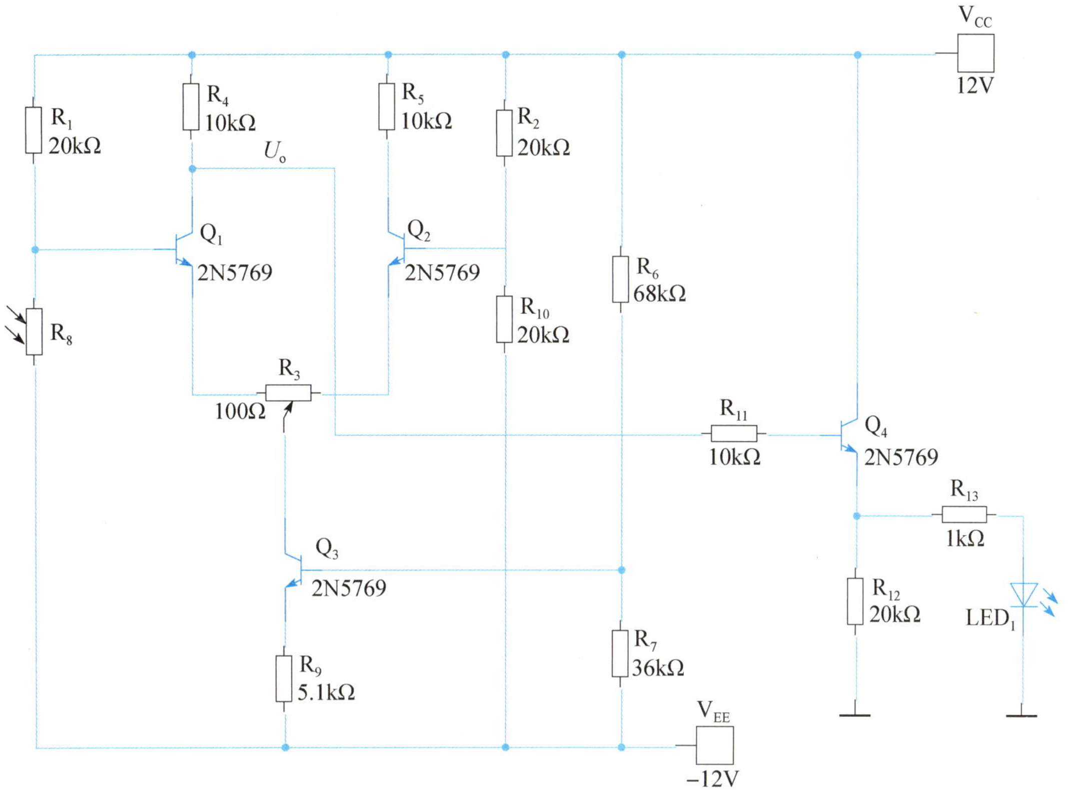

图 3－1　光控电路

多级放大电路的优点是电路构成方式灵活，便于兼顾多种需求，放大倍数大，缺点是元器件数量较多，过大的放大倍数容易引起自激振荡，系统较为复杂。

1. 直接耦合

直接耦合是将前级的输出端直接与后级的输入端相连接，如图 3－2 所示。

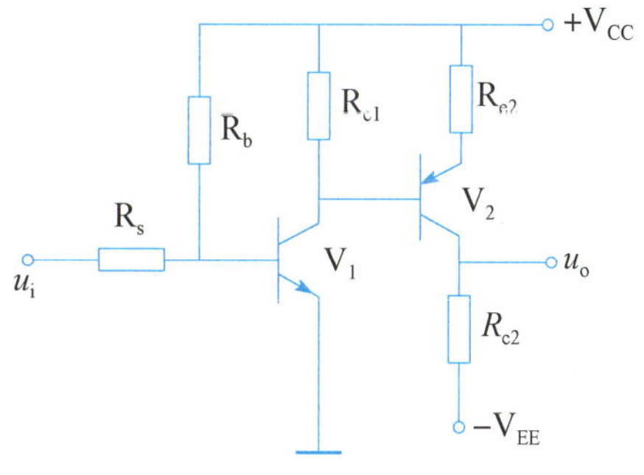

图 3－2　直接耦合

直接耦合放大电路既能放大直流或缓慢变化的信号，也能放大交流信号；两级之间没有隔直电容，前后级的静态工作点互相影响，调整困难；当电源电压变化、温度变化、材料老化或机械应力变化时，该电路容易产生零点漂移。

> **小提示**
> 零点漂移是指当放大电路的输入信号为零时，输出不是零，有缓慢变化的电压输出。

直接耦合的优点在于低频特性好，便于集成，在直流、低频和集成电路中得到了广泛应用。

2. 阻容耦合

阻容耦合是通过电容将后级电路与前级电路相连接，如图 3-3 所示。阻容耦合的各级静态工作点相互独立，设计、调试比较方便，电路的零点漂移较小。

阻容耦合的缺点主要是低频特性差，另外，集成电路无法集成大电容，所以在集成电路中应用较少。

3. 变压器耦合

变压器耦合是利用变压器将前、后级电路连接起来的方式，如图 3-4 所示。

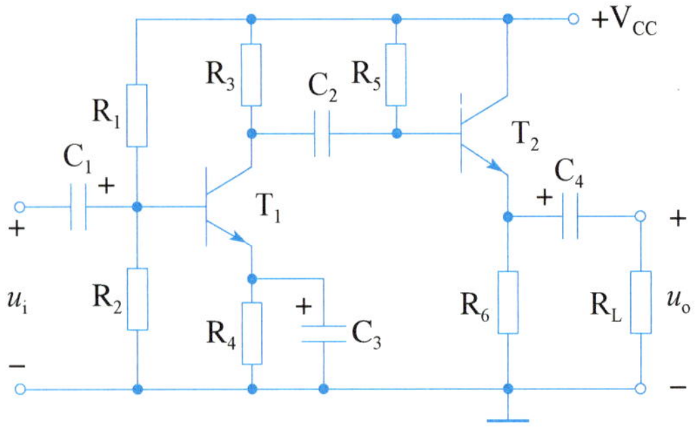

图 3-3　阻容耦合

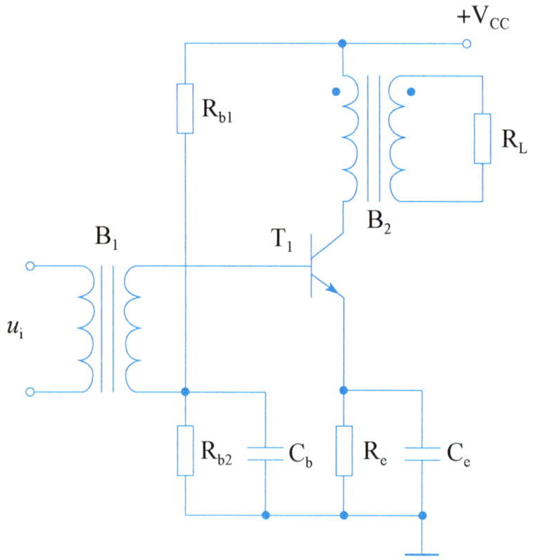

图 3-4　变压器耦合

变压器耦合的优点是可实现阻抗匹配，常用于高频电路；缺点是体积大、重量重、无法集成。

4. 光电耦合

光电耦合是通过光电耦合器将后级电路与前级相连接，光电耦合器的外观和符号如图 3-5 所示。

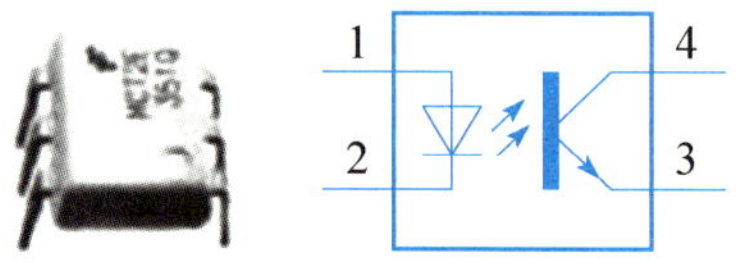

（a）外观　　（b）符号

图 3-5　光电耦合器的外观和符号

光电耦合器（Optical Coupler，OC）简称光耦，以光为媒介传输电信号，对输入、输出电信号有良好的隔离作用，常用于隔离易受干扰的部分。

光电耦合器可分为线性光电耦合器和非线性光电耦合器，线性光电耦合器用于线性放大电路，非线性光电耦合器常用于开关电路。

光电耦合的优点主要包括高速传输、隔离性好、线性度高、抗干扰性强等；缺点主要包括价格较高、灵敏度受温度影响大、输出响应时间长等。

小提示

在工业控制环境中，通常干扰较强，相关电子设备弱信号处理采用较低的电源电压（如+5V 或±12V），驱动的执行机构采用较高的电源电压（如 36V、220V 或 380V），低电压部分会采用电磁屏蔽进行严格保护，低电压与高电压的接口常采用光电耦合器。

知识 2　电流源电路

电流源电路是一种能够稳定输出电流的电路，常见于充电器、LED 驱动、温度控制和测量电路等场景，在集成电路内部也经常有电流源单元电路。

图 3－6 为镜像电流源电路，图中两个晶体管具有完全相同的特性参数，两者的基极和发射极分别相连，所以两者具有相同的发射结电压 U_{BE}、相同的基极电流 I_B 和相同的集电极电流 I_C。

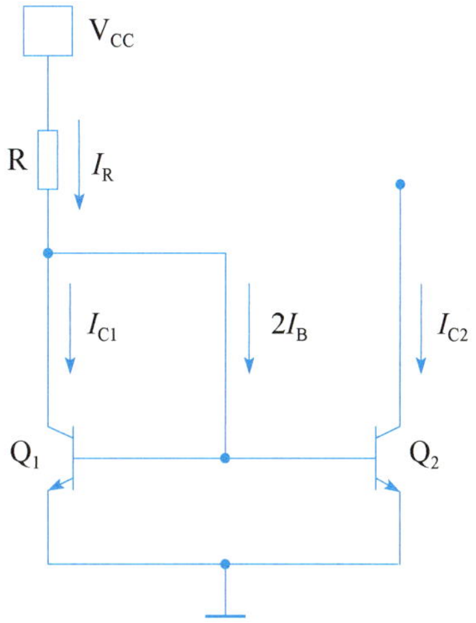

图 3－6　镜像电流源电路

由基尔霍夫电流定律可知

$$I_R = I_{C1} + 2I_B = \left(1 + \frac{2}{\beta}\right) I_{C1} \tag{3-1}$$

通常 $\beta \gg 2$，所以

$$I_{C1} = I_{C2} \approx I_R \tag{3-2}$$

对于 Q_1，有 $U_{CE1} = U_{BE} \approx 0.6\text{V}$。

$$I_R = \frac{V_{CC} - U_{BE}}{R} \approx \frac{V_{CC} - 0.6}{R} \tag{3-3}$$

因此，输出电流 I_{C2} 主要由电阻 R 决定，与外部负载无关，构成电流源。

小提示

当晶体管受温度影响时，图 3－6 所示的电流源会在负反馈作用下，削弱输出电流的波动。当温度使 I_{C1} 增大时，I_R 增大，R 上的压降会变大，使得 U_{BE} 降低，减小 I_B，削弱温度带来的 I_{C1} 增大。

电流源的直流电阻随静态工作点的不同而不同，动态电阻为无穷大。在分析放大电路时会发现有些元器件在直流通路和交流通路中的作用不同。例如，通常希望共射放大电路的集电极电阻 R_c 静态电阻不要太大，但是动态电阻越大越好，这种情况就可以用电流源替代 R_c。

课堂讨论

为什么电流源的动态电阻为无穷大？

知识 3　差动放大电路

差动放大电路又称为差分放大电路。差动放大电路有两个输入端，当两个输入端的电压有差别时，输出电压才有变动，因此称为差动放大电路。差动放大电路由静态工作点稳定放大电路演变而来，如图 3－7 所示。

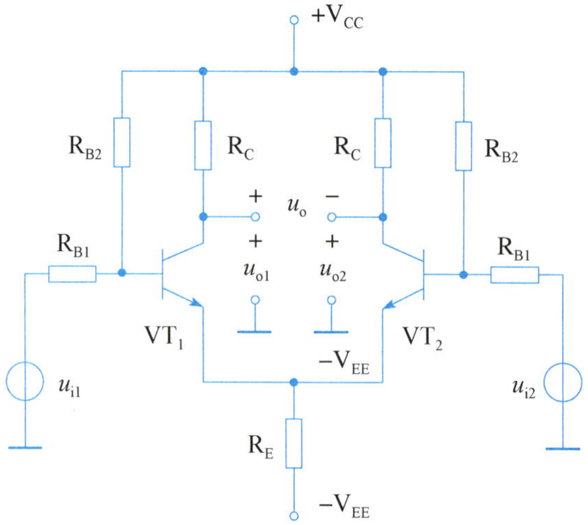

图 3-7　差动放大电路

差动放大电路的结构镜像对称，两侧元器件的参数完全相同。净输入 $u_i=u_{i1}-u_{i2}$，净输出 $u_o=u_{o1}-u_{o2}$，输入信号 u_{i1} 和 u_{i2} 不同的部分称为差模输入（即净输入 u_i），相同的部分称为共模输入 u_{ic}，有用信号以差模方式输入，外来干扰和温度往往同时作用于镜像两侧，以共模输入的方式进入电路。

差模信号的电压放大倍数为

$$A_{ud}=\frac{u_o}{u_i}=\frac{u_{o1}}{u_{i1}} \tag{3-4}$$

共模信号的电压放大倍数为

$$A_{uc}=\frac{u_o}{u_{i1}} \tag{3-5}$$

共模抑制比为

$$K_{CMR}=\frac{A_{ud}}{A_{uc}} \tag{3-6}$$

对于理想差动放大电路来说，共模放大倍数为零，共模抑制比应为无穷大。因此，差动放大电路具有抗共模干扰、温度漂移能力强的优点。

利用电流源直流电阻小、动态电阻大的特点，用电流源替代 R_e 和 R_c 可以提升电路性能。

差动放大电路的差模电压放大倍数可以按单侧进行计算，在此不做赘述。

差动放大电路在使用时，有双端输入双端输出、单端输入双端输出、双端输入单端输出和单端输入单端输出四种接法，不同接法对放大倍数和输出电阻有影响，使用时需注意计算。

小提示

普通晶体管参数离散性强，不能直接用在差动放大电路中。差动放大电路中镜像的两个晶体管需要使用专门生产的对管，对管是在一片衬底材料的相邻区域同时制造出的两个晶体管。

知识 4　光控电路

1. 光敏电阻

光敏电阻是一种基于光电效应的半导体元器件，阻值依赖于入射光强的变化。光照越强，阻值就越小，亮电阻可低至 2kΩ 以下。在无光照时，光敏电阻呈高阻状态，暗电阻一般可达兆欧级。光敏电阻没有极性，使用时在其两端施加一个任意方向的外加电压，通过测量回路中的电流大小就可以反映入射光的强弱。

光敏电阻具有体积小、灵敏度高、寿命长等优点，在光电控制、自动控制、通信等领域有着广泛的应用。

光敏电阻常采用环氧树脂封装和金属封装，其外观和电路符号如图 3－8 所示。

光敏电阻的主要参数有光电流、暗电流、亮电阻、暗电阻、灵敏度、响应时间、光谱响应和温度系数等。按照光谱响应范围，可以分为红外线、可见光和紫外线等类型。利用万用表电阻挡检测光敏电阻的阻值是否随光照变化，可以简单判断其是否损坏。

（a）外观　　（b）电路符号

图 3－8　光敏电阻的外观和电路符号

2. 光控电路概述

光控电路是以光信号作为输入信号的控制电路，通常会以光敏电阻、光电二极管、光电（光敏）晶体管等元器件作为光传感器，将光信号转换为电信号。常见的光信号以可见光为主，也包括红外线和紫外线。

课堂讨论

你见过哪些光控电路？用的是什么样的光信号？

当光控电路信号频率较低时宜采用直接耦合电路。为了克服温度漂移问题，输入级常采用差动放大电路，中间级可以采用差动放大电路，也可以采用共射放大电路等不同结构，输出级常采用射极输出器以提升带负载能力。

图 3－9 为光控电路，图中 R_8 替代光敏电阻，Q_1、Q_2 和周边电阻构成差动放大电路，R_3 用于调节镜像两侧的平衡，Q_3 和周边电阻构成等效电流源，此差动放大电路采用单端输入单端输出的模式，输出信号从 Q_1 集电极进入 Q_4 基极，Q_4 和周边电阻构成射极输出器（共集电极接法），输出信号带动负载 LED 发光。

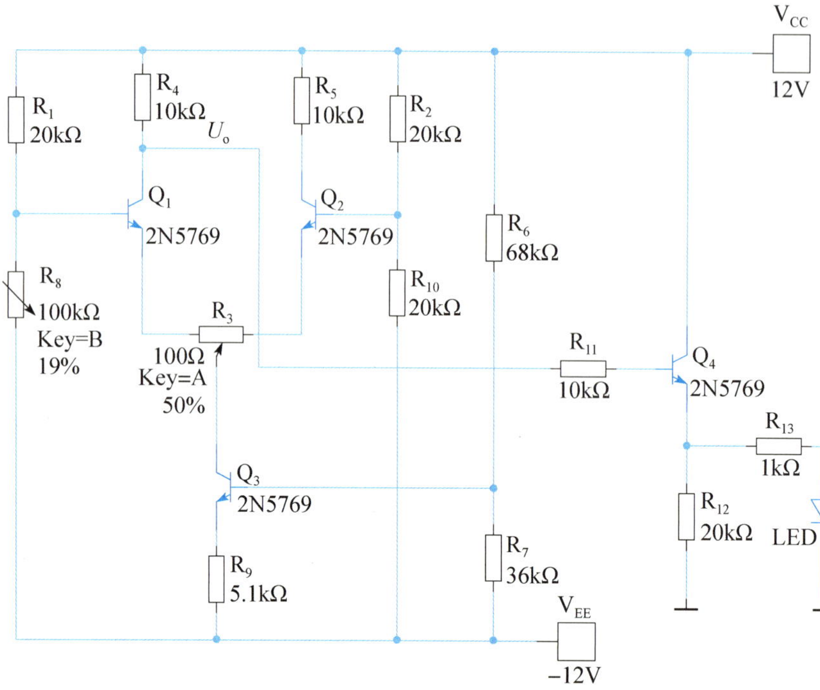

图 3-9　光控电路

任务实施

一、仿真

视频

3-1　光控电路仿真

（1）用仿真软件绘制光控电路仿真图。

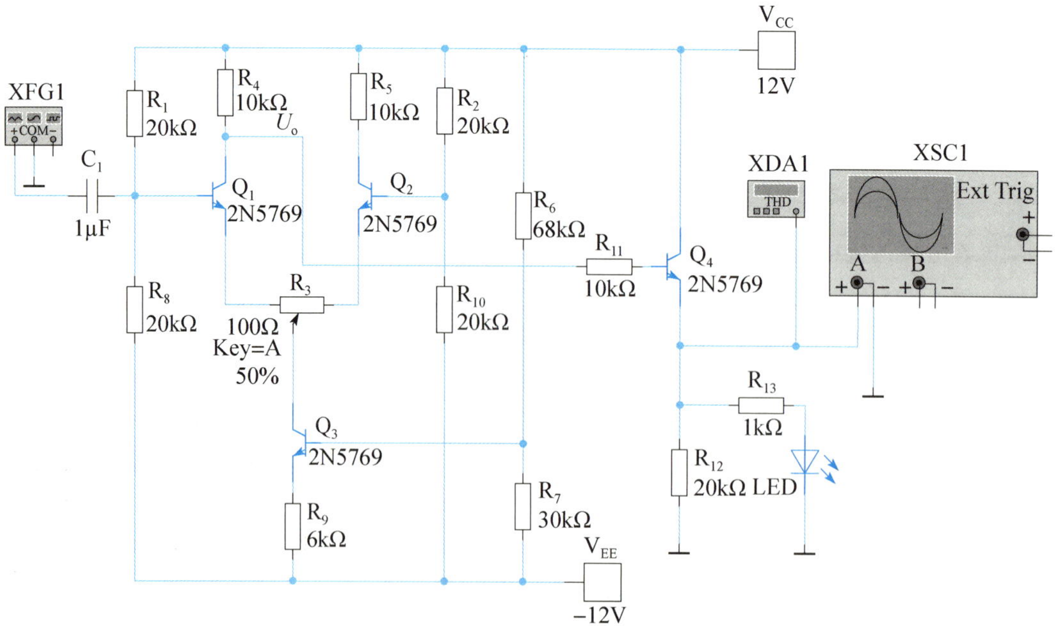

光控电路仿真图

（2）分别调整信号源和电位器 R_3，用示波器观察输出波形的变化，用失真分析仪观察失真情况。

（3）分别调整 R_8、R_{10}、R_7、R_9 等电阻，观察其对信号的影响。

（4）汇总分析仿真结果，撰写仿真总结报告。

二、准备工作

工具和材料清单如下表所示。

工具和材料清单

	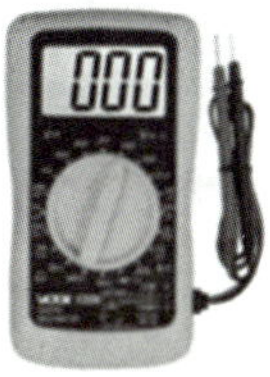	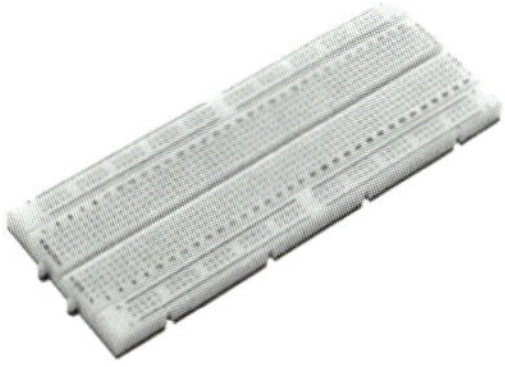
2N5769 晶体管（对管）	万用表	面包板

0.5mm² 单芯铜线	剥线钳	偏口钳
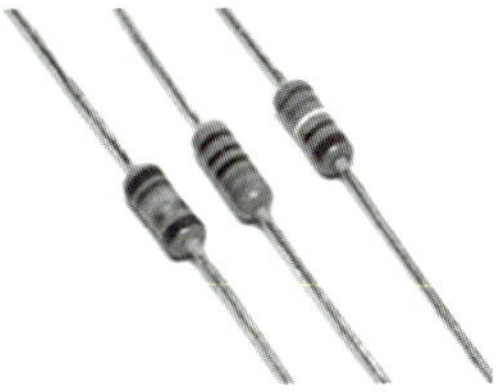		
1kΩ、6kΩ、10kΩ、20kΩ 5.1kΩ、36kΩ、68kΩ 等电阻	光敏电阻	100Ω 电位器

万能板	电烙铁	吸锡器

续表

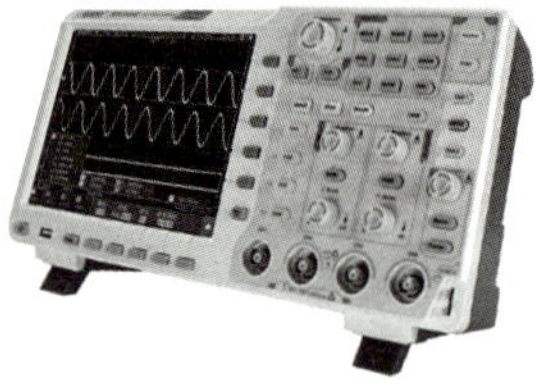		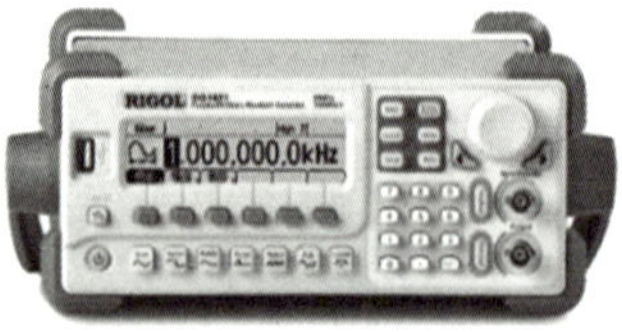
示波器	发光二极管	信号源
	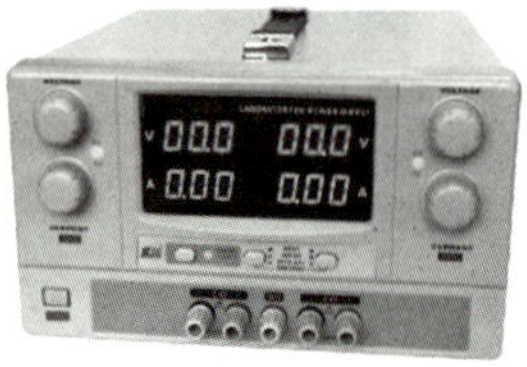	
焊锡丝	直流稳压电源	

三、实施记录

1. 拟订测试方案

测试方案拟订表

序号	测试项	测试方案（含电路图）	简述理由
1	光敏电阻	（1）外观检测； （2）万用表测试	
2	晶体管	（1）外观检测； （2）万用表测试	
3	光控电路	（1）万用表测试； （2）示波器测试	

2. 设备和元器件识别与检测过程记录

设备和元器件识别与检测过程记录表

序号	设备和元器件	识别与检测过程实施记录	识别与检测结果
1	光敏电阻		
2	晶体管		
3	信号源		

续表

序号	设备和元器件	识别与检测过程实施记录	识别与检测结果
4	示波器		
5	直流稳压电源		

3. 电路装接过程记录

电路装接过程记录表

序号	电路	装接过程记录	初测结果（是否正常）
1	光控电路		

4. 测量结果与分析

测量结果与分析表

序号	测量项	测量结果	分析
1	光敏电阻		
2	光控电路		

四、总结与评价

填写任务评价表，简单总结任务完成过程及心得体会。

任务评价表

任务名称			总分			
姓名		学号		日期		
考核项目	考核内容	配分	自评 30%	互评 30%	师评 40%	得分
素质	遵守实验室规章制度，与同学和谐协作，执行5S管理标准	30				
知识	能借助信息化资源自主学习，理论联系实际，正确完成任务	30				
技能	布线合理，操作规范，未造成受伤或设备与元器件损坏、遗失，按时完成任务	40				

任务二 集成运算放大器

任务描述

集成运算放大器是非常成功的模拟集成电路，应用极为广泛，它的出现极大地简化了放大电路的设计，外观如图 3-10 所示。本任务要求会辨识集成电路引脚号，会识别集成运算放大器的型号，会根据型号查阅数据手册并能查找关键参数，掌握使用集成运算放大器的注意事项，会用万用表进行简单检测。

图 3-10 集成运算放大器

知识储备

知识 集成运算放大器

1. 集成运算放大器的结构

集成运算放大器（简称“集成运放”）是一种具有高电压放大倍数的集成电路单元。集成运算放大器内部是采用直接耦合的多级放大电路，其中包括输入级、中间级、输出级和偏置电路，如图 3-11 所示。

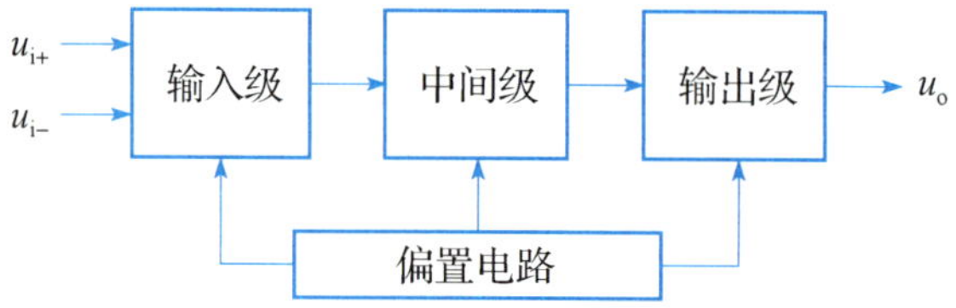

图 3-11 集成运放内部电路框图

视频

3-2 集成运放理论

图 3-12 是 TI 公司 LM324 内部运放的电路原理，每片 LM324 内部集成了四个这样的运放。图中 I_1～I_4 为微电流源，构成偏置电路。Q_1～Q_6 和两个保护二极管构成输入级，其中 Q_1～Q_4 构成差动放大电路，Q_5、Q_6 构成镜像电流源，替代集电极电阻。Q_7～Q_9 构成中间级，主要起到放大作用。Q_{10}～Q_{13} 构成输出级，提升带负载能力。

2. 集成运放的电路符号

集成运放的电路符号如图 3-13 所示，其中图 3-13（a）为国家标准符号，图 3-13（b）为 ANSI 符号。在国家标准符号中，同相输入端标正号（+），反相输入端标负号（−），输出端也标正号（+）。ANSI 符号的含义类似，左侧为输入端，右侧为输出端，整体类似箭头形状。

集成运放除了具有同相输入端、反相输入端和输出端，还有电源供电端、公共接地端，有些集成运放还有外接补偿电路端、调零端、相位补偿端等其他附加端。

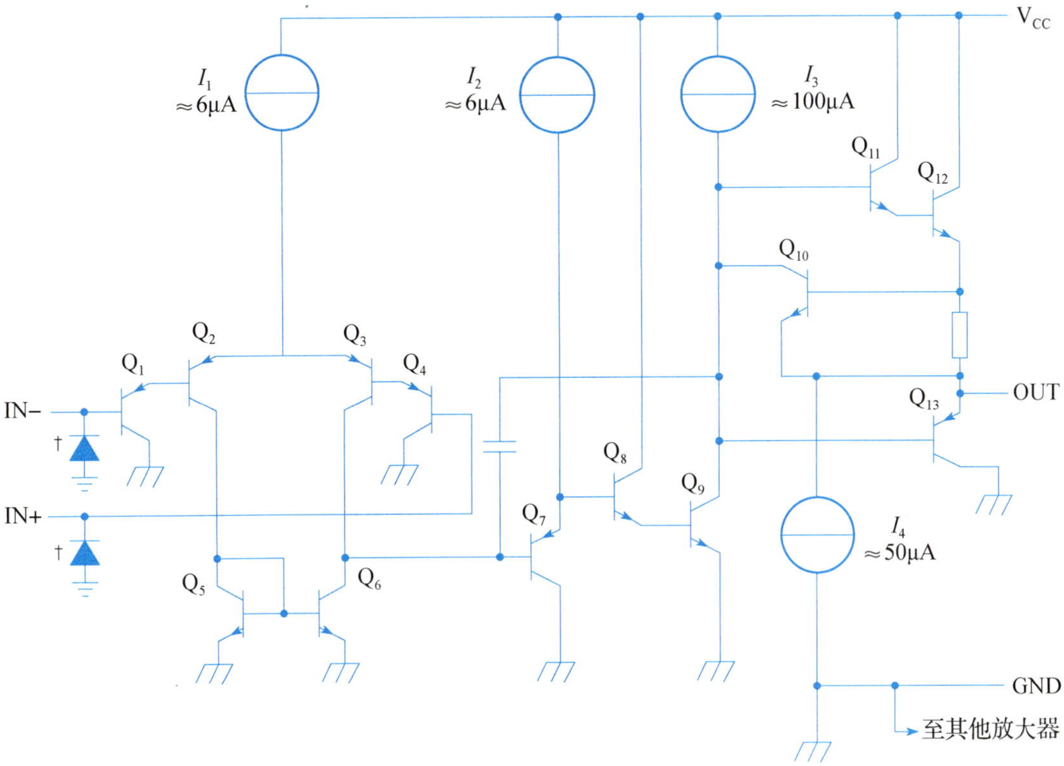

图 3 - 12　LM324 内部运放的电路原理

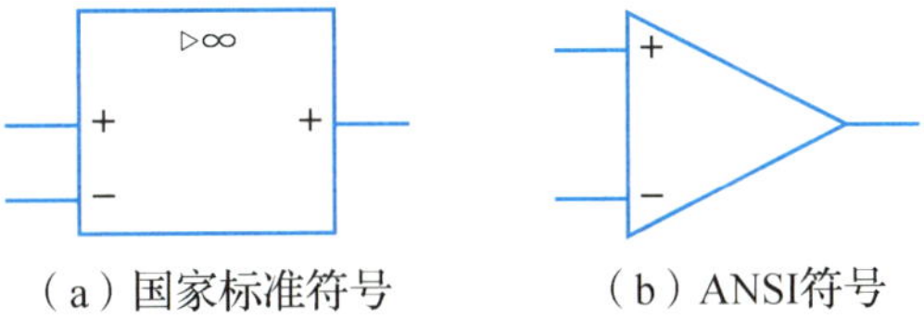

图 3 - 13　集成运放的电路符号

3. 集成运放的电压输入、输出关系

集成运放的电压输入、输出关系为

$$u_o = A_{od}(u_+ - u_-) \qquad (3-7)$$

式中 u_+ 为同相输入电压，u_- 为反相输入电压，u_o 为输出电压，A_{od} 为开环差模电压放大倍数。

小提示

同相输入端的电压变化和输出端的电压变化方向一致，反相输入端的电压变化方向与输出端相反。例如，同相输入端电位如果升高了，则输出电位也升高；反相输入端电位如果升高了，则输出电位会降低。

4. 集成运放的主要参数

（1）开环差模电压放大倍数（A_{od}）。

开环差模电压放大倍数表示集成运放本身的放大能力，一般为 50 000～200 000 倍，由于数值较大，有时也用分贝（dB）表示，称为开环增益。LM324 的开环差模电压放大倍数典型值为 100 000。

（2）输入失调电压（Input Offset Voltage）。

输入失调电压表示静态时输出端电压偏离预定值的程度，一般为 2～10mV（折合到输入端）。LM324B 的输入失调电压为±0.6mV。

（3）单位增益带宽（GBW）。

单位增益带宽表示开环差模电压放大倍数下降到 1 时的频率，一般在 1MHz 左右。单位增益带宽数值等于增益带宽积（Gain-Bandwidth Product），增益带宽积是集成运放的放大倍数与带宽的乘积。增益带宽积对于每一个集成运放是一个固定值，增益越高时，带宽就越窄，增益越低时，带宽就越宽。LM324 的增益带宽积为 1.2MHz。

小提示

虽然单位增益带宽和增益带宽积在定义上略有不同，但是由于电压放大倍数是无量纲参数，所以单位增益带宽和增益带宽积的单位一致，实际数值相等，区别不大，经常混同使用。

（4）转换速率（Slew Rate）。

转换速率又称压摆率，表示集成运放对突变信号的适应能力，一般在 0.5V/μs 左右。LM324 的转换速率为 0.5V/μs。

（5）输出电压和电流。

输出电压和电流表示集成运放的信号输出能力。一般输出电压的峰-峰值要比电源电压低 1～3V，短路电流在 25mA 左右。LM324 的输出电流（I_o）拉电流为 30mA，灌电流为 20mA。

（6）静态功耗。

静态功耗表示无信号条件下，集成运放的耗电程度。当电源电压为±15V 时，双极性晶体管运放的静态功耗一般为 50～100mW，场效应管运放的静态功耗一般为 1mW。LM324 在总电源电压为 5V 时，典型静态电流为 240μA，此时静态功耗为 1.2mW；总电源电压为 36V 时，典型静态电流为 350μA，典型静态功耗为 12.6mW，最大静态功耗为 27mW。

（7）共模抑制比（CMRR）。

共模抑制比表示集成运放对差模信号的放大倍数和对共模信号的放大倍数之比，一般为 70～90dB。LM324 的共模抑制比为 80dB。

（8）输入阻抗（Z_i）。

输入阻抗包括输入电阻和输入电容，仅指低频时的输入阻抗。一般产品仅给出输入电阻。双极性晶体管运放的输入电阻不大于 10MΩ；场效应管运放的输入电阻一般大于 10^9Ω（即 1GΩ）。LM324 的差模输入阻抗为 10MΩ，共模输入阻抗为 4GΩ。

（9）开环输出阻抗（Open-loop Output Impedance）。

开环输出阻抗是指在集成运放作为信号源带负载时，输出端的内部等效阻抗，一般为几十欧姆到几百欧姆，LM324 为 300Ω。

5. 集成运放的分类

按照集成运放的参数，可以分为以下几类：

（1）通用型运算放大器。

通用型运算放大器的性能指标适合一般性使用，价格低廉，应用面广，如 LM358、μA741 等。

（2）高阻型运算放大器。

高阻型运算放大器的差模输入阻抗非常高，输入偏置电流非常小，具有高速、宽带宽和低噪声等优点，如 LF356、CA3130 等。

（3）低温漂型运算放大器。

低温漂型运算放大器失调电压小，且不随温度变化，常用于高精度仪表中，如 OPA186、TLV2387 等。

（4）高速型运算放大器。

高速型运算放大器的转换速率（SR）高，单位增益带宽（GBW）大，常用于 A/D 转换器或 D/A 转换器电路，如 OPA856、OPA2675 等。

（5）低功耗型运算放大器。

低功耗型运算放大器有低电压、低静态电流的特点，常用于便携式设备中，如 TLV9041、OPA349 等。

（6）高压大功率型运算放大器。

高压大功率型运算放大器的电压通常高于 45V，电流大于 200mA，用于测量、电力线通信和汽车等领域，如 OPA548、ALM2402 等。

（7）轨到轨（Rail-to-Rail）运算放大器。

普通集成运放的输出电压会比电源电压低 1～3V，这是内部结构导致的，轨到轨运放可以将这个差值减小到几十毫安，常用于低电源电压场景，如 TLV9101、TLV2402 等。

6. 理想运放

在学习理论知识时，为了简化电路，突出主要矛盾，常对集成运放做一些近似处理，近似处理后的模型称为理想运放。理想运放具有如下特点：

（1）无限大的输入阻抗。

（2）近似为零的输出阻抗。

（3）无限大的开环增益。

（4）无限大的共模抑制比。

因此，理想运放的输入端不取电流

$$i_+ \approx i_- \approx 0 \tag{3-8}$$

运放工作在闭环状态时，运放处于线性区，同相输入端和反相输入端电压相差极小，有

$$u_+ \approx u_- \tag{3-9}$$

开环工作状态时则没有这个特点。

7. 集成电路型号

集成电路型号多数由各大制造厂家自行命名，我国在国家标准中对此有所规定，但是绝大多数国外厂家并没有遵照我国国家标准命名，各厂家命名方式繁多，这使得读取陌生集成电路型号比较困难。

素养提升

统一命名方式和统一手机充电口标准类似，各种标准和规范在软、硬件设计中非常重要，但是局限于各厂家利益和客观条件限制，还有很多标准没有统一，这造成了更高的学习成本和其他社会成本。

集成运算放大器的型号主体一般采用 2～3 位字母和 3～5 位数字构成，如 LM324，在集成电路上面有明确标示。前面的字母可以称为前缀，有的是公司缩写，有的是产品系列代号，具体含义不同。数字一般是功能代号，代表该集成电路能实现的特定功能。有时不同公司的相同数字代号产品功能和参数完全相同，可以直接互换，有些则是个别参数略有不同，但是主要功能相同，在不苛刻的场景下也可以替换，具体场景应依据厂家提供的数据手册具体判断能否替换。型号主体后面常有后缀，一般紧跟数字代号后面的是字母，用来表示不同的封装、温度范围、军品、精度等级和引脚数量等，这些后缀也有字母和数字混合的情况，具体含义应查阅厂家提供的官方数据手册。

8. 引脚排列

连接集成电路引脚时常用引脚号来说明如何连线，如“IC1 的 1 脚连接 IC2 的 3 脚”，所以必须熟练掌握引脚号的排列方法，才能达到熟练接线的目的。

为了便于识别集成电路引脚，厂家通常在 1 号引脚附近标有记号，如缺口、圆坑、切角、凸起或圆点等，其余的引脚通常按照逆时针排列，如图 3-14 所示。

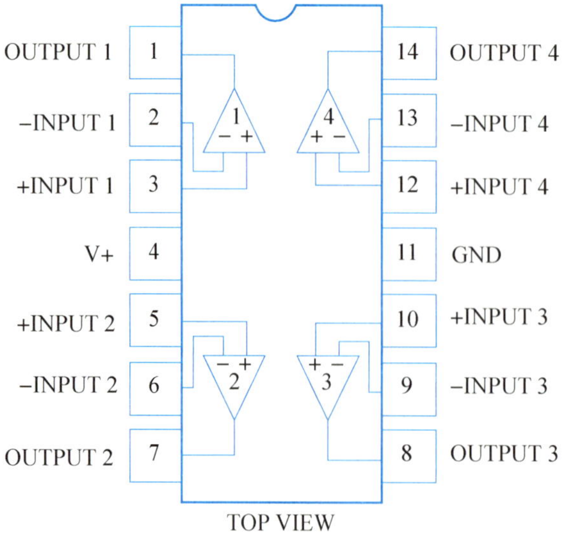

(a)

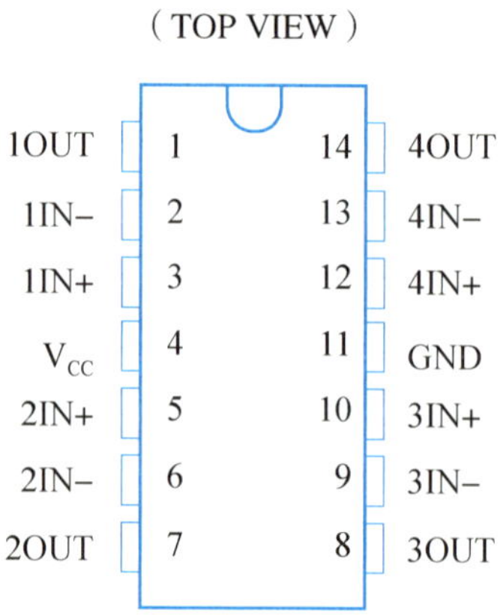

(b)

图 3-14　LM324 引脚排列

图 3－14 中的两个 LM324 是不同厂家数据手册中的引脚排列图对比。图中都有“TOP VIEW”字样，表示从上向下看的意思，即俯视图，集成电路的型号印刷在上表面，引脚在下表面。

图 3－14（a）清楚地标示出集成电路内部有四个运放，在引脚名称中分别用后缀 1、2、3、4 区别，这四个运放都是独立的，工作的时候各不相干，仅仅是共用电源。在使用时，这四个运放必须分开分别使用，不能将输入信号加在第一个运放的输入端（如 1 脚和 2 脚），却试图从第二个运放的输出端（7 脚）得到输出信号。

图 3－14（b）虽然没有用示意图的方式标明内部具有四个运放，但是也用引脚名称的前缀 1、2、3、4 表示出其内部的四个运放，两者使用方法相同。

任务实施

一、仿真

视频

3－3 集成运放仿真

（1）在仿真软件中查找集成运放，如 LF353、LM324，熟悉集成运放电路符号。

（2）用仿真软件仿真测试集成运放电气参数。

（3）汇总分析仿真结果，撰写仿真总结报告。

二、准备工作

工具和材料清单如下表所示。

工具和材料清单

		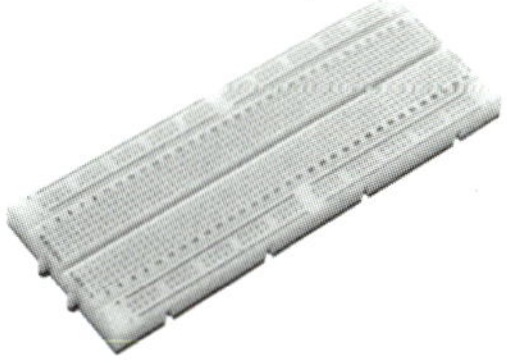
LM324 集成运放	万用表	面包板

0.5mm^2 单芯铜线	剥线钳	偏口钳

三、实施记录

1. 拟订测试方案

测试方案拟订表

序号	测试项	测试方案（含电路图）	简述理由
1	集成运放	（1）外观检测； （2）万用表测试	

2. 器件识别与检测过程记录

器件识别与检测记录表

序号	器件	识别与检测过程实施记录	识别与检测结果
1	集成运放		

3. 测量结果与分析

测量结果分析

序号	测量项	识别检测结果	数据手册参数
1	集成运放		

四、总结与评价

填写任务评价表，简单总结任务完成过程及心得体会。

任务评价表

任务名称				总分		
姓名		学号		日期		
考核项目	考核内容	配分	自评 30%	互评 30%	师评 40%	得分
素质	遵守实验室规章制度，与同学和谐协作，执行5S管理标准	30				
知识	能借助信息化资源自主学习，理论联系实际，正确完成任务	30				
技能	布线合理，操作规范，未造成受伤或设备与元器件损坏、遗失，按时完成任务	40				

项目小结

(1) 多级放大电路的耦合方式有直接耦合、阻容耦合、变压器耦合、光电耦合等。

(2) 电流源电路具备静态电阻较小、动态电阻很大的特点。

(3) 差动放大电路采用镜像对称电路，能很好地抑制共模信号，是常见的直接耦合电路结构，具有两个输出端和两个输入端，输入端和输出端都可以采用单端或双端的方式与外部电路相连接。

(4) 光敏电阻的阻值依赖于入射光强的变化。光照越强，阻值就越低，电阻变化范围大，响应时间为毫秒级。

(5) 光控电路是用光敏传感器感知光照强度变化作为输入信号的控制电路，应用广泛。

(6) 集成运放是一种常用放大器件，具有开环增益高、输入阻抗高、输出阻抗低、共模抑制比大等特点，应用非常广泛。

(7) 集成运放是典型的直接耦合电路，能放大直流信号，内部有输入级、中间级、输出级和偏置电路等组成部分。

(8) 集成电路引脚排列顺序是以标记处为 1 脚，按逆时针递增排列。

课后练习

一、判断题

1. 多级放大电路的放大倍数等于各级放大倍数相加。(　　)
2. 多级放大电路的输入电阻等于各级放大电路的输入电阻相加。(　　)
3. 多级放大电路的输出电阻等于最后一级放大电路的输出电阻。(　　)
4. 阻容耦合放大电路适用于放大直流信号。(　　)
5. 电流源电路具有极大的动态电阻。(　　)
6. 差动放大电路具有镜像对称的结构。(　　)
7. 电流源可以在共射放大电路中代替集电极电阻。(　　)
8. 差动放大电路可以抑制差模信号，放大共模信号。(　　)
9. 集成运放内部具备差动放大电路构成的输入级。(　　)
10. 集成运放的输出电阻极大。(　　)

二、选择题

1. 在放大毫伏级的音频信号时，为了便于调节各级放大电路的静态工作点，通常优先采用（　　）耦合方式。

A. 直接　　B. 阻容　　C. 变压器　　D. 光电

2. 在高频或射频电路中，为了匹配阻抗，应采用（　　）耦合方式。

A. 直接　　B. 阻容　　C. 变压器　　D. 光电

3. 在干扰严重的工业控制领域，小信号放大电路和高压执行机构之间的耦合常采用（　　）耦合方式。

A. 直接　　B. 阻容　　C. 变压器　　D. 光电

三、填空题

1. 光敏电阻的阻值大小主要受________影响。
2. 利用温度变化控制执行机构动作的放大电路应该采用________耦合方式。
3. 低频电路很少采用变压器耦合方式的原因是________。
4. 镜像电流源电路要求两个晶体管参数________。
5. 集成运放有________个输入端。

四、问答题

1. 多级放大电路的级间耦合方式有哪些?
2. 阻容耦合方式具有哪些特点?
3. 光电耦合方式具有哪些特点?
4. 变压器耦合方式具有哪些特点?
5. 直接耦合方式具有哪些特点?
6. 温度漂移的内在原因是什么?
7. 光控电路如果不采用光敏电阻作为感光元器件，还有哪些元器件可以考虑?
8. 理想运放有哪些特点?
9. 增益带宽积是运放的一个重要参数，它有什么含义?

项目四 运算电路制作

项目目标

1. 知识目标

（1）理解负反馈的含义、结构和特点；
（2）掌握同相比例放大电路的结构和计算；
（3）掌握反相比例放大电路的结构和计算；
（4）熟悉求和、求差电路的结构和计算；
（5）熟悉微分、积分电路的结构和计算；
（6）了解集成运放单电源应用特点。

2. 技能目标

（1）能熟练识别集成运算放大器；
（2）能对简单电路进行故障判断；
（3）能对集成运算放大器线性电路参数进行测量；
（4）会对印制电路板（PCB）进行装接；
（5）熟练使用万用表和示波器；
（6）掌握仿真软件的使用方法，能对运放电路进行仿真；
（7）会使用面包板搭建电路。

3. 素养目标

（1）培养科学思维能力；
（2）锻炼工程实践能力；
（3）提升学习能力；
（4）强化工匠精神；
（5）提升信息化素养；
（6）培养协作精神和团队意识。

知识导图

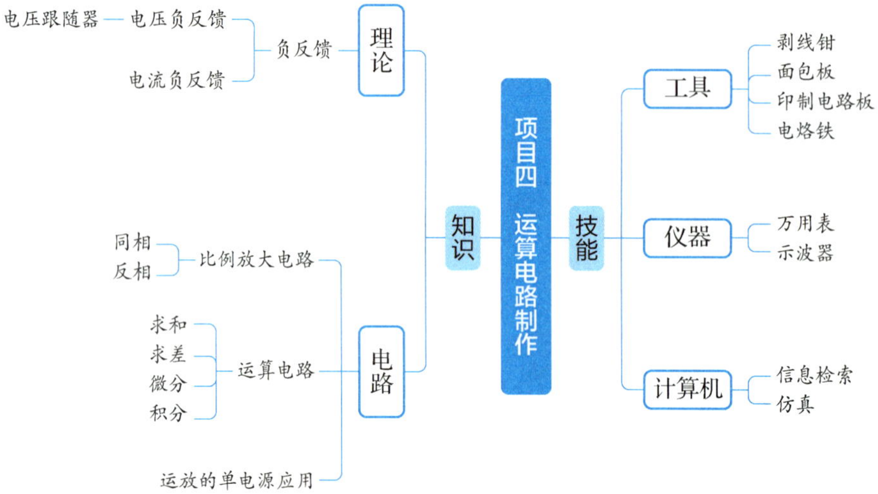

任务一 负反馈

任务描述

反馈是控制理论中重要的基本概念，在系统控制中具有重要意义。集成运放只有在引入负反馈之后才能工作在线性区域。例如，图 4－1 为集成运放典型线性电路，其中引入了电压负反馈。本任务要求根据电路图识别反馈类型，会分析负反馈对系统的影响，会使用万用表和示波器对电路进行测量。

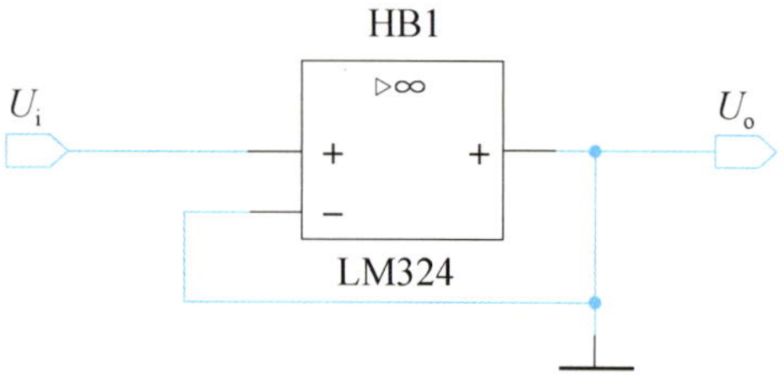

图 4－1　集成运放典型线性电路

知识储备

知识 1　反馈

反馈是控制系统的重要概念，利用反馈可以实现复杂精准的控制。反馈在电子技术中有广泛的应用，如模拟电子技术利用反馈可以实现振荡器电路和信号的稳定放大，数字电子技术可以利用反馈实现时序逻辑电路等。

反馈是将系统输出的一部分反向馈送到输入端，在与外来输入叠加后进入系统进行处理，如图 4－2 所示。

反馈回来的量在与外来输入叠加时，有同向叠加和反向叠加两种，也就是有加法和

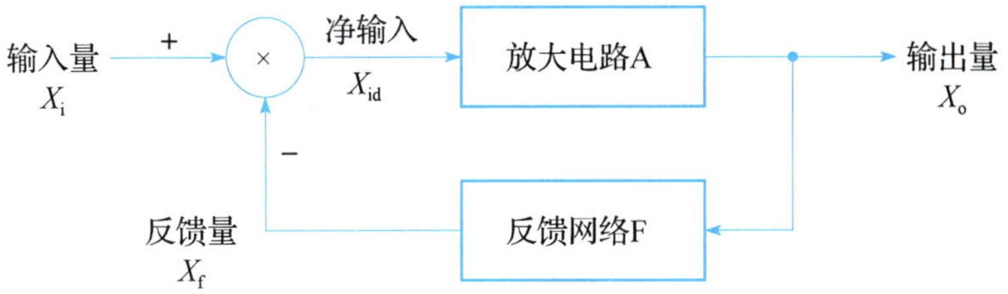

图 4-2　反馈系统框图

减法两种方式。加法方式越加越大，有反馈比无反馈净输入大，称为正反馈；减法方式越减越小，有反馈比无反馈净输入小，称为负反馈。

正反馈起到推波助澜的作用，能够使某个方向的变化迅速增大到极致，类似于雪崩，通常用于振荡器电路。

负反馈能够减小各种波动，使突然的变化变得平顺，常用来稳定系统，应用非常广泛。

小提示

各种反馈系统非常复杂，定量计算尤为困难，深度负反馈可以简化分析。

素养提升

反馈在人文、社会领域中同样广泛存在，如各种社会调查就是反馈。

课堂讨论

我们接触过哪些反馈？在本课程中有接触过吗？

知识 2　电压跟随器

电压跟随器是典型的电压负反馈电路，也是最简单的运放线性应用电路，只需要直接将输出端和反相输入端连接起来即可，这根连接线就是负反馈支路，构成了电压串联负反馈。电压跟随器电路如图 4-3 所示。

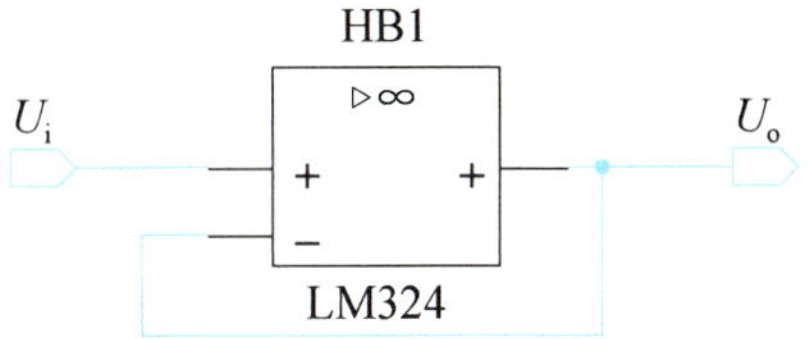

图 4-3　电压跟随器电路

视频

4-1　电压跟随器

1. 串联反馈

串联反馈的串联是从输入端看进去的效果。如果从输入端看进去，放大电路和反馈网络是串联的关系，则该反馈就是串联反馈，如图 4-4 所示。实际电路往往比较复杂，在判断的时候可以观察输入端电流流入放大电路之前有没有被反馈支路分流，如果输入的电流被反馈支路分流了，则是并联反馈；如果没有被反馈支路分流，进入放大电路后再流入反馈网络，则是串联反馈。

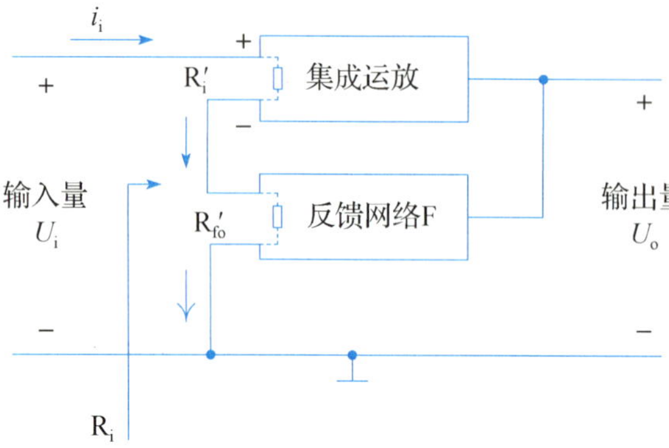

图 4-4　串联反馈

图 4-3 中，输入信号的电流先流入运放 LM324 的同相输入端，经过 LM324 后，从反相输入端出来才能进入反馈支路，所以该反馈为串联反馈。

根据图 4-4 可知，串联反馈的总输入电阻 R_i 等于原放大电路输入电阻 R_i' 串联反馈网络的输出电阻 R_{fo}'，所以总输入电阻大于原放大电路的输入电阻。

通常，集成运放的输入电阻足够大，引入串联反馈后进一步提高了输入电阻，在大多数场合可以认为串联反馈的输入电阻为无穷大，输入电流约等于 0。

2. 采用瞬时极性法判断反馈类型

反馈分为正反馈和负反馈两种。因此，遇到反馈的时候需要判断是否为负反馈，通常采用瞬时极性法判断反馈的正负类型。瞬时极性法先假设输入信号有一个小的跳跃式变化，然后判断这个跳跃式变化经过放大电路后的正负极性有无变化，再判断该变化从输出端经反馈网络到达输入端后与输入信号叠加的效果。若该叠加效果减小了原变化的幅度，则为负反馈，否则为正反馈。

用瞬时极性法判断图 4-3 所示的电路。第一步先假设输入 U_i 有一个正向跃变，在图 4-5 中用↑表示，该跃变加在运放 LM324 的同相输入端上。根据运放的输入输出关系式

$$U_o = A_{od}(u_+ - u_-) \tag{4-1}$$

可知，该跃变将使输出 U_o 变大，在输出端用↑表示。

跃变传导过程是：$U_i \uparrow \rightarrow u_+ \uparrow \rightarrow (u_+ - u_-) \uparrow \rightarrow U_o \uparrow$。

第二步，输出端正向跃变的信号经反馈导线连接到 LM324 的反相输入端，导线不会导致信号极性变化，所以 LM324 的反相输入端也会有正向跃变，用↑表示。

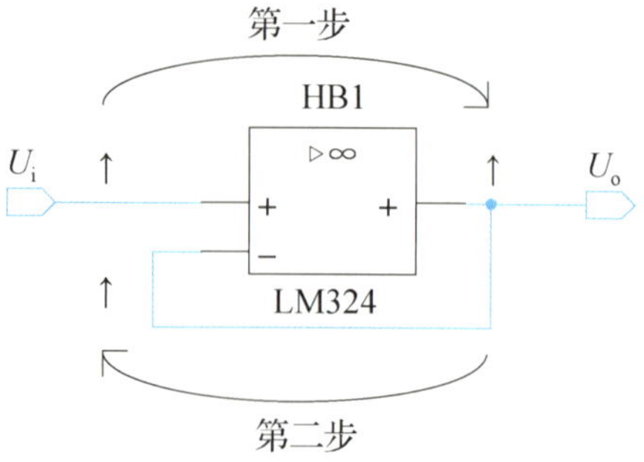

图 4-5　瞬时极性法

跃变传导过程是：$U_o\uparrow\rightarrow u_-\uparrow$。

第三步，根据运放的输入输出关系式（见式 4－1），反相输入端变大将会减小 U_o，这与第一步的效果相反。

跃变传导过程是：$u_-\uparrow\rightarrow(u_+-u_-)\downarrow\rightarrow U_o\downarrow$。

综上所述，若没有反馈，输入 U_i 的正向跃变将使输出 U_o 变大，而加入反馈后，反馈量使得 u_- 变大，削弱了 U_o 的变大程度，所以该反馈为负反馈。

3. 电压反馈

根据反馈网络从输出端取样值的类型，可以将反馈分为电压反馈和电流反馈两种类型。电压负反馈可以稳定输出电压，使电路近似于电压源；电流负反馈可以稳定输出电流，使电路近似于电流源。

判断电路是电压反馈还是电流反馈，可以将输出电压（或者电流）设置成 0，然后看反馈量是否变成 0，若变成 0，则是对应类型的反馈，否则就不是。例如，将输出电压设置成接地，这时反馈量变成 0，就是电压反馈；类似地，若将输出端设置成断路，使电路输出电流为 0，这时反馈量变成 0，就是电流反馈。

以图 4－3 为例，图中输出端没有接任何负载，输出电流为 0，而此时反馈量仍然等于输出电压值 U_o，并没有变成 0，因此不是电流反馈。若将输出端接地，如图 4－6 所示，反馈电压立刻变成 0，因此该反馈为电压反馈。

电压负反馈能够稳定输出电压，使输出电压的幅度不随负载变化而变化。也就是说，输出电流动态范围较大，再加上运放本身输出电阻就很小，所以可以认为运放电压负反馈的输出电阻近似为 0，如果作为电压源，可以认为是理想电压源。

4. 运放的线性应用

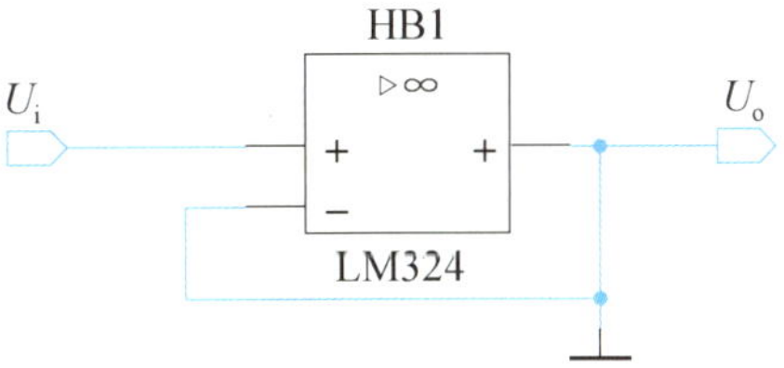

图 4－6　电压反馈的判断（输出端接地）

集成运放的开环差模放大倍数 A_{od} 很大，如 LM324 就达到 100dB（100 000 倍）。根据运放的输入输出关系式（见式 4－1）可知，在集成运放高倍数的 A_{od} 情况下，即使 (u_+-u_-) 小到毫伏级，输出 U_o 也会高达上百伏，在 20～30V 的电源电压情况下，这显然是不可能的。因为集成运放内部并没有类似倍压电路的升压功能，所以输出电压 U_o 总是略低于电源电压。以此反推，可知运放在线性应用情况下，(u_+-u_-) 非常小，可以认为 $u_+\approx u_-$；若不满足 $u_+\approx u_-$ 的条件，运放必然工作在非线性状态下，输出将达到 U_o 的极限值（接近电源电压值）。

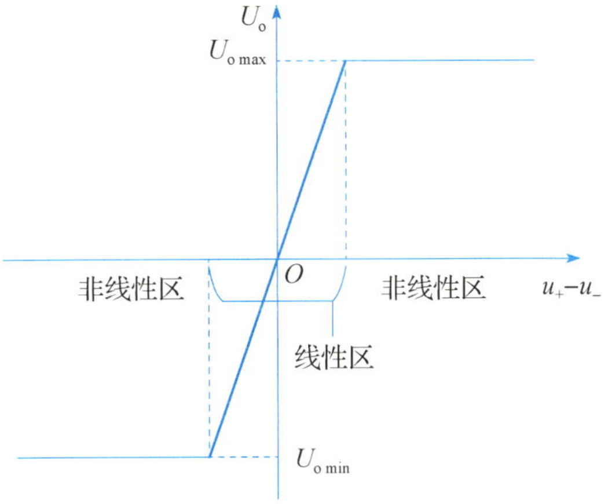

图 4－7　运放的传输特性

运放的传输特性清楚地描述了这种情况，如图 4－7 所示。需要指出的是，运放的线性区非常窄，为了能清楚地标出线性区，图 4－7 做了足够的放大。

由运放的传输特性可知，要想让运放能线性地放大信号，必须使 u_+ 和 u_- 的差值足够小，这可以通过引入深度负反馈来实现。负反馈能减小输入带来的变化，引入深度负反馈可以使净输入（$u_+ - u_-$）趋近于 0，从而使运放工作在线性区。

以图 4－5 为例，图中负反馈导线使得 $u_- = U_o$，假设 $U_i > U_o$，即有 $u_+ > u_-$，在大 A_{od} 情况下，输出 U_o 会增大（即 u_- 增大），会使得 u_- 逐渐趋近于 u_+，直至两者近似相等，所以最后会有 $U_o \approx u_i$。输出 U_o 跟随 u_i 变化，两者保持近似相等，所以该电路称为电压跟随器。

5. 电压放大倍数

对于电压跟随器来说，由于 $U_o \approx u_i$，所以电压放大倍数 $A_u \approx 1$。

6. 电压跟随器的特点

电压跟随器的输入阻抗高，输出阻抗低，电压放大倍数为 1，输出与输入同相位，一般用作多级放大器的缓冲级或隔离级。

素养提升

“限定一个适度范围”是工作和生活中很重要的思维方式，如适度玩游戏能够放松身心，过度玩游戏不仅损害身体健康，还可能导致荒废学业，禁锢思维。

知识 3　电流负反馈

电流负反馈电路如图 4－8 所示，图中 R_1、R_2 和 R_4 构成了反馈网络，R_3 为平衡电阻，R_L 为负载，同时也可以视为反馈网络的一部分。当负载 R_L 断路，输出电流 i_o 为 0 时，反馈量立刻消失；而当负载 R_L 短路时，虽然输出电压为 0，但是此时 i_o 不为 0，仍然有反馈量。所以，该反馈为电流反馈。

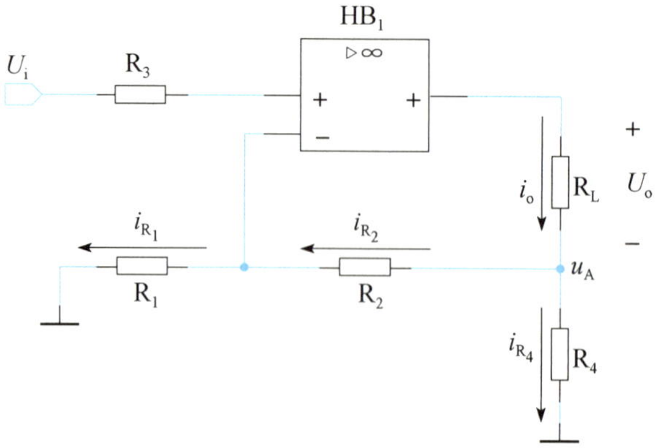

图 4－8　电流负反馈电路

利用前面所学知识，可以判断图 4－8 所示电路采用了电流串联负反馈。因此，有

$$i_+ \approx i_- \approx 0 \tag{4-2}$$

$$u_+ \approx u_- \tag{4-3}$$

忽略微小误差

$$i_{R_1} = i_{R_2} \tag{4-4}$$

$$i_o = i_{R_2} + i_{R_4} \tag{4-5}$$

根据欧姆定律可得

$$u_i = u_- = i_{R_1} R_1 = i_{R_2} R_1 \tag{4-6}$$

$$u_o = i_o R_L \tag{4-7}$$

根据分流公式

$$i_{R_2} = \frac{R_4}{R_1 + R_2 + R_4} i_o \tag{4-8}$$

所以

$$u_i = i_{R_2} R_1 = \left(\frac{R_4}{R_1 + R_2 + R_4} i_o\right) R_1 = \left(\frac{R_1 R_4}{R_1 + R_2 + R_4}\right) \frac{u_o}{R_L} \tag{4-9}$$

电压放大倍数

$$A_u = \frac{u_o}{u_i} = \frac{R_1 + R_2 + R_4}{R_1 R_4} R_L \tag{4-10}$$

可见电压放大倍数随负载大小发生变化，并不是很好的电压源。

因为

$$u_o = i_o R_L \tag{4-11}$$

所以电压-电流转移放大倍数 A_{uif} 与负载大小无关。

$$A_{uif} = \frac{i_o}{u_i} = \frac{R_1 + R_2 + R_4}{R_1 R_4} \tag{4-12}$$

因此，电流负反馈的输出电流与负载无关，是很好的电流源，等效内阻近似无穷大。

课堂讨论

为什么电压负反馈能够稳定输出电压，电流负反馈能够稳定输出电流？

任务实施

一、仿真

（1）用仿真软件绘制电压跟随器仿真电路图。图中 XFG1 为函数发生器，XSC1 为示波器，V_{CC} 为正电源，V_{EE} 为负电源，R_1 为负载电阻。

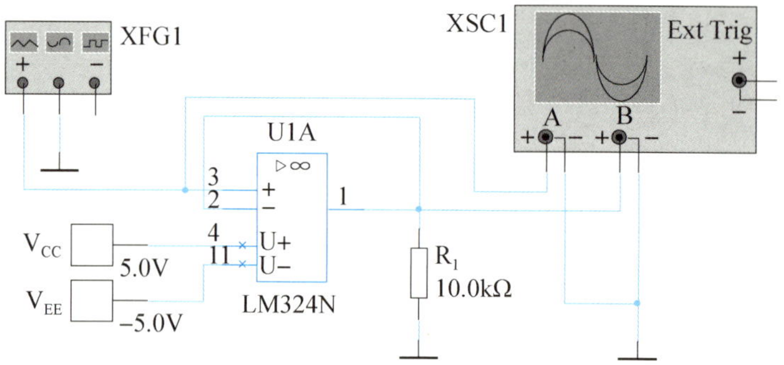

电压跟随器仿真电路图

视频

4－2 电压跟随器仿真

(2) 将函数发生器设置为振幅 100mV、频率 1kHz 的正弦波，运行仿真，用示波器观察波形，比较输出波形与输入波形的关系。仿真波形的上面波形是输入信号，下面波形是输出信号，从中可以看到两者大小相等，相位相同。

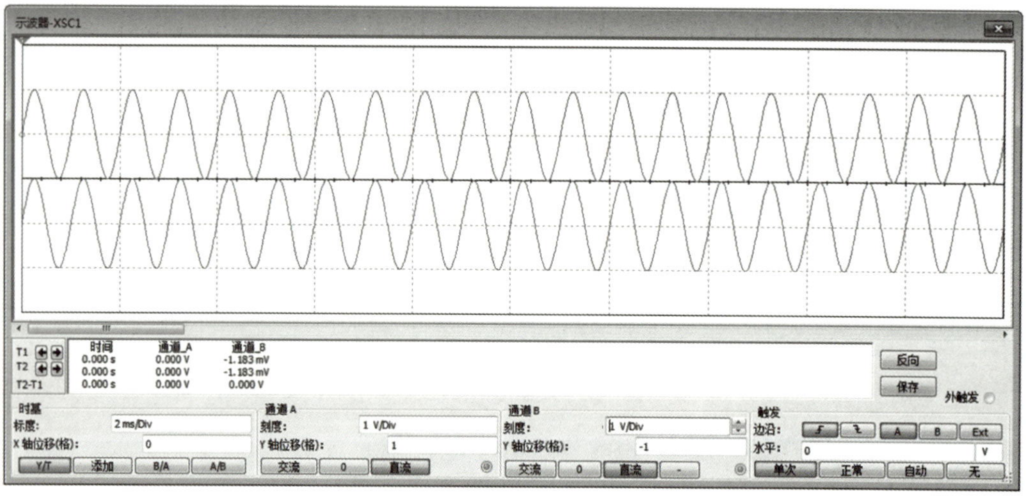

电压跟随器仿真波形

(3) 改变函数发生器的幅度，用示波器观察波形变化。

在信号幅度较小时，可以观察到，该电路对不同幅度的信号有很好的“跟随”性能，但是当幅度过大的时候会失真。当函数发生器幅度达到 4V 时，输出波形已经有比较明显的失真。失真的主要原因是信号幅度接近电源电压值，出现“饱和”现象，如果提高电源电压可以消除该失真。

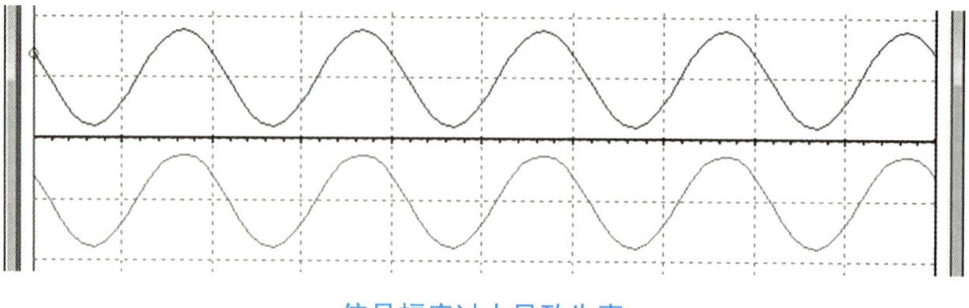

信号幅度过大导致失真

对于失真程度的判断，可以采用失真分析仪仿真，如在输入振幅为4V的1kHz正弦波后，可以用失真分析仪测出输出波形的总谐波失真为3.489%。

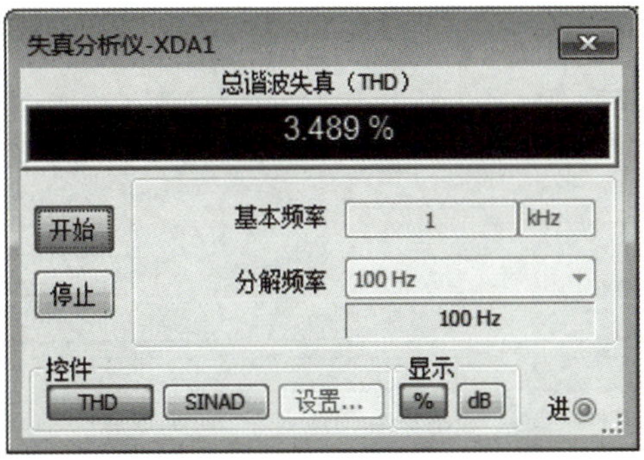

用失真分析仪测量总谐波失真

在将电源 V_{CC} 提升至6V、V_{EE} 降至−6V之后，总谐波失真降到了0.001%，失真已经可以忽略不计。因此，在使用运放的时候需要注意避免信号幅度过大，以免带来较大失真。

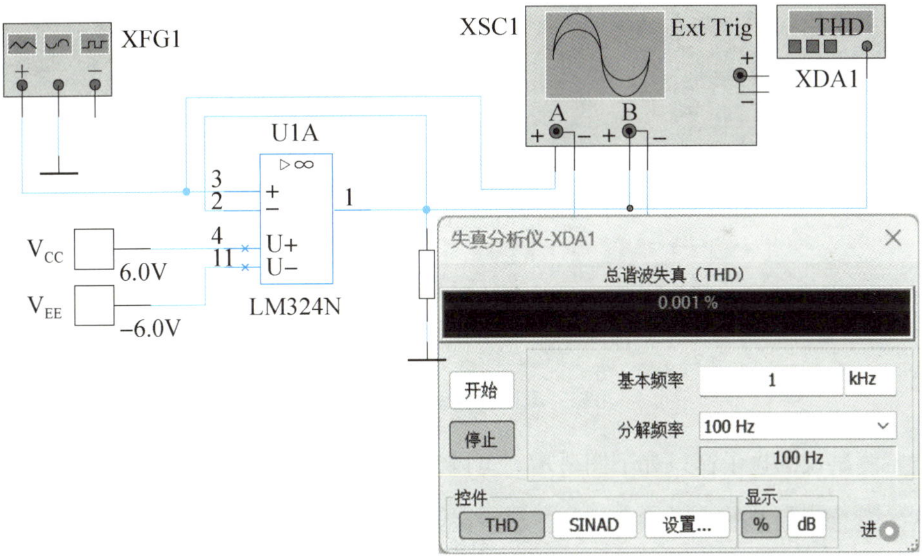

降低失真

(4) 改变函数发生器的频率，用示波器观察波形变化。

在信号频率较低时，该电路对不同频率的信号有很好的“跟随”性能，但是当频率过高的时候输出信号幅度会变小。例如，在函数发生器设置为1MHz、振幅100mV正弦波的情况下，输入输出波形如下图所示。图中上方的波形为输入信号，下方的波形为输出信号，从中可以明显看出，输出信号幅度小于输入信号幅度，也就是说放大倍数变小了。

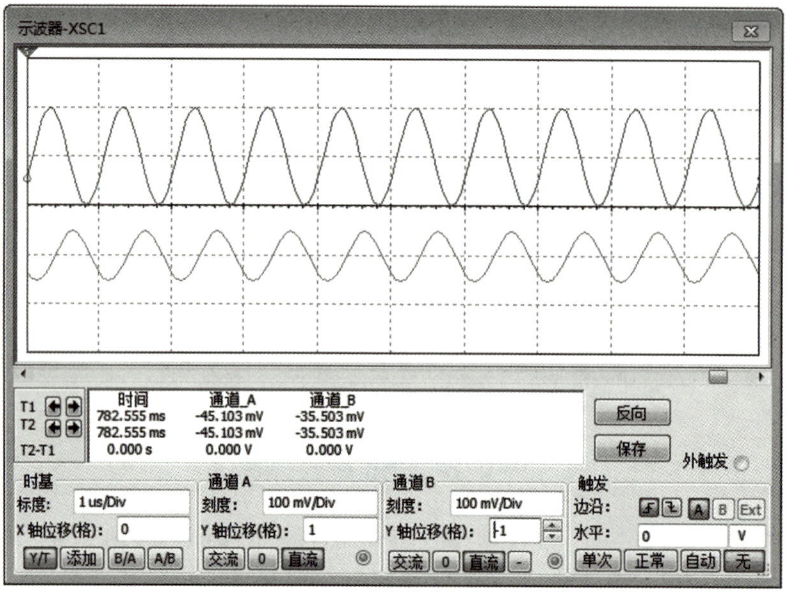

信号频率过高导致放大倍数变小

要研究信号频率对放大电路的影响，可以用波特测试仪测量通频带宽度。

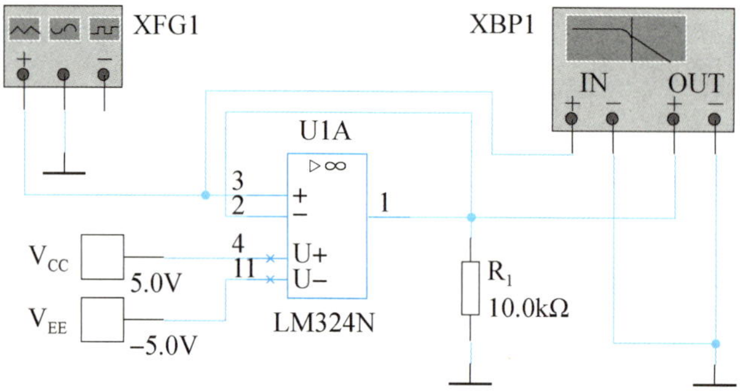

用波特测试仪测量通频带宽度

波特测试仪的显示窗口如下图所示，可以测出-3dB 带宽大约为 1.27MHz。

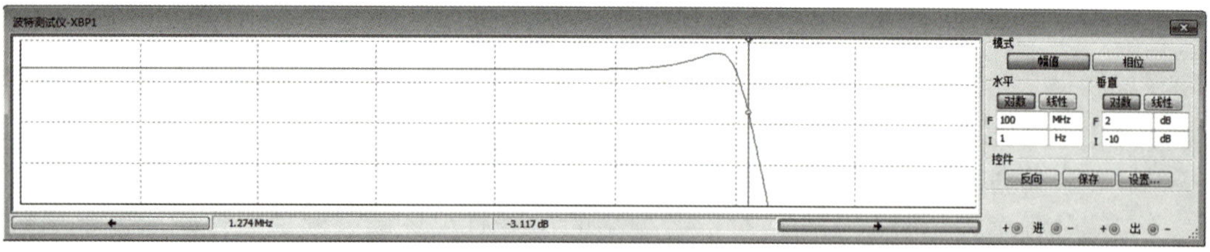

波特测试仪的显示窗口

（5）改变函数发生器的信号类型，用示波器观察波形变化。

当改变函数发生器信号类型的时候，很容易观察到失真。例如，在输入 200kHz、振幅 500mV 正弦波的时候输出并没有失真，但是在信号振幅和频率不变的情况下切换为三角波，就可以观察到较明显的失真。

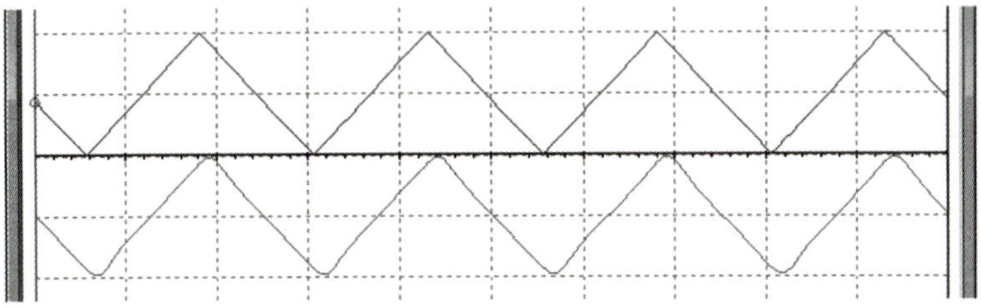

200kHz 三角波失真

当信号频率提高到 500kHz 的时候，输出已经接近正弦波。

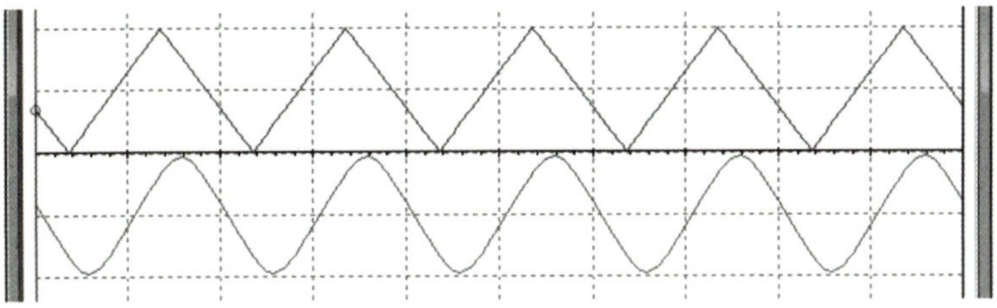

500kHz 三角波失真

而矩形波在 100kHz 的时候失真就很严重了。

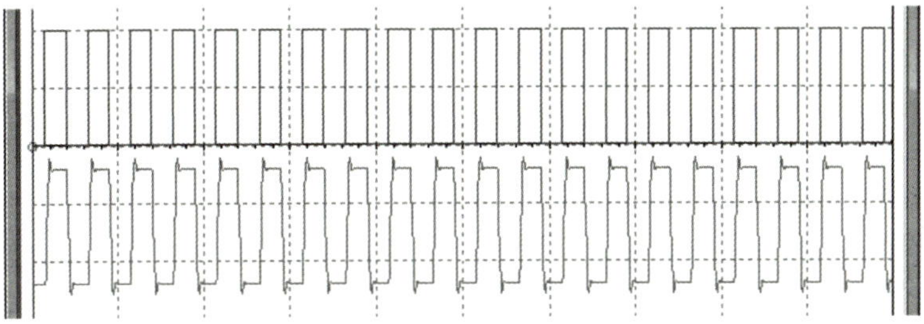

100kHz 矩形波失真

这些失真的原因在于三角波和矩形波都包含高频谐波分量，由于高频谐波分量超出了运放的带宽，被严重衰减了，所以出现了失真。三角波的高频谐波分量较少，而矩形波高频谐波分量非常丰富，所以在同样信号频率下三角波的失真较小。

当矩形波频率降为 1Hz 的时候，仔细观察输出信号波形，仍能看到失真，并且移动游标使其与输入信号的上升沿对齐时，下降沿也有类似情况。

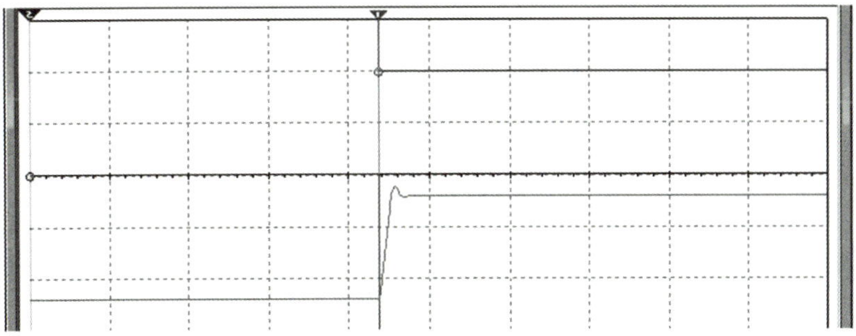

1Hz 矩形波失真

这种失真的根源仍然是运放的带宽限制。如果从频率分析的角度来看，输入矩形波的幅度跃变包含了大量的高频分量，只有其中的较低频率分量能顺利通过运放，使得输出变化缓慢，造成失真。这里的信号频率并不高，但是信号会有突然的跃变，某些高速型运放针对这种情况进行特别的设计，转换速率可达 1 000V/μs，可以很大程度减小这种失真，常用于模数转换等电路。

(6) 改变负载电阻 R_1 的大小，用示波器或万用表观察输出幅度的变化。

经仿真可知，负载大小的变化并不影响输出信号的电压幅度，因此，电压跟随器是一个比较理想的电压源。

(7) 用仿真软件绘制电流负反馈仿真电路图。图中 XFG1 为函数发生器，XSC1 为示波器，XMM1、XMM2 和 XMM3 为万用表，V_{CC} 为正电源，V_{EE} 为负电源，R_1、R_2 和 R_4 为反馈网络电阻，R_3 为平衡电阻，R_L 为负载电阻。

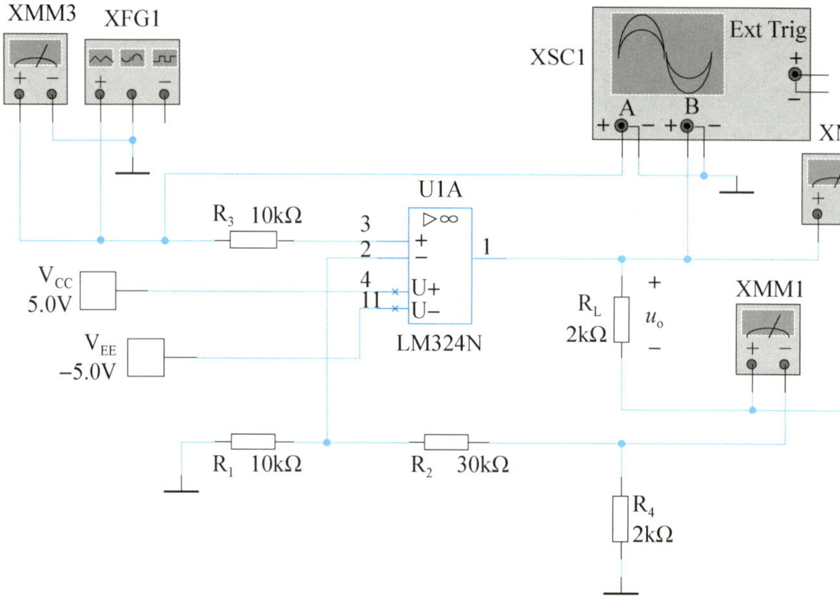

电流负反馈仿真电路图

(8) 将函数发生器设置成振幅 100mV、频率 1kHz 的正弦波，偏置 0V。将万用表 XMM1 设置为交流电流挡，用于测量负载 R_L 上的输出电流 i_o。将万用表 XMM2 设置为交流电压挡，用于测量负载 R_L 上的输出电压 u_o。将万用表 XMM3 设置为交流电压挡，用于测量输入信号 u_i。

注意：万用表测量数据为有效值，与函数发生器设置的振幅不同。

(9) 运行仿真，用示波器观察输入、输出信号波形，用万用表测量输出电压和输出电流，记录并计算电压放大倍数。

(10) 改变负载电阻 R_L 的大小，用示波器观察输入、输出波形变化，用万用表记录测量值，并进行对比。

根据仿真数据对比，可以知道输出电流 i_o 非常稳定，基本不随负载发生变化，该电路对于负载相当于非常理想的电流源。

（11）汇总分析仿真结果，撰写仿真总结报告。

视频

4－3 电压跟随器实操

二、准备工作

1. 工具和材料准备

工具和材料清单

		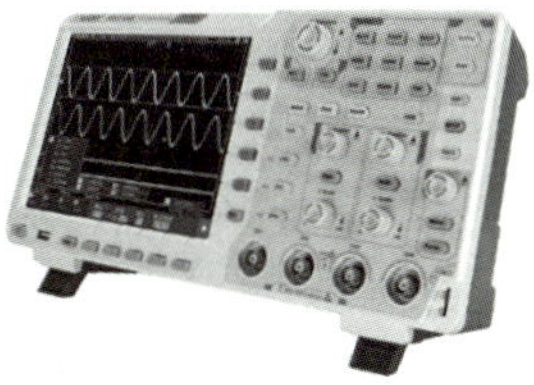
LM324 集成运放	万用表	示波器
	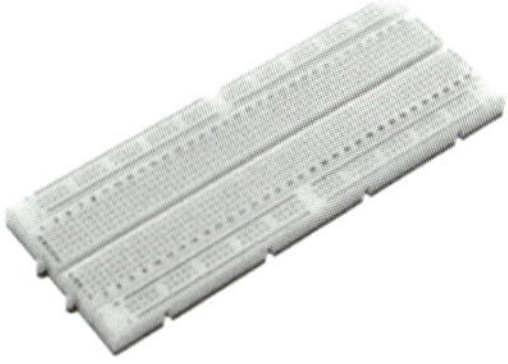	
导线	面包板	剥线钳
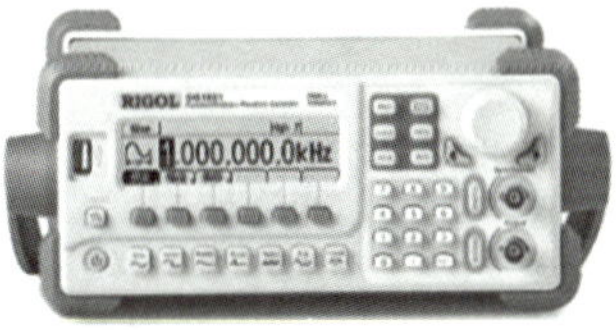	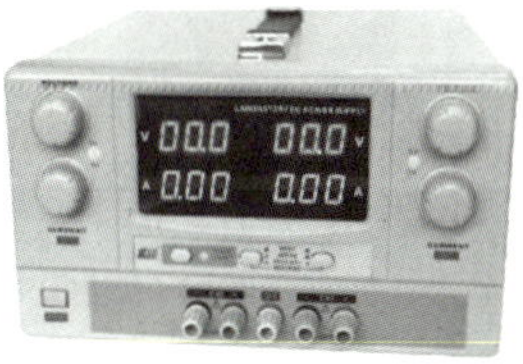	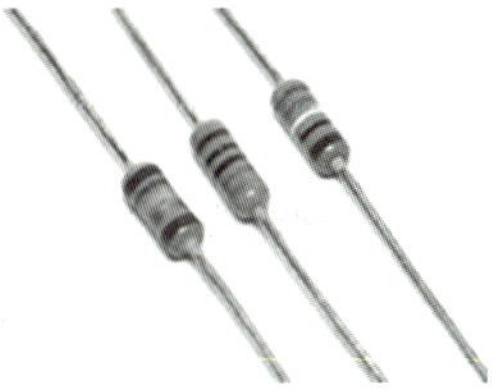
信号源	直流稳压电源	2kΩ、10kΩ、30kΩ 电阻

高频毫伏表		

2. 电路图准备

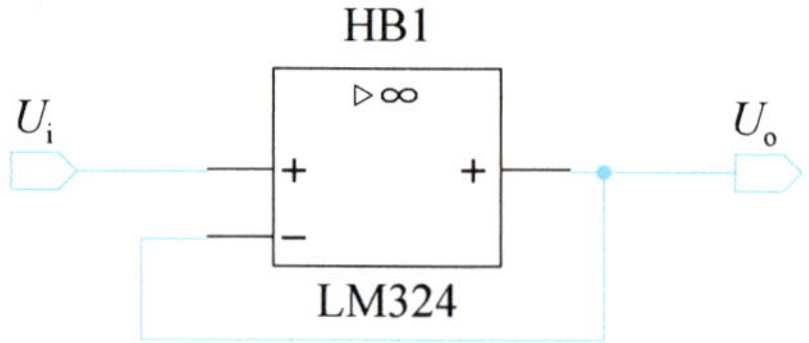

电压跟随器电路图

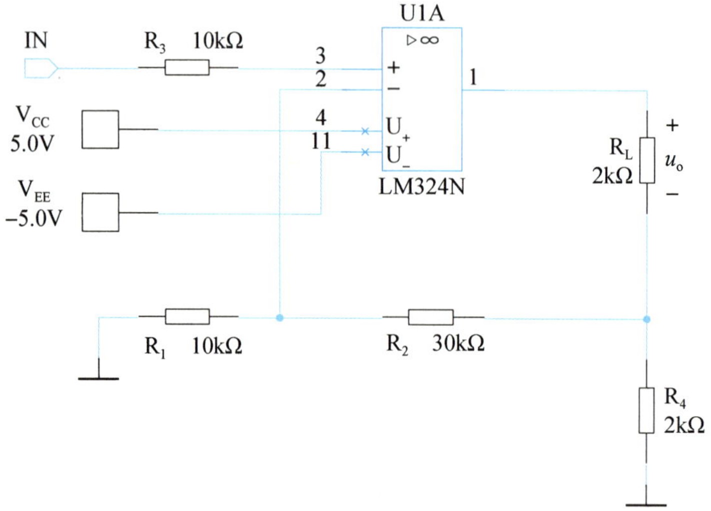

电流负反馈电路图

三、实施记录

1. 拟订测试方案

测试方案拟订表

序号	测试项	测试方案（含电路图）	简述理由
1	电压跟随器	（1）万用表测试； （2）示波器测试； （3）高频毫伏表测试	
2	电流负反馈	（1）万用表测试； （2）示波器测试； （3）高频毫伏表测试	

2. 设备和元器件识别与检测过程记录

设备和元器件识别与检测记录表

序号	设备和元器件	识别与检测过程实施记录	识别与检测结果
1	集成运放		

续表

序号	设备和元器件	识别与检测过程实施记录	识别与检测结果
2	信号源		
3	示波器		
4	高频毫伏表		
5	直流稳压电源		

3. 电路装接过程记录

电路装接过程记录表

序号	电路	装接过程记录	初测结果（是否正常）
1	电压跟随器		
2	电流负反馈		

4. 测量结果与分析

测量结果与分析表

序号	电路	测量结果	计算值	分析
1	电压跟随器			
2	电流负反馈			

四、总结与评价

填写任务评价表，简单总结任务完成过程及心得体会。

任务评价表

<table>
<tr><td>任务名称</td><td colspan="3"></td><td>总分</td><td colspan="2"></td></tr>
<tr><td>姓名</td><td></td><td>学号</td><td></td><td>日期</td><td colspan="2"></td></tr>
<tr><td>考核项目</td><td>考核内容</td><td>配分</td><td>自评
30%</td><td>互评
30%</td><td>师评
40%</td><td>得分</td></tr>
<tr><td>素质</td><td>遵守实验室规章制度，与同学和谐协作，执行 5S 管理标准</td><td>30</td><td></td><td></td><td></td><td></td></tr>
<tr><td>知识</td><td>能借助信息化资源自主学习，理论联系实际，正确完成任务</td><td>30</td><td></td><td></td><td></td><td></td></tr>
</table>

续表

任务名称				总分		
姓名		学号		日期		
考核项目	考核内容	配分	自评 30%	互评 30%	师评 40%	得分
技能	布线合理，操作规范，未造成受伤或设备与元器件损坏、遗失，按时完成任务	40				

任务二 比例放大电路

任务描述

比例放大电路是运放典型线性应用电路，是其他运算电路的基础。本任务要求会用仿真软件对比例放大电路进行仿真，能合理选择电路参数，设计比例放大电路（见图 4-9），识别和测试电路元器件，根据原理图搭建实际电路，使用万用表和示波器测量电路参数，会调试电路。

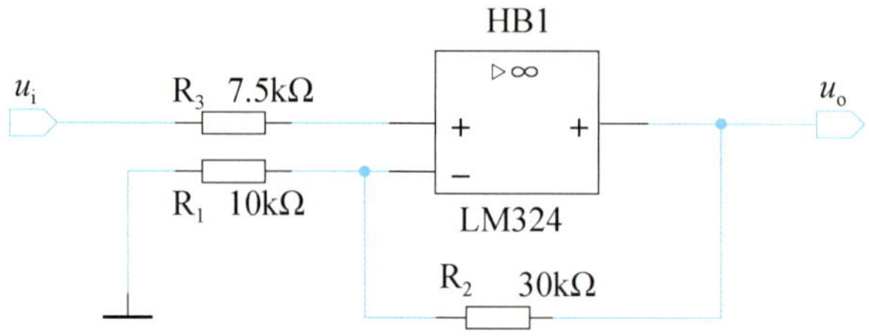

（a）

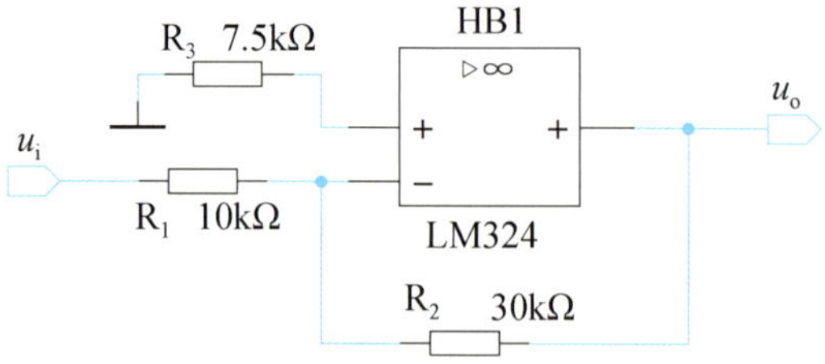

（b）

图 4-9 比例放大电路

知识储备

知识 1 同相比例放大电路

1. 同相比例放大电路分析

同相比例放大电路如图 4-10 所示，u_i 加在同相输入端，R_1 和 R_2 构成反馈网络。

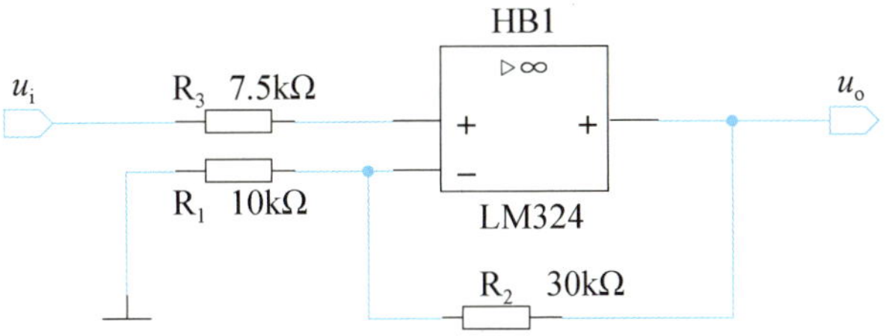

图 4-10　同相比例放大电路

视频
4-4　同相比例放大电路

R_3 为平衡电阻，由于运放内部采用了差动放大电路，要求同相输入端和反相输入端所接电阻尽量大小相等，所以 R_3 约等于 R_1 和 R_2 的并联阻值。几乎所有运放都需要考虑平衡电阻问题，但是对于某些高阻运放来说，同相输入端和反相输入端的电流几乎为 0（10pA 左右），对 R_3 的大小并不敏感。

同相比例放大电路与电压跟随器有很多相似之处，利用同样的分析方法，很容易判断出同相比例放大电路也是串联反馈。

利用瞬时极性法，第一步先假设 u_i 有一个正向跃变，该跃变经过平衡电阻传导到同相输入端，电阻对于信号变化只有幅度上的衰减作用，并没有隔离功能。

跃变传导过程是：$u_i\uparrow\rightarrow u_+\uparrow\rightarrow(u_+-u_-)\uparrow\rightarrow u_o\uparrow$。

第二步，输出端正向跃变的信号经反馈电阻 R_2 反馈到 LM324 的反相输入端，再经 R_1 接地，电阻网络并不会改变信号跃变方向，所以 LM324 的反相输入端也会有正向跃变。

跃变传导过程是：$u_o\uparrow\rightarrow u_-\uparrow$。

第三步，根据运放的输入输出关系式（见式 4-1），反相输入端变大将会使 u_o 减小，这与第一步的效果相反。

跃变传导过程是：$u_-\uparrow\rightarrow(u_+-u_-)\downarrow\rightarrow u_o\downarrow$。

因此，同相比例放大电路也是负反馈。

对于运放串联负反馈，输入电阻近似无穷大，所以运放的反相输入端电流约等于 0。同相输入端 u_- 约等于反馈电压 u_f，近似等于 R_1 在 R_1、R_2 支路中对 u_o 的分压。图 4-11 所示为反馈网络等效电路。

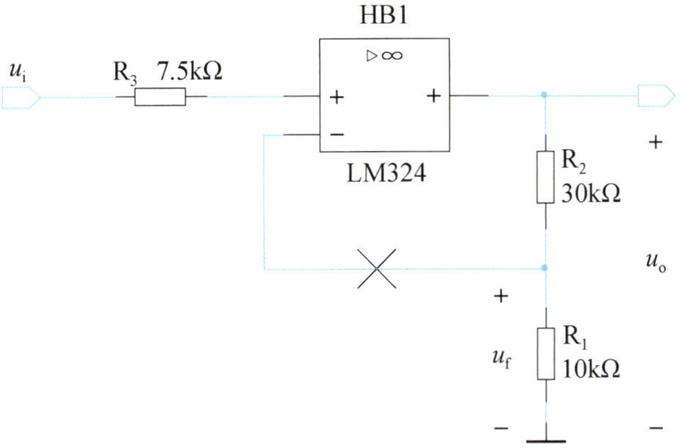

图 4-11　反馈网络等效电路

忽略微小误差，可知

$$u_{-}=u_{f}=\frac{R_1}{R_1+R_2}u_{o} \tag{4-13}$$

若输出电压为 0，则反馈电压也为 0，因此该反馈是电压反馈。

2. 电压放大倍数

由于同相比例放大电路引入了串联电压负反馈，运放工作在闭环状态，$u_{+}\approx u_{-}$。同时由于输入电流近似为 0，所以平衡电阻 R_3 上的压降近似为 0，于是有 $u_{i}\approx u_{+}$。忽略微小误差，可得

$$u_{i}=u_{+}=u_{-}=\frac{R_1}{R_1+R_2}u_{o} \tag{4-14}$$

因此，同相比例放大电路的电压放大倍数为

$$A_{u}=\frac{u_{o}}{u_{i}}=1+\frac{R_2}{R_1} \tag{4-15}$$

3. 同相比例放大电路的特点

由于同相比例放大电路采用了电压串联负反馈，所以具有输入阻抗高、输出阻抗低的特点，电压放大倍数取决于反馈网络电阻，灵活可调，使用方便。输出与输入同相位，常用于电压放大。

若输入信号中包含共模干扰，则需要选用共模抑制比较高的运放型号。

课堂讨论

同相比例放大电路对共模干扰的抑制效果如何？

知识 2　反相比例放大电路

反相比例放大电路如图 4-12 所示，图中 R_1 和 R_2 构成反馈网络，R_3 为平衡电阻，与同相比例放大电路类似。

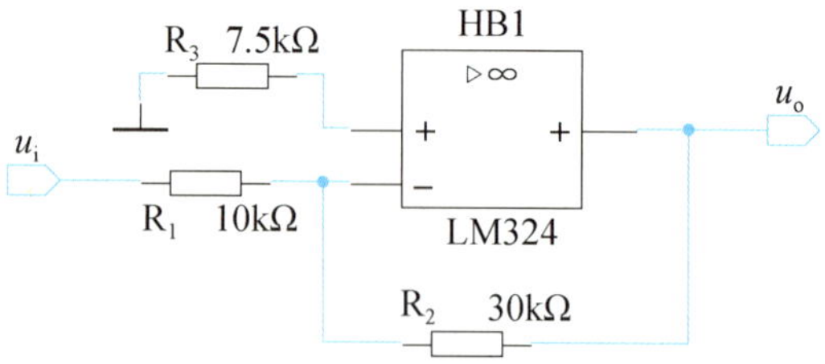

图 4-12　反相比例放大电路

1. 并联反馈

如果从输入端看进去，放大电路和反馈网络是并联的关系，则该反馈就是并联反馈。并联的重要标志就是分流，输入电流被放大支路和反馈支路分流就说明是并联反馈，如图 4-13 所示。

并联反馈的总输入电阻 R_i 等于原放大电路输入电阻 R_i' 并联反馈网络的输出电阻 R_{fo}'，所以，总输入电阻既小于原放大电路的输入电阻，又小于反馈网络的输出电阻，比两者之间最小值还小。通常集成运放的输入电阻非常大，反馈网络的输出电阻则较小，

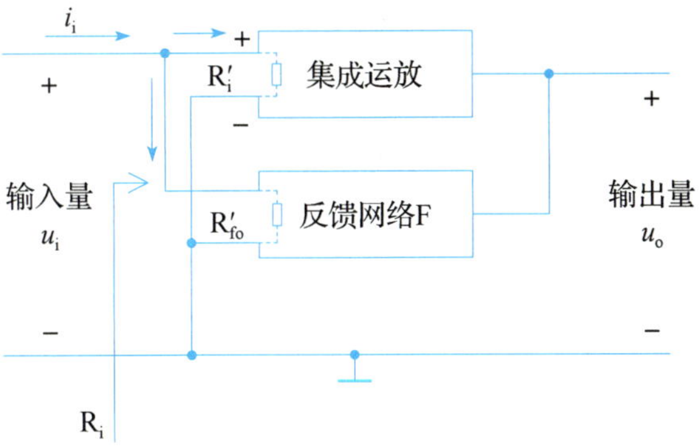

图 4-13　并联反馈

两者并联之后往往近似等于反馈网络的输出电阻。

2. 电压负反馈

利用瞬时极性法，第一步先假设 u_i 有一个正向跃变，该跃变经过反馈网络电阻传导到反相输入端，导致反相输入端电压正向跃变，根据运放的输入输出关系式（见式 4-1）可知，该跃变将使输出 u_o 变小。

跃变传导过程是：$u_i\uparrow\rightarrow u_-\uparrow\rightarrow(u_+-u_-)\downarrow\rightarrow u_o\downarrow$。

第二步，输出端反向跃变的信号经反馈电阻 R_2 反馈到 LM324 的反相输入端，直接抵消了输入信号导致的正向跃变。

跃变传导过程是：$u_o\downarrow\rightarrow u_-\downarrow$。

因此，反相比例放大电路也是负反馈。

若将输出 u_o 接地，反馈信号将消失，所以该反馈为电压反馈。

3. 电压放大倍数

由于运放输入阻抗极大，所以运放同相输入端和反相输入端电流近似为 0，平衡电阻 R_3 上的压降近似为 0，即 $u_+\approx 0$。

由于引入了负反馈，运放工作在闭环状态，所以 $u_+\approx u_-$。

因此，图 4-12 可以近似等效为图 4-14，图中 A 点电位为 0。

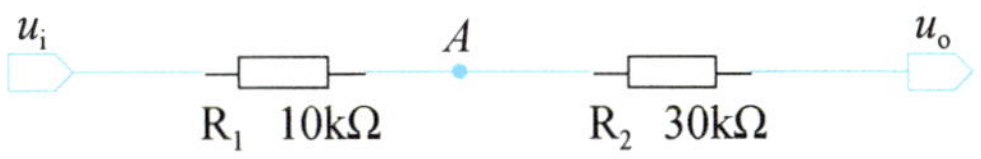

图 4-14　计算放大倍数的等效电路图

$$\frac{u_i-U_A}{R_1}=\frac{U_A-u_o}{R_2} \tag{4-16}$$

因为

$$U_A=0 \tag{4-17}$$

所以

$$\frac{u_i}{R_1}=\frac{-u_o}{R_2} \tag{4-18}$$

因此，反相比例放大电路的电压放大倍数为

$$A_u=\frac{u_o}{u_i}=-\frac{R_2}{R_1} \tag{4-19}$$

电压放大倍数为负数代表输出信号与输入信号反相。

小提示

电压放大倍数的正负仅代表输出信号与输入信号是同相还是反相；绝对值大于1，代表输出信号幅度比输入信号幅度大，得到了放大；绝对值小于1且大于0，代表输出信号幅度比输入信号幅度小，受到了衰减。

反相比例放大电路的输入、输出信号波形如图4－15所示，图中上面的波形为输入信号，下面的波形为输出信号。从图4－15中可以看到，输入信号和输出信号相位相反，也就是说相位差为180°，幅度得到了放大。

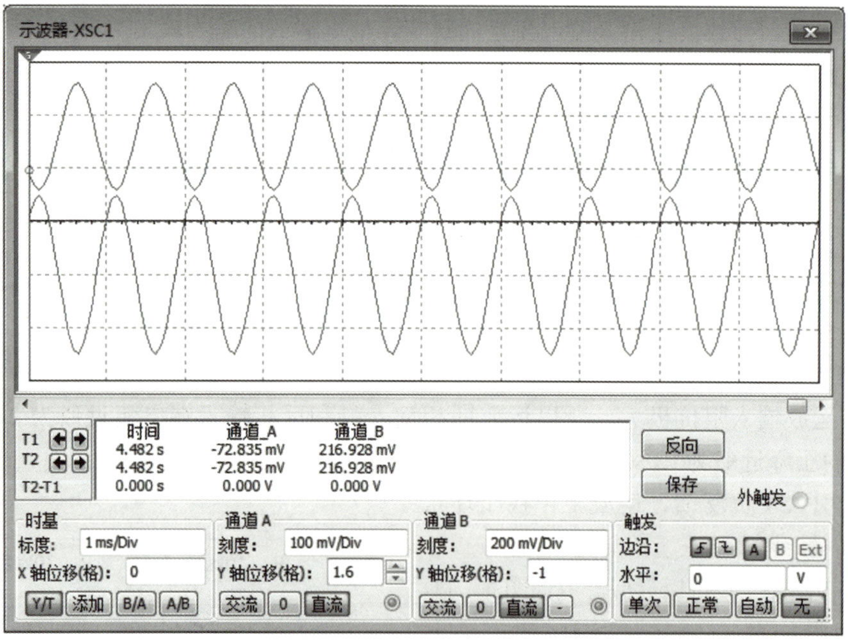

图4－15　反相比例放大电路的输入、输出信号波形

4. 反相比例放大电路的特点

由于反相比例放大电路采用了并联负反馈，所以输入阻抗不高，等于输入端和运放反相输入端之间的电阻。电压负反馈使得反相比例放大电路的输出阻抗非常低。电压放大倍数取决于反馈网络电阻，灵活可调，使用方便。输出与输入相位相反，对共模信号有一定的抑制能力，常用于电压放大。

课堂讨论

在选择同相比例放大电路还是反相比例放大电路的时候，主要考虑哪些因素？

素养提升

不同的人有不同的优势，不必过度自卑，也不能盲目自信，应该客观评价自己，发挥长处，改进不足。

任务实施

视频

4－5　同相比例放大电路仿真

一、仿真

（1）用仿真软件绘制同相比例放大电路仿真图。图中 XFG1 为函数发生器，XSC1 为示波器，V_{CC} 为正电源，V_{EE} 为负电源，R_1 为负载电阻，R_2 和 R_3 为反馈网络电阻，R_4 为平衡电阻。

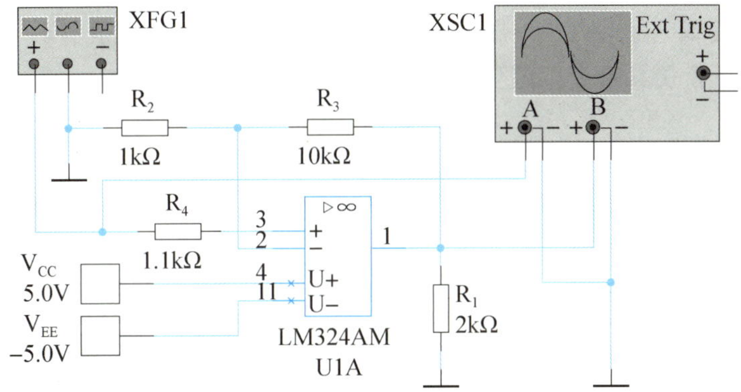

同相比例放大电路仿真图

（2）将函数发生器设置为振幅 100mV、频率 1kHz 的正弦波，运行仿真，用示波器观察波形，比较输出波形与输入波形的关系。

（3）使用万用表测量电压放大倍数，并与理论计算值进行比较。

（4）分别改变反馈网络电阻 R_2、R_3 的大小，用示波器观察波形变化，用失真分析仪测量谐波失真，用万用表测量电压放大倍数。

（5）改变函数发生器的频率、幅度和信号类型，用示波器观察波形变化。

（6）改变负载电阻的大小，用万用表测量电压放大倍数变化。

（7）用仿真软件绘制反相比例放大电路仿真图。图中 XFG1 为函数发生器，XSC1 为示波器，XMM1 和 XMM2 为万用表，V_{CC} 为正电源，V_{EE} 为负电源，R_1 和 R_2 为反馈网络电阻，R_3 为平衡电阻，R_4 为负载电阻。

（8）将函数发生器设置为振幅 100mV、频率 1kHz 的正弦波，运行仿真，用示波器观察波形，比较输出波形与输入波形的关系。

（9）使用万用表测量电压放大倍数，与理论计算值进行比较。

（10）分别改变反馈网络电阻 R_1、R_2 的大小，用示波器观察波形变化，用失真分析仪测量谐波失真，用万用表测量电压放大倍数。

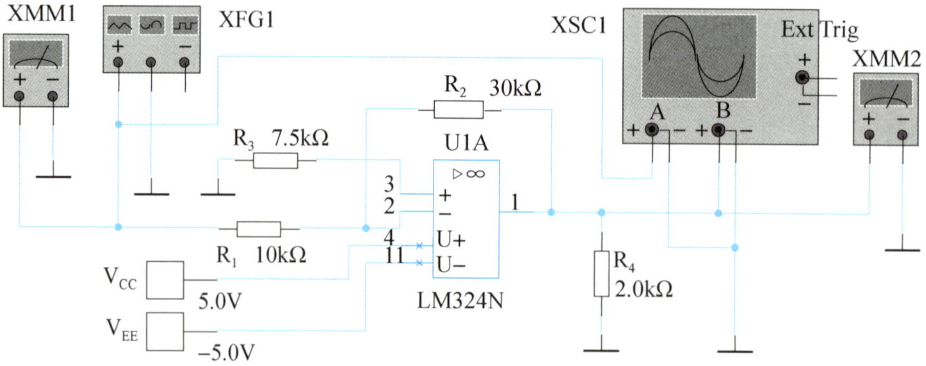

反相比例放大电路仿真图

(11) 改变函数发生器的频率、幅度和信号类型，用示波器观察波形变化。

(12) 改变负载电阻的大小，用万用表测量电压放大倍数变化。

(13) 汇总分析仿真结果，撰写仿真总结报告。

二、准备工作

工具和材料清单如下表所示。

工具和材料清单

	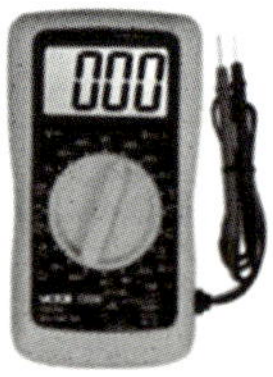	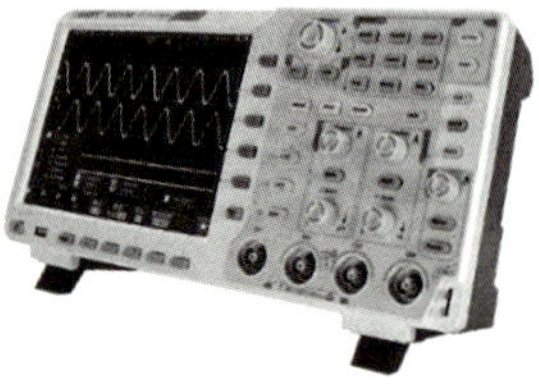
LM324 集成运放	万用表	示波器

导线	面包板	剥线钳
	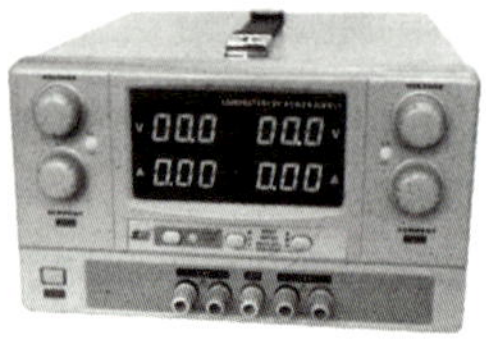	
信号源	直流稳压电源	7.5kΩ、10kΩ、30kΩ 电阻

续表

高频毫伏表		

视频

4－6　同相比例放大电路实操

视频

4－7　反相比例放大电路实操

三、实施记录

1. 拟订测试方案

测试方案拟订表

序号	电路	测试方案（含电路图）	简述理由
1	同相比例放大电路	（1）万用表测试； （2）示波器测试； （3）高频毫伏表测试	
2	反相比例放大电路	（1）万用表测试； （2）示波器测试； （3）高频毫伏表测试	

2. 设备和元器件识别与检测过程记录

设备和元器件识别与检测过程记录表

序号	设备和元器件	识别与检测过程实施记录	识别与检测结果
1	集成运放		
2	信号源		
3	示波器		
4	高频毫伏表		

续表

序号	设备和元器件	识别与检测过程实施记录	识别与检测结果
5	直流稳压电源		

3. 电路装接过程记录

电路装接过程记录表

序号	电路	装接过程记录	初测结果（是否正常）
1	同相比例放大电路		
2	反相比例放大电路		

4. 测量结果与分析

测量结果与分析表

序号	测量项	测量结果	计算值	分析
1	同相比例放大电路			
2	反相比例放大电路			

四、总结与评价

填写任务评价表，简单总结任务完成过程及心得体会。

任务评价表

任务名称			总分			
姓名		学号		日期		
考核项目	考核内容	配分	自评 30%	互评 30%	师评 40%	得分
素质	遵守实验室规章制度，与同学和谐协作，执行 5S 管理标准	30				
知识	能借助信息化资源自主学习，理论联系实际，正确完成任务	30				
技能	布线合理，操作规范，未造成受伤或设备与元器件损坏、遗失，按时完成任务	40				

任务三 运算电路

任务描述

使用集成运算放大器可以方便地实现比例、求和、求差、微分、积分等运算。这些运算，在信号处理电路中得到了广泛应用。本工作任务要求会用仿真软件对求和、求差、微分、积分电路进行仿真，能合理选择电路参数，设计求和电路（见图 4-16），识别和测试电路元器件，根据原理图搭建实际电路，使用万用表和示波器测量电路参数，会调试电路。

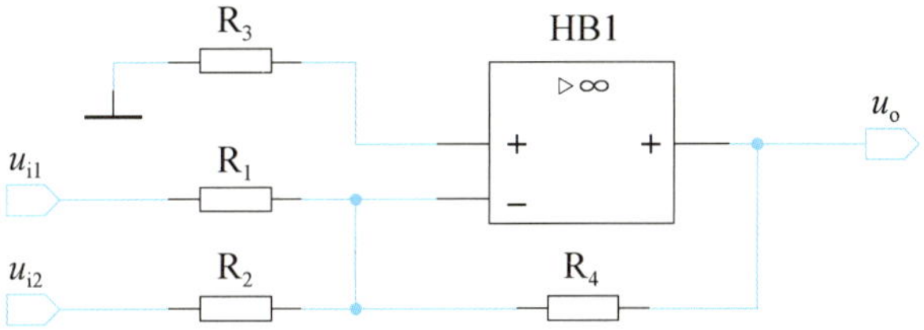

图 4-16 求和电路

> **小提示**
>
> 由于利用集成运放可以方便地实现比例、求和、求差、微分、积分等运算，早期很多数学运算电路都采用集成运放来实现。后来随着数字集成电路技术的快速发展，使用数字集成电路实现数学运算更加具有竞争性，集成运放逐渐退出专门运算领域，但仍然在信号处理领域有着重要的地位。

知识储备

知识 1 求和电路

反相求和电路如图 4-17 所示。图中电阻 R_1、R_2 和 R_4 构成反馈网络，电阻 R_3 为平衡电阻，一般 R_3 等于 R_1、R_2 和 R_4 三者的并联。

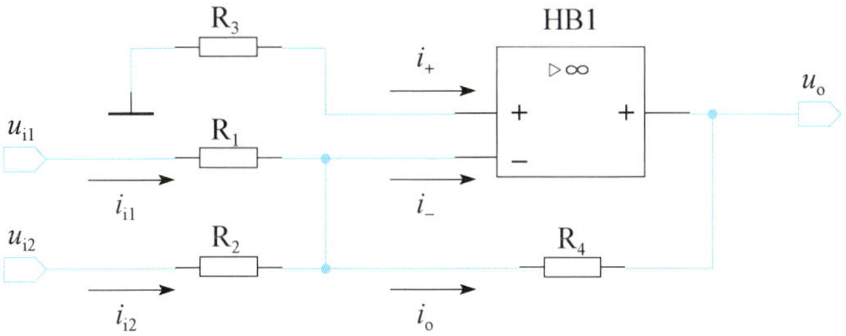

图 4-17 反相求和电路

由于 R_4 的存在，用瞬时极性法判断该电路引入了负反馈，该反馈为电压并联负反馈，与反相比例放大电路相同。

由于引入了负反馈，运放工作在线性区，运放输入端电流近似为0，因此

$$u_{+}\approx u_{-}\approx 0 \tag{4-20}$$

$$i_{+}\approx i_{-}\approx 0 \tag{4-21}$$

忽略微小误差，有

$$i_{i1}+i_{i2}=i_{o} \tag{4-22}$$

$$\frac{u_{i1}-0}{R_1}+\frac{u_{i2}-0}{R_2}=\frac{0-u_o}{R_4} \tag{4-23}$$

输出电压为

$$u_o=-\left(\frac{R_4}{R_1}u_{i1}+\frac{R_4}{R_2}u_{i2}\right) \tag{4-24}$$

当 $R_1=R_2=R_4$ 时，输出电压为

$$u_o=-(u_{i1}+u_{i2}) \tag{4-25}$$

可知该电路实现了电压信号求和的功能，输出信号与两个输入信号的和成反相关系。

同相求和电路与反相求和电路类似，如图 4-18 所示。可以证明，该电路在 $R_1=R_2=R_3=R_4$ 的时候，$u_o=2\ (u_{i1}+u_{i2})$。

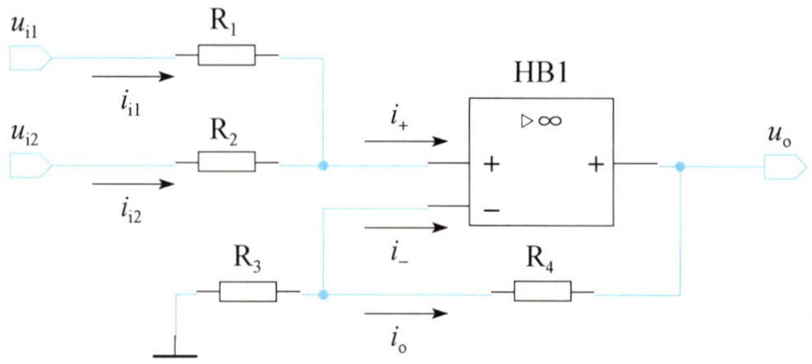

图 4-18　同相求和电路

同相求和电路和反相求和电路都可以使用叠加定理进行分析、计算。

知识 2　求差电路

反相求差电路如图 4-19 所示。图中有两个运放，第一级由运放 HB1，电阻 R_1、R_2 和 R_3 构成反相比例放大电路；第二级由运放 HB2，电阻 R_4、R_5、R_6 和 R_7 构成反相求和电路。

由前面反相比例放大电路知识可知

$$u_{o1}=-\frac{R_2}{R_1}u_{i1} \tag{4-26}$$

由前面反相求和电路知识可知

$$u_o=-\left(\frac{R_7}{R_4}u_{o1}+\frac{R_7}{R_5}u_{i2}\right) \tag{4-27}$$

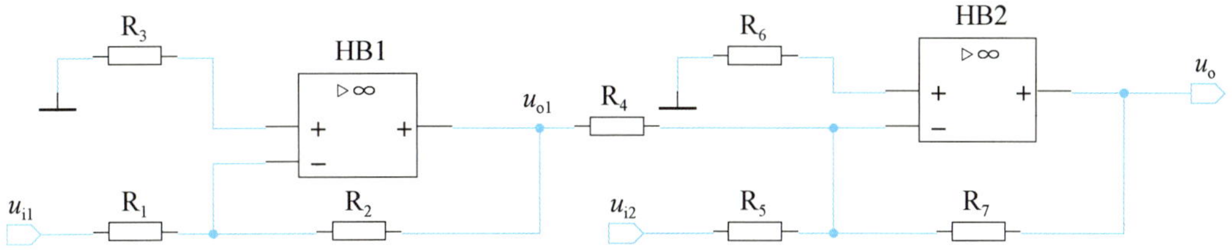

图 4-19　反相求差电路

当 $R_1=R_2=R_4=R_5=R_7$ 时

$$u_o=-(-u_{i1}+u_{i2}) \tag{4-28}$$

$$u_o=u_{i1}-u_{i2} \tag{4-29}$$

可见该电路能够实现两个输入信号相减的功能。

知识 3　微分电路

反相微分电路如图 4-20 所示。图中 R_1 为反馈电阻，与反相比例放大电路类似，只是将输入端和运放反相输入端之间的电阻换成了电容 C_1。为了使运放两个输入端所接电路一致，通常平衡电阻 R_2 两端会并联一个电容 C_2。

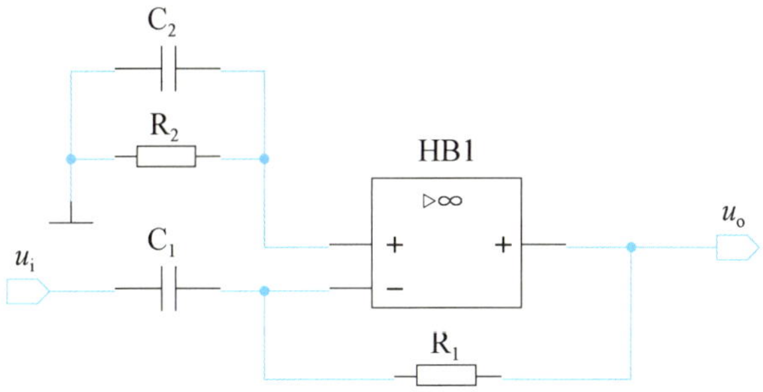

图 4-20　反相微分电路

由电容的伏安特性

$$i_c=C\frac{du_c}{dt} \tag{4-30}$$

可知，电容的电压和电流之间存在线性微分关系，因此可以利用电容实现微分电路。由于引入了电压并联负反馈，所以运放工作在线性状态，有

$$u_+\approx u_-\approx 0 \tag{4-31}$$

$$i_+\approx i_-\approx 0 \tag{4-32}$$

所以

$$i_{c1}\approx i_{R1} \tag{4-33}$$

$$u_i\approx u_{c1} \tag{4-34}$$

微分电路分析如图 4-21 所示。

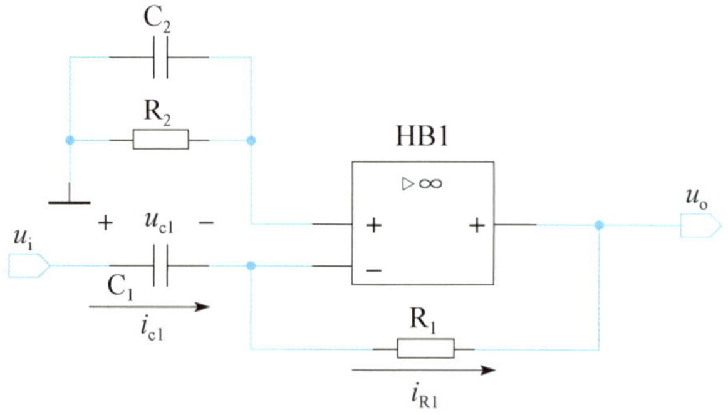

图 4-21　微分电路分析

可知

$$u_o=-i_{R1}R_1 \tag{4-35}$$

即

$$u_o=-i_{c1}R_1 \tag{4-36}$$

用电容的电压表示电流，有

$$u_o=-C_1\frac{du_{c1}}{dt}R_1 \tag{4-37}$$

整理可得

$$u_o=-R_1C_1\frac{du_i}{dt} \tag{4-38}$$

图 4-20 所示的反相微分电路在实际应用的时候存在一些缺点，如抗干扰能力较差，易自激振荡，在输入跃变的时候容易导致输出达到电源电压而出现“饱和”现象等，实际应用时常采用图 4-22 所示的改进后的微分电路。

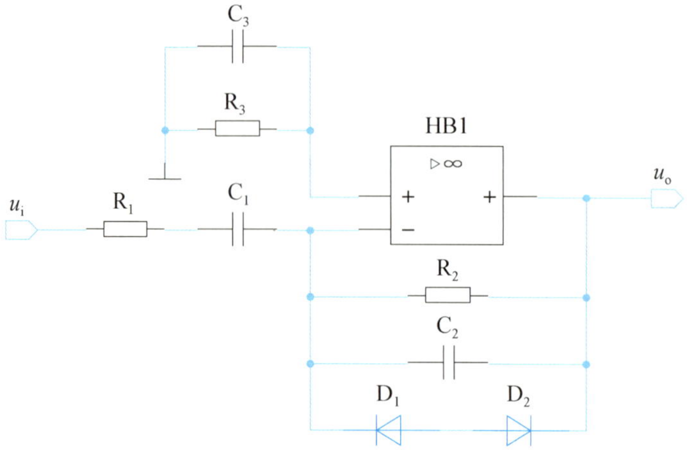

图 4-22　改进后的微分电路

在图 4－22 中，电阻 R_1 很小，电容 C_2 也比较小，一般 $R_1C_1 \approx R_2C_2$，运放在对称双电源情况下，D_1 和 D_2 使用相同的稳压管，稳压值小于电源电压，电路输出的最大值约为稳压管的反向稳压值加正向导通压降。

微分电路能取出信号的快速变化部分，经常用于波形变换，如将矩形波转换为尖脉冲，也常用来给正弦波移相，可以将正弦波移相 90°变为余弦波。

知识 4　积分电路

反相积分电路与反相微分电路类似，只需要将反相微分电路的电阻和电容调换位置即可，如图 4－23 所示。该电路同样引入了电压并联负反馈，分析方法与微分电路类似。

经分析可得

$$u_o = -u_{c1} = -\frac{1}{C_1}\int i_{c1}\,dt = -\frac{1}{R_1C_1}\int u_i\,dt \qquad (4-39)$$

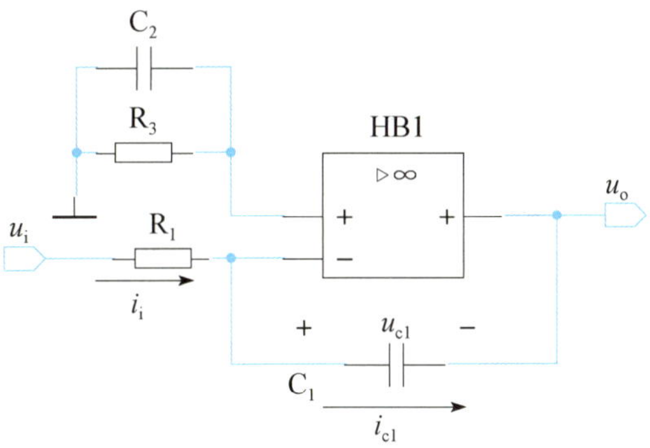

图 4－23　反相积分电路

积分电路也能用于正弦波移相和波形整形，积分电路使剧烈变化的信号变得平缓，可以将矩形波变换为三角波。

小提示

微分电路和积分电路同样是线性电路，虽然理论清晰，但是实际应用时调试比较困难。

任务实施

一、仿真

（1）用仿真软件绘制求和电路图，拟定电路参数，测试输入输出信号关系，与理论值进行比较。

（2）用仿真软件绘制求差电路图，拟定电路参数，测试输入输出信号关系，与理论值进行比较。

（3）用仿真软件绘制微分电路图，拟定电路参数，测试输入输出信号关系，与理论值进行比较。

视频

4－8　运算电路仿真

（4）用仿真软件绘制积分电路图，拟定电路参数，测试输入输出信号关系，与理论值进行比较。

（5）汇总分析仿真结果，撰写仿真总结报告。

二、准备工作

1. 工具和材料准备

工具和材料清单

	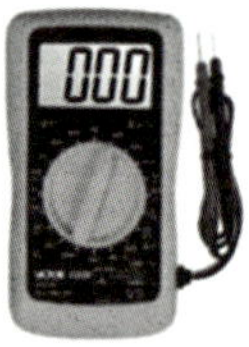	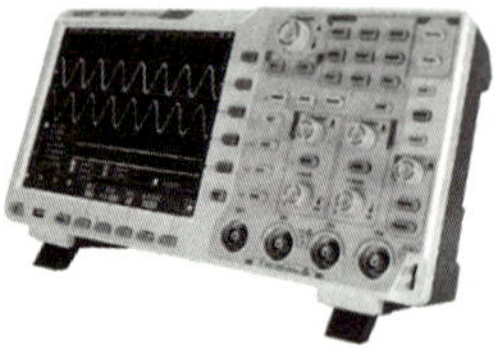
LM324 集成运放	万用表	示波器

导线	面包板	剥线钳
	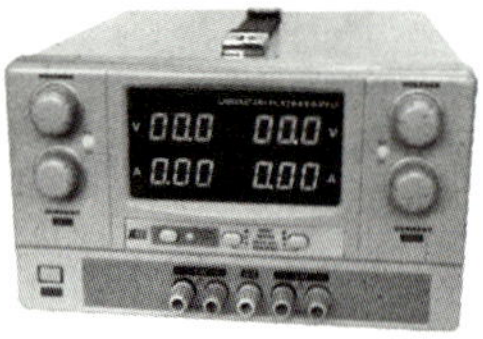	
信号源	直流稳压电源	3.3kΩ、10kΩ 电阻

高频毫伏表		

2. 电路图准备

准备好同相和反相求和电路图，如下图所示。

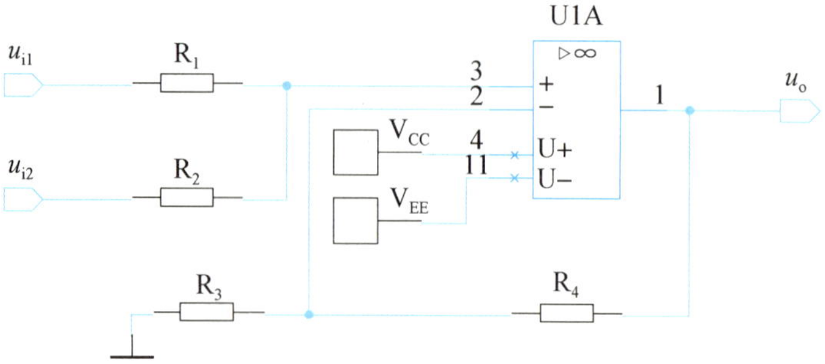

同相求和电路图

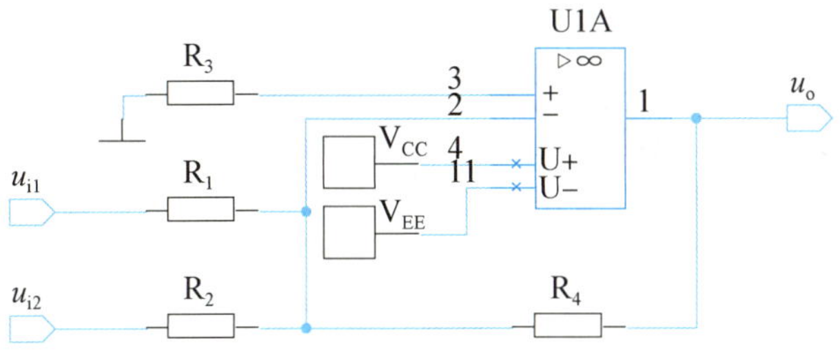

反相求和电路图

三、实施记录

1. 拟订测试方案

测试方案拟订表

序号	电路	测试方案（含电路图）	简述理由
1	同相求和电路	（1）万用表测试； （2）示波器测试； （3）高频毫伏表测试	
2	反相求和电路	（1）万用表测试； （2）示波器测试； （3）高频毫伏表测试	

2. 设备和元器件识别与检测过程记录

设备和元器件识别与检测过程记录表

序号	设备和元器件	识别与检测过程实施记录	识别与检测结果
1	集成运放		
2	信号源		
3	示波器		
4	高频毫伏表		
5	直流稳压电源		

3. 电路装接过程记录

电路装接过程记录表

序号	电路	装接过程记录	初测结果（是否正常）
1	同相求和电路		
2	反相求和电路		

4. 测量结果与分析

测量结果与分析表

序号	测量项	测量结果	计算值	分析
1	同相求和电路			
2	反相求和电路			

四、总结与评价

填写任务评价表，简单总结任务完成过程及心得体会。

任务评价表

任务名称				总分		
姓名		学号		日期		
考核项目	考核内容	配分	自评 30%	互评 30%	师评 40%	得分
素质	遵守实验室规章制度，与同学和谐协作，执行 5S 管理标准	30				
知识	能借助信息化资源自主学习，理论联系实际，正确完成任务	30				
技能	布线合理，操作规范，未造成受伤或设备与元器件损坏、遗失，按时完成任务	40				

任务四 运放的单电源应用

任务描述

集成运放的结构更适合采用双电源供电方式，但是有些场合不方便提供双电源，从而需要运放工作在单电源供电方式，电路如图 4－24 所示。本任务为用单电源实现运放线性应用电路，要求会用仿真软件对电路进行仿真，能合理选择电路参数，准确识别和测试电路元器件，根据原理图搭建实际电路，使用万用表和示波器测量电路参数，会调试电路。

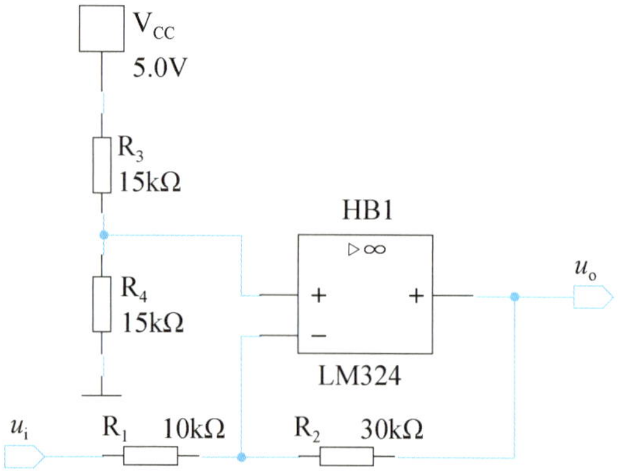

图 4－24 单电源运放电路

知识储备

知识　运放单电源应用

现实生活中经常有包含直流分量的交流信号，如图 4-25 所示，该信号形状为正弦波形，但是最小值也大于 0，全部波形都在横坐标轴上方，平均值大于 0（也有平均值小于 0 的类型），如果将这种信号幅度减去一个固定常数，则会变成平均值为 0 的纯正弦交流信号。

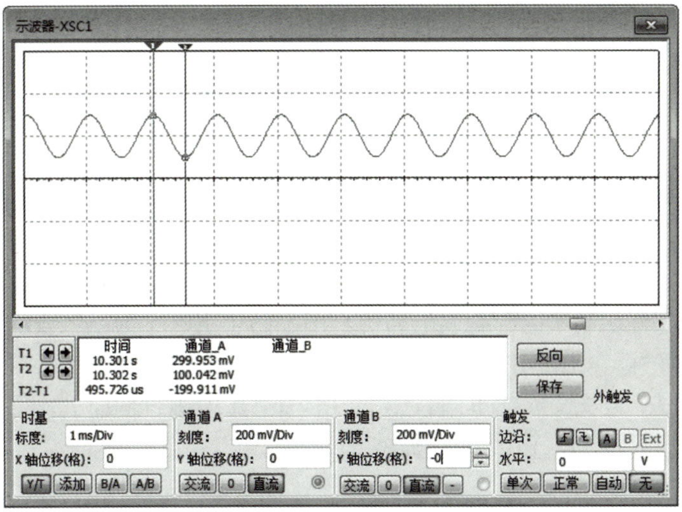

图 4-25　包含直流分量的交流信号

放大这种包含直流分量的交流信号可以采用单电源供电的运放电路，也可以通过隔直电容隔离直流分量，使其变为纯正弦交流信号之后再使用双电源供电的运放电路放大。虽然理论上包含直流分量的交流信号也可以采用双电源供电的运放进行放大，但是多数运放的电源动态范围是固定的，双电源供电时放大包含直流分量的交流信号不能充分利用其动态范围。例如，LM324，单电源供电最大为 32V，对于包含直流分量的交流信号来讲，信号最大振幅接近 16V，而双电源供电时最高电源为±16V，同样的信号最大振幅只能接近 8V。

双电源供电比较复杂，很多时候选择单电源供电更为便利。需要指出的是，单电源供电的运放需要考虑更多的共模干扰问题。

图 4-24 为单电源运放电路，该电路采用了电压并联负反馈。运放同相输入端的直流电压 u_+ 为电源电压的一半。该电路的输入、输出信号均包含 2.5V 的直流分量，若负载只需要交流分量，则可以使用电容将直流分量隔离，如图 4-26 所示。图中 C_1 为隔离直流分量的电容，通常容量比较大，以便于交流信号顺利通过。

小提示

隔离直流分量的电容不需要过大，对于 1kHz 的信号来说，通常 1～10μF 即可。

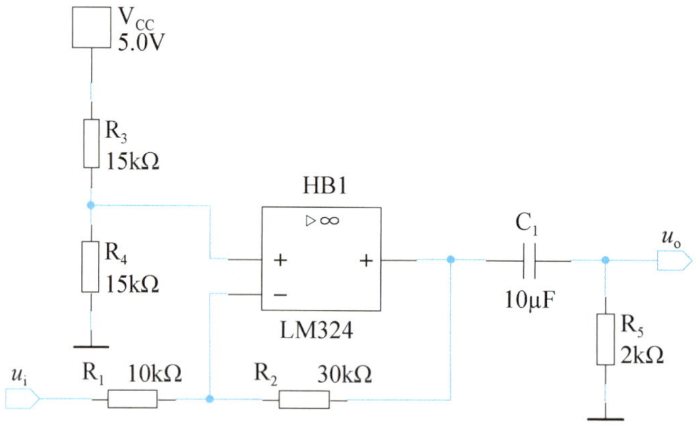

图 4－26　用电容隔离直流分量

任务实施

一、仿真

视频

4－9　运放单电源仿真

（1）用仿真软件绘制单电源运放电路仿真图。图中 XFG1 为函数发生器，XSC1 为示波器，XMM1 和 XMM2 为万用表，V_{CC} 为正电源，V_{EE} 为负电源，R_1 和 R_2 为反馈网络电阻，R_3 和 R_4 为分压电阻，同时起到平衡电阻的作用，R_5 为负载电阻，C_1 为隔直电容。

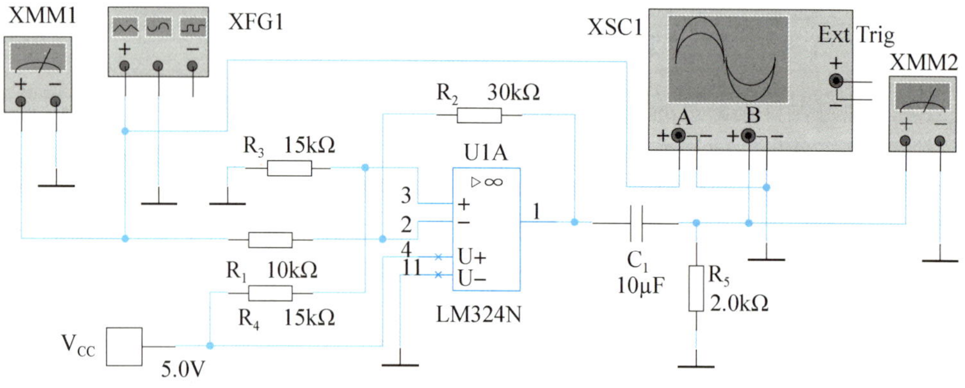

单电源运放电路仿真图

（2）将函数发生器设置为振幅 100mV、频率 1kHz 的正弦波，偏置设置为 2.5V。运行仿真，用示波器观察输入、输出信号波形，特别注意观察信号中是否包括直流分量。

（3）用万用表测量输入信号和输出信号的交流电压，记录并计算电压放大倍数。

（4）去除隔直电容 C_1，再次用示波器观察信号波形，用万用表测量电压放大倍数。

（5）改变函数发生器的信号幅度、频率，用示波器观察输出变化。

（6）汇总分析仿真结果，撰写仿真总结报告。

二、准备工作

工具和材料清单如下表所示。

工具和材料清单

		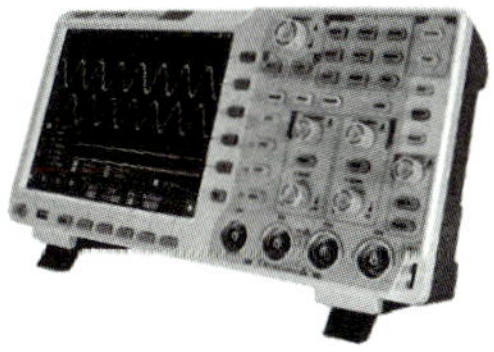
LM324 集成运放	万用表	示波器

导线	面包板	剥线钳
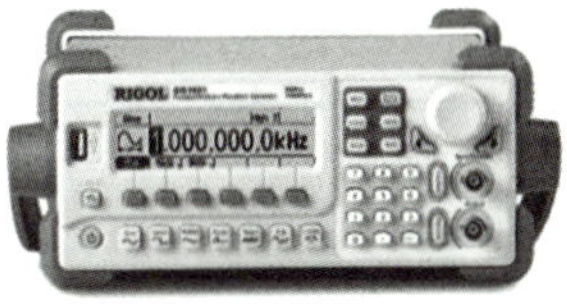	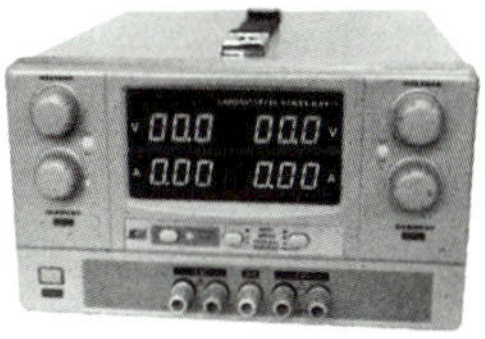	
信号源	直流稳压电源	10kΩ、15kΩ、30kΩ 电阻

高频毫伏表		

三、实施记录

1. 拟订测试方案

测试方案拟订表

序号	电路	测试方案（含电路图）	简述理由
1	单电源运放电路	（1）万用表测试； （2）示波器测试； （3）高频毫伏表测试	

2. 设备和元器件识别与检测过程记录

设备和元器件识别与检测过程记录表

序号	设备和元器件	识别与检测过程实施记录	识别与检测结果
1	集成运放		
2	信号源		
3	示波器		
4	高频毫伏表		
5	直流稳压电源		

3. 电路装接过程记录

电路装接过程记录表

序号	电路	装接过程记录	初测结果（是否正常）
1	单电源运放电路		

4. 测量结果与分析

测量结果与分析表

序号	测量项	测量结果	计算值	分析
1	单电源运放电路			

四、总结与评价

填写任务评价表，简单总结任务完成过程及心得体会。

任务评价表

<table>
<tr><td>任务名称</td><td colspan="4"></td><td>总分</td><td colspan="2"></td></tr>
<tr><td>姓名</td><td></td><td>学号</td><td></td><td>日期</td><td colspan="3"></td></tr>
<tr><td>考核项目</td><td>考核内容</td><td>配分</td><td>自评
30%</td><td>互评
30%</td><td>师评
40%</td><td>得分</td></tr>
<tr><td>素质</td><td>遵守实验室规章制度，与同学和谐协作，执行5S管理标准</td><td>30</td><td></td><td></td><td></td><td></td></tr>
<tr><td>知识</td><td>能借助信息化资源自主学习，理论联系实际，正确完成任务</td><td>30</td><td></td><td></td><td></td><td></td></tr>
</table>

续表

任务名称				总分		
姓名		学号		日期		
考核项目	考核内容	配分	自评 30%	互评 30%	师评 40%	得分
技能	布线合理，操作规范，未造成受伤或设备与元器件损坏、遗失，按时完成任务	40				

项目小结

(1) 反馈分为正反馈和负反馈，负反馈使系统更稳定，应用非常广泛。

(2) 如果反馈支路中只有交流电流，称为交流反馈；如果只有直流电流，则称为直流反馈；如果交流和直流都可以通过反馈支路，则称为交直流反馈。通常使用电容分离交、直流通道。

(3) 如果将输出电压设定为0，反馈信号消失，此反馈为电压反馈；如果将输出电流设定为0，反馈信号消失，此反馈为电流反馈。电压负反馈和电流负反馈是指电路输出端的反馈连接方式。

(4) 反馈支路与放大支路对输入信号分流，此反馈为并联反馈；反馈支路不与放大支路分流，输入信号电流按串联方式先后流过放大支路和反馈支路，此反馈为串联反馈。串联负反馈和并联负反馈是指电路输入端的反馈连接方式。

(5) 串联负反馈的输入电阻比开环输入电阻大；并联负反馈的输入电阻比开环输入电阻小。

(6) 电压负反馈能稳定输出电压，输出电阻近似为0；电流负反馈能稳定输出电流，输出电阻趋于无穷大。

(7) 引入负反馈会减小放大倍数，反馈越深放大倍数越小，深度负反馈的放大倍数只取决于反馈系数。

(8) 引入负反馈会使放大倍数更稳定，能降低系统内部的噪声和非线性带来的失真，对于原始信号本身的失真无能为力。

(9) 同相比例运算电路和反相比例运算电路是运放线性应用的典型基础电路，需注意适用场景。

(10) 运放在单电源应用时，需要考虑共模信号的影响和运放的动态范围。

课后练习

一、判断题

1. 引入负反馈将使输入电阻变大。(　　)

2. 同相比例放大电路引入了串联负反馈。(　　)

3. 引入负反馈将使放大倍数比开环放大倍数变小。(　　)

4. 引入电压负反馈将使输出电阻变小。(　　)

5. 引入串联负反馈将使输入电阻变大。(　　)

6. 引入负反馈对于非线性失真没有影响。(　　)

7. 并联负反馈减小输入电阻。(　　)

8. 引入电压负反馈将使输入电阻变小。(　　)

9. 电流负反馈的输出电阻比开环输出电阻大很多。(　　)

10. 负反馈可以展宽通频带。(　　)

二、选择题

1. 在晶体管放大电路中引入交流电压串联负反馈可以(　　)。

A. 稳定静态工作点　　B. 稳定输出电压

C. 稳定输出电流　　D. 降低输入电阻

2. 要想设计一个交流电流源，最好采用(　　)负反馈。

A. 交流电流　　B. 交流串联　　C. 直流电压　　D. 直流并联

3. 在运算放大电路中，引入深度负反馈的目的是(　　)。

A. 降低电路放大倍数稳定性　　B. 使运放工作在线性区

C. 使运放工作在非线性区　　D. 提高电路放大倍数

三、填空题

1. 要使放大电路的输入电阻减小、输出电阻增大，在放大电路中应引入________负反馈。

2. 微分电路能取出矩形波的________部分。

3. 积分电路使剧烈变化的信号变得________。

四、问答题

1. 稳定晶体管的静态工作点应引入什么样的反馈？

2. 前面学习的晶体管放大电路的电压放大倍数表达式中有电流放大系数 β，集成运放比例放大电路的电压放大倍数表达式里为什么没有运放的重要参数开环放大倍数？

3. 多级放大电路的通频带宽度比单级更宽还是更窄？引入负反馈之后呢？

4. 同相比例放大电路的输入电阻比集成运放的开环输入电阻大还是小？为什么？

5. 采用集成放大电路在什么情况下应考虑使用单电源供电？

6. 试用集成运放和若干电阻元器件设计一个电路，实现 $u_o=2u_{i1}+4u_{i2}+u_{i3}$ 的关系，各路最小输入电阻为 15kΩ，要求：

(1) 画出电路图；

(2) 计算各电阻值。

项目五

功率放大电路制作

项目目标

1. 知识目标

（1）了解功率放大器的含义；
（2）熟悉集成功率放大器的特点和使用方法；
（3）掌握 OCL 功率放大电路的结构和特点；
（4）掌握 OTL 功率放大电路的结构和特点。

2. 技能目标

（1）能识别集成功率放大器；
（2）能对简单电路进行故障判断；
（3）能对功率放大器参数进行测量；
（4）会对印制电路板（PCB）进行装接；
（5）熟练使用万用表和示波器；
（6）掌握仿真软件的使用方法，能对功率放大电路进行仿真；
（7）会使用面包板搭建电路。

3. 素养目标

（1）培养科学思维能力；
（2）锻炼工程实践能力；
（3）提升学习能力；
（4）强化工匠精神；
（5）提升信息化素养；
（6）培养协作精神和团队意识。

知识导图

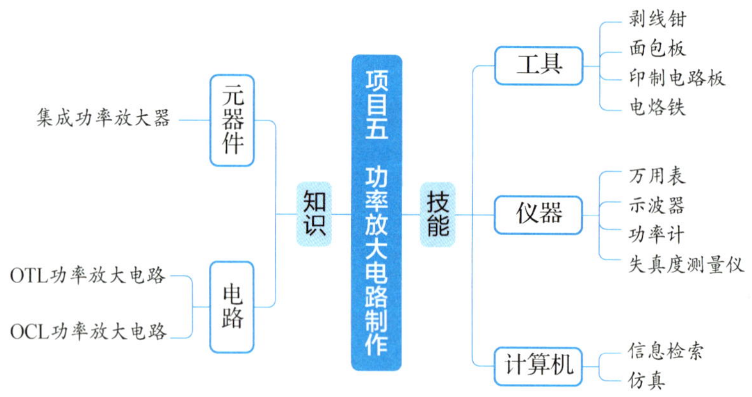

任务一 集成功率放大器

任务描述

功率放大器是直接驱动负载的电路，是系统输出级电路。随着集成电路技术的发展，集成功率放大器应用越来越多，集成功率放大器应用电路如图 5－1 所示。本任务要求会识别集成功率放大器，会对集成功率放大器进行仿真，会使用万用表、功率计和示波器对集成功率放大器进行测量。

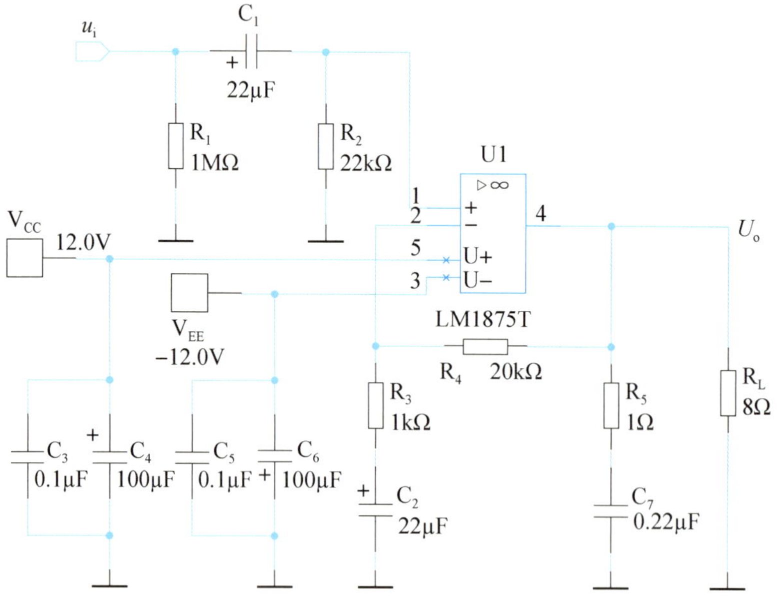

图 5－1 集成功率放大器应用电路

知识储备

知识1　功率放大电路

1. 功率放大器

对信号功率进行放大的电路称为功率放大器，简称功放。小信号放大器侧重于放大信号幅度，功率放大器侧重于放大信号功率。根据功率的定义式

$$P=UI \tag{5-1}$$

可知，放大信号的电压幅度、电流幅度或者同时放大电压和电流的幅度，这三种方法都可以提高信号的功率。小信号放大器显然也放大了信号的功率。只不过，多数场合下小信号放大器放大的是电压幅度非常小的信号，如微伏级或者毫伏级，把幅度放大到伏特级，也就是追求比较高的电压放大倍数；而功率放大器大多是在输入电压幅度比较大的情况下（伏特级），对电流进行放大，从而达到功率放大的目的。注意：这里的功率一律指的是交流信号的交流功率，直流分量的功率不包含传递的信息，不仅没有用处，反而会导致元器件过热等问题。

小信号放大器的功率在毫瓦级至瓦特级，一般不需要加散热片。功率放大器的功率在瓦特级至千瓦级，多数情况下需要加散热片，有时需要风冷散热，甚至需要用水或油作为冷却介质。

小信号放大器的电路元器件工作在线性区，信号小，元器件参数变化不明显。设备对小信号放大所要求的侧重点在于不失真，如果有失真，失真会被后级放大，因而影响较大。功率放大器的电压和电流幅度都很大，元器件线性区的参数变化也会变得比较明显，有时甚至为了追求高效率而使器件到达非线性区，所以失真是难免的。不过，功率放大器后面就是负载，少许失真不会被逐级放大，影响较小，另外，在高频时常采用选频网络以减少失真。因为功率放大器的动态范围大，元器件的非线性不能忽视，所以分析方法与小信号放大器有所不同。

小提示

小信号放大器常采用微变等效法进行分析，功率放大器常采用图解法进行分析。

小信号放大器和功率放大器的元器件有所不同，如今集成电路工业极为发达，小信号放大器多采用集成运放或专用半导体集成电路。但是半导体集成电路通常功率不够大，除部分小功率场合可以采用薄膜集成电路、部分较大功率场合采用厚膜集成电路外，很多大功率场合需要使用分立元器件的电路，常用的元器件是晶体管、场效应管等。

小提示

在大功率放大器中采用分立元器件的主要原因是个性化需求定制生产集成电路不经济。集成电路的功率主要受限于芯片面积和材料温度，只要芯片面积大，再配合良好的散热，集成电路的功率就可以满足绝大多数应用场景的需求。

2. 功率放大器的性能指标

功率放大器的性能指标有很多，主要包括输出功率、频率响应、失真度、工作效率、信噪比、输出阻抗等，其中以输出功率、频率响应、失真度和工作效率等指标为主。

额定输出功率（RMS）是指在一定的谐波失真指标内，功率放大器输出的最大功率。通常测量时输入频率为1 000Hz的正弦信号，测出等阻负载电阻上的电压有效值（U_o），此时功放的输出功率（P）可表示为

$$P=\frac{U_o^2}{R_L} \tag{5-2}$$

式中R_L为负载的阻抗。

这样得到的输出功率为平均功率。当输入信号逐渐增大时，功率放大器开始过载，谐波失真加大。谐波失真度为10%时的平均功率，称为额定输出功率，也称最大有用功率或不失真功率。

描述输出功率的技术指标除了额定输出功率，还有最大输出功率。最大输出功率不考虑失真大小，是功率放大器所能输出的最大功率，通常是额定功率的2倍。

频率响应是指功率放大器对信号各频率分量的均匀放大能力。在工作频率范围内，衡量频率响应曲线是否平坦（不均匀度）一般用分贝表示。例如，某功放的工作频率范围及其不均匀度表示为20Hz～20kHz，±1dB。

小提示

通常，相位畸变对功放来说并不是很重要，这是因为人耳对相位失真反应不是很灵敏。所以，一般音响设备功放所说的频率响应是指幅度频率响应。

失真是指重放的信号波形发生了不应有的变化。失真有谐波失真、互调失真、交叉失真、削波失真和瞬态失真等。

谐波失真是由功率放大器中元器件的非线性引起的，这种非线性会使声频信号产生许多新的谐波成分。其失真大小是以输出信号中所有谐波的有效值与基波电压的有效值之比的百分数来表示，谐波失真度越小越好。谐波失真还与频率和输出功率有关。目前，优质音频功率放大器在整个音频范围内的总谐波失真一般小于0.1%。

互调失真是指当功放同时输入两种或两种以上频率的信号时，由于放大器的非线性，在输出端会产生各频率之间的和频信号和差频信号。例如，200Hz的信号和600Hz的信号合在一起，就产生400Hz（差频信号）和800Hz（和频信号）这两个微弱的互调失真信号。

交叉失真又称交越失真，是由于功率放大器的乙类推挽放大器功放管的起始导通的非线性造成的，它也是造成互调失真的原因之一。

削波失真是功放元器件饱和时，信号被削波，输出信号幅度不能进一步增大而引起的一种非线性失真。

瞬态失真又称瞬态响应，是指功放瞬态信号的跟随能力。当瞬态信号作用于放大器时，若放大器的瞬态响应差，其输出就跟不上瞬态信号的变化，进而产生瞬态失真。功

率放大器的瞬态响应主要由放大器的频率范围决定，功放的通频带越宽，瞬态失真越小。

工作效率是衡量功率放大器的重要指标，工作效率越高，浪费的电能越少，散热问题越容易解决，移动设备有利于延长电池工作时间。工作效率的定义是用最大输出交流信号功率除以直流电源提供的总功率，即

$$\eta=\frac{P_{\text{om}}}{P_{\text{v}}} \tag{5-3}$$

3. 功率放大器的分类

按照元器件在工作时的导通状态，功率放大器常分为甲类（A 类）、甲乙类（AB 类）、乙类（B 类）、丙类（C 类）等几种。

甲类功率放大器的静态工作点 Q 设定在交流负载线的中点附近，晶体管在输入信号的整个周期内均导通。晶体管工作在特性曲线的线性范围内，所以失真较小。该功率放大器电路简单，调试方便。其缺点是晶体管功耗大，效率普遍不高，即使在理想情况下，效率最高也只有 50%。共射放大电路和共基放大电路工作在大信号的情况下，可以称为甲类功率放大电路。目前，甲类功率放大器应用较少，主要用在对失真度或通频带要求高的场合。

小提示

衡量晶体管导通时间的参数称为导通角，它以信号周期 360°为基准，用晶体管导通工作时间占信号周期的比例来确定。例如，信号在整个信号周期都导通工作，导通角为 360°；信号在信号周期一半时间导通工作，导通角为 180°。有时候会用半导通角表示晶体管导通时间，半导通角等于导通角的一半。

乙类功率放大器采用两个晶体管推挽工作，每个晶体管导通的时间只有甲类功率放大器的一半，当没有信号输入时，输出端几乎不消耗功率。乙类功率放大器的优点是效率较高（理想情况下达到 78.5%），但是因晶体管会经过非线性区域，所以交越失真较大。单纯的乙类功率放大器应用也不多，在乙类放大器基础上改进的甲乙类功率放大器应用较多。

甲乙类功率放大器的主要结构与乙类功率放大器类似，但是晶体管的导通时间稍长于半周期，介于甲类和乙类之间，必须用两个晶体管推挽工作。甲乙类功率放大器可以避免交越失真，可以抵消偶次谐波失真，具有晶体管功耗较小、效率较高的特点，在实际中得到了广泛应用。

丙类功率放大器中晶体管的导通时间短于半周期，比乙类还短，只用一个晶体管，所以会有非常大的失真，必须使用选频网络来减小失真，因此，丙类功率放大器是窄带功率放大器。因为通频带很窄，所以丙类功率放大器不适合用于音频放大等低频电路，通常用于无线电发射机等高频电路。丙类功率放大器的优点是效率高，效率能够达到 90%以上。

按照功率放大器与负载耦合方式，功率放大器可以分为变压器耦合功率放大器、阻

容耦合（Output Transformer Less，OTL）功率放大器和直接耦合（Output Capacitor Less，OCL）功率放大器三种。传统功率放大器以变压器耦合为主，现在采用阻容耦合或直接耦合已经成为主流。

小提示

功率放大器与负载耦合方式和多级放大电路的耦合方式并无本质区别，光电耦合不适合大功率信号传输。

知识 2 集成功率放大器简介

在较小功率的场合，集成功率放大器的应用越来越广泛，如 LM386、LA4100、LM1875 和 TDA2030 等。LM386 为低电压音频功率放大器，输出功率可达 1W（LM386N－4），具有宽电源、低功耗、增益可调（20～200 倍）等优点，LM386 的外观和引脚排列如图 5－2 所示。

（a）外观

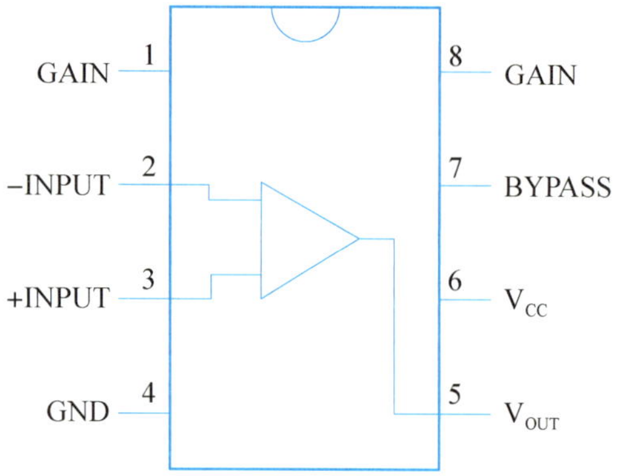

（b）引脚排列

图 5－2 LM386 的外观和引脚排列

在 LM386 内部的 1 脚（GAIN）和 8 脚（GAIN）之间有 1 个负反馈电阻，当 1 脚和 8 脚的引脚开路时，负反馈最深，放大倍数最小，$A_{umin}=20$。在 1 脚和 8 脚中接 10μF 电容时，交流信号通过电容旁路，负反馈消失，放大倍数最大，$A_{umax}=200$。图 5－3 中接在 1 脚和 8 脚间的电容 C_2 和电位器 R_2 是调整增益的电路，调节 R_2 可以使增益在 20～200 倍变化。当 1 脚和 8 脚的引脚开路时，通频带宽度为 300kHz。

图 5－3 中的 C_1 是耦合电容，用于隔断直流分量。电位器 R_1 相当于音量旋钮，用来调节总输出的幅度大小。LM386 的 2 脚（－INPUT）是反相输入端，3 脚（＋INPUT）是同相输入端，可以方便地对差模信号进行放大。5 脚（V_{OUT}）是输出端，单电源供电时，LM386 内部是 OTL 结构，C_4 起到存储电能的作用，所以容量很大。R_3 和 C_3 的作用是防止自激振荡，消除高频干扰。7 脚（BYPASS）所接的 C_5 是旁路电容，起到滤除噪声的作用。

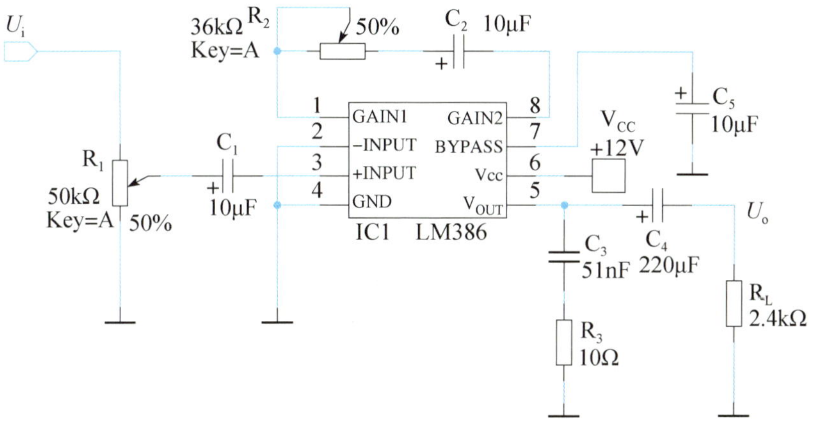

图 5-3　LM386 典型应用电路

集成功放 LM1875 的最大输出功率可达 30W，增益带宽积达到 5.5MHz，开环电压增益达到 90dB，外围电路简单，有完善的过载保护功能。LM1875 的外观和引脚排列如图 5-4 所示。

（a）外观

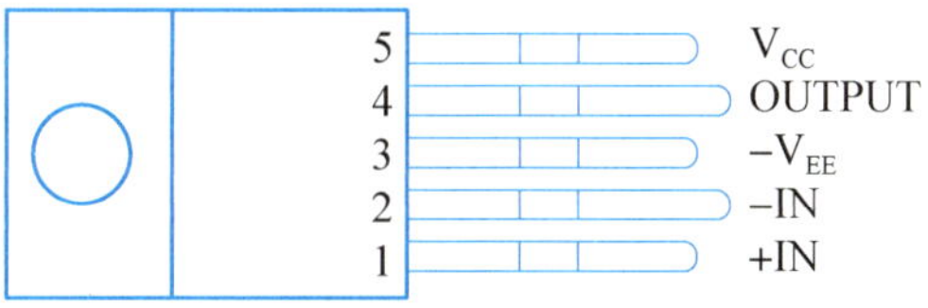

（b）引脚排列

图 5-4　LM1875 的外观和引脚排列

LM1875 的电路与集成运放基本一样，图 5-5 为双电源应用电路，图中 R_1 和 C_1 用于消除和隔离直流（极低频）的噪声，R_2 为平衡电阻，R_3、R_4 和 C_2 构成了交流负反馈，交流电压放大倍数为 20 倍。R_5 和 C_7 将高频对地短路，用来防止 LM1875 发生自激振荡。R_L 为负载。C_3、C_4、C_5 和 C_6 是电源滤波电路，大电容用于低频信号滤波，小电容用于高频信号滤波。

图 5-6 为 LM1875 单电源应用电路，R_6 和 R_7 对电源 V_{CC} 分压，通过 R_2 提供给同相输入端一个直流参考电压，C_9 对这个直流参考电压进行滤波，与运放的单电源应用类似。C_8 不仅有隔直作用，更主要的是作为储能元器件。其他元器件的功能与图 5-5 相同，不赘述。

课堂讨论

功率放大器可以使用的散热器有哪些种类？各有什么特点？

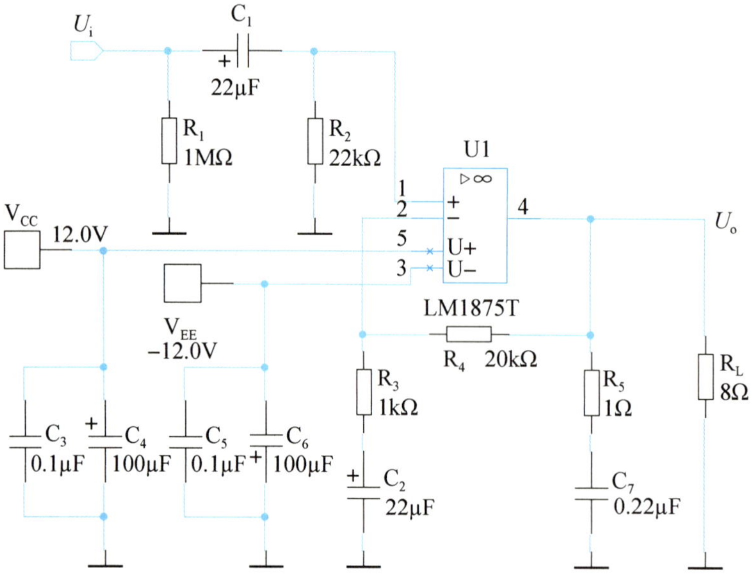

图 5-5　集成功放 LM1875 双电源应用电路

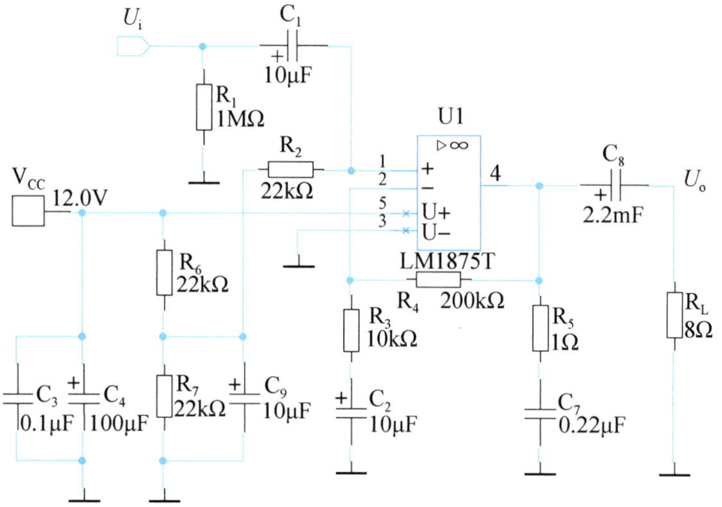

图 5-6　LM1875 单电源应用电路

任务实施

任务实施

一、仿真

视频

5-1　集成功率放大电路仿真

（1）用仿真软件分别绘制 LM1875 双电源仿真电路图和单电源仿真电路图，输入端接函数发生器，输出端接示波器。

（2）运行仿真，用示波器观察输入、输出波形关系。用万用表或示波器测量电压放大倍数。

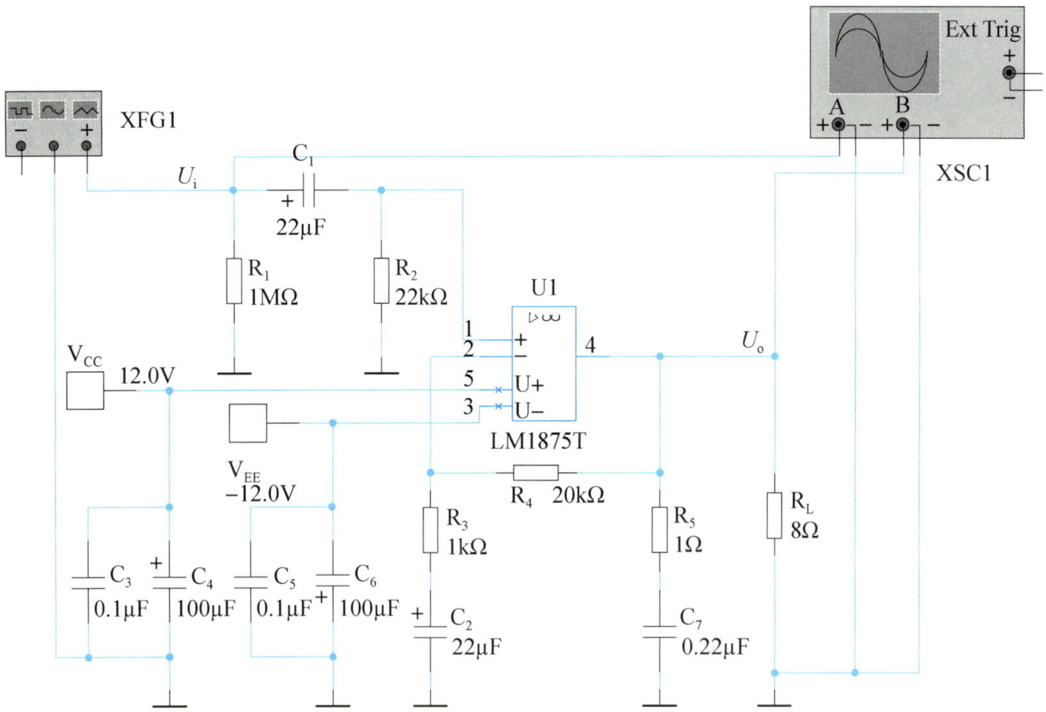

LM1875 双电源仿真电路图

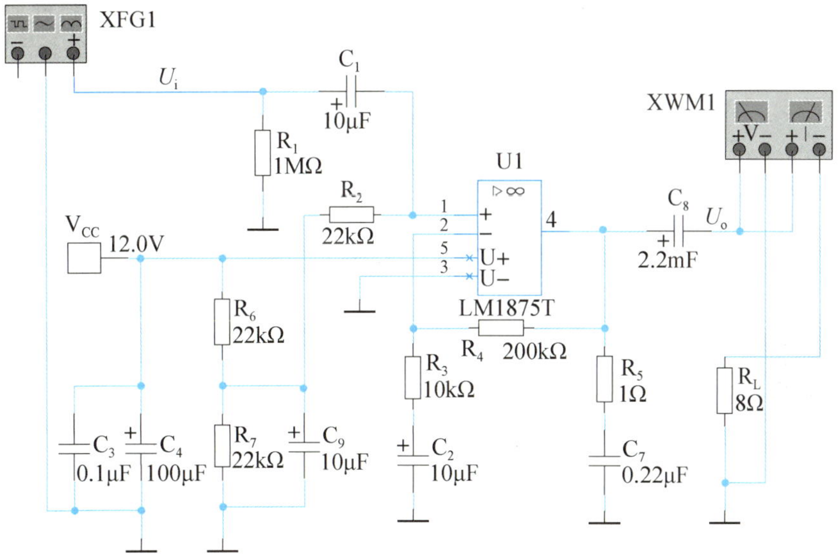

LM1875 单电源仿真电路图

（3）利用功率计测量输入、输出信号功率，计算功率放大倍数。

（4）调整输入信号的频率和幅度，观察输入、输出波形变化，测量电压放大倍数，测量输入、输出信号功率，计算功率放大倍数。

（5）改变电路中各元器件的参数，观察输入、输出波形变化，测量电压放大倍数和功率放大倍数。

（6）汇总分析仿真结果，撰写仿真总结报告。

视频

5-2　集成功率放大电路 LM386

二、准备工作

工具和材料清单如下表所示。

工具和材料清单

	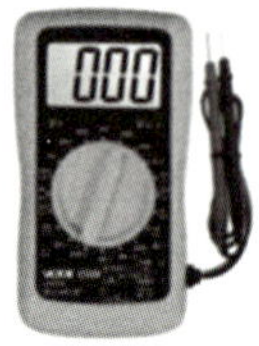	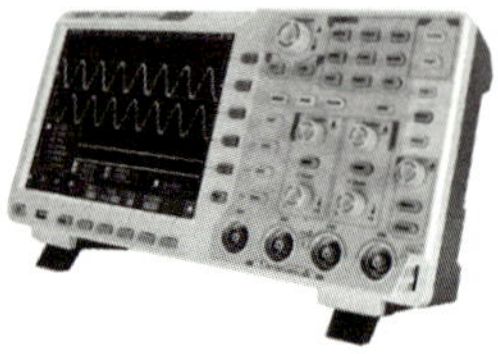
LM386 集成功放	万用表	示波器
	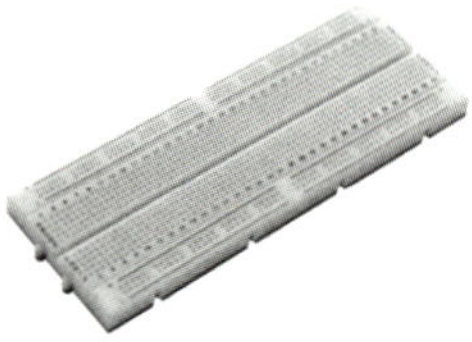	
导线	面包板	剥线钳
	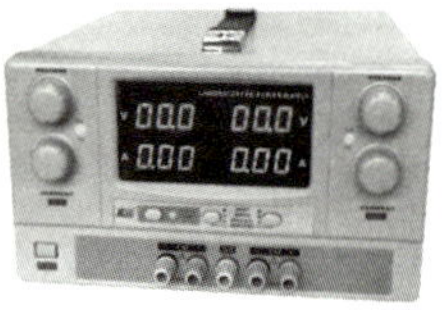	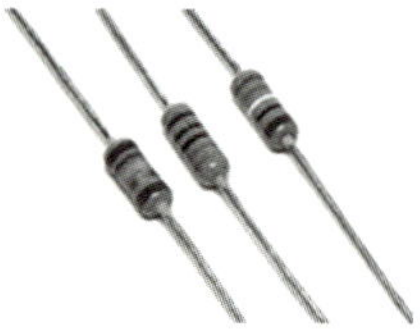
信号源	直流稳压电源	10Ω 电阻

高频毫伏表	10μF、220μF 电容	51nF 电容

36kΩ、50kΩ 电位器		

三、实施记录

1. 拟订测试方案

测试方案拟订表

序号	测试项	测试方案（含电路图）	简述理由
1	功率放大电路	（1）万用表测试； （2）示波器测试； （3）高频毫伏表测试	

2. 设备和元器件识别与检测过程记录

设备和元器件识别与检测过程记录表

序号	设备和元器件	识别与检测过程实施记录	识别与检测结果
1	集成功放		
2	信号源		
3	示波器		
4	高频毫伏表		
5	直流稳压电源		

3. 电路装接过程记录

电路装接过程记录表

序号	电路	装接过程记录	初测结果（是否正常）
1	功率放大电路		

4. 测量结果与分析

测量结果与分析表

序号	电路	测量结果	计算值	分析
1	功率放大电路			

四、总结与评价

填写任务评价表，简单总结任务完成过程及心得体会。

任务评价表

任务名称				总分		
姓名		学号		日期		
考核项目	考核内容	配分	自评 30%	互评 30%	师评 40%	得分
素质	遵守实验室规章制度，与同学和谐协作，执行 5S 管理标准	30				
知识	能借助信息化资源自主学习，理论联系实际，正确完成任务	30				
技能	布线合理，操作规范，未造成受伤或设备与元器件损坏、遗失，按时完成任务	40				

任务二 OCL 功率放大电路制作

任务描述

OCL 功率放大电路是典型的直接耦合功率放大电路，在集成电路内部尤为常见。本任务要求制作 OCL 功率放大电路，会用仿真软件对 OCL 功率放大电路进行仿真，能合理选择电路参数，设计 OCL 功率放大电路（见图 5－7），识别和测试电路元器件，根据原理图搭建实际电路，使用万用表和示波器测量电路参数，会调试电路。

知识储备

知识　OCL 功率放大电路

OCL 功率放大电路是无输出电容的乙类功率放大电路，OCL 电路的基本模型如图 5－8 所示。图中核心元器件是两个晶体管，NPN 晶体管 Q_1 负责放大输入信号 U_i 的正半周，PNP 晶体管 Q_2 负责放大负半周。两个晶体管的输出合起来可以在负载 R_L 上得到完整的信号波形，为此，OCL 电路需要采用双电源供电。两个晶体管都构成共集放大电路形式，具有电流放大功能，但是不具备电压放大功能。

视频

5－3　OCL 功率放大电路

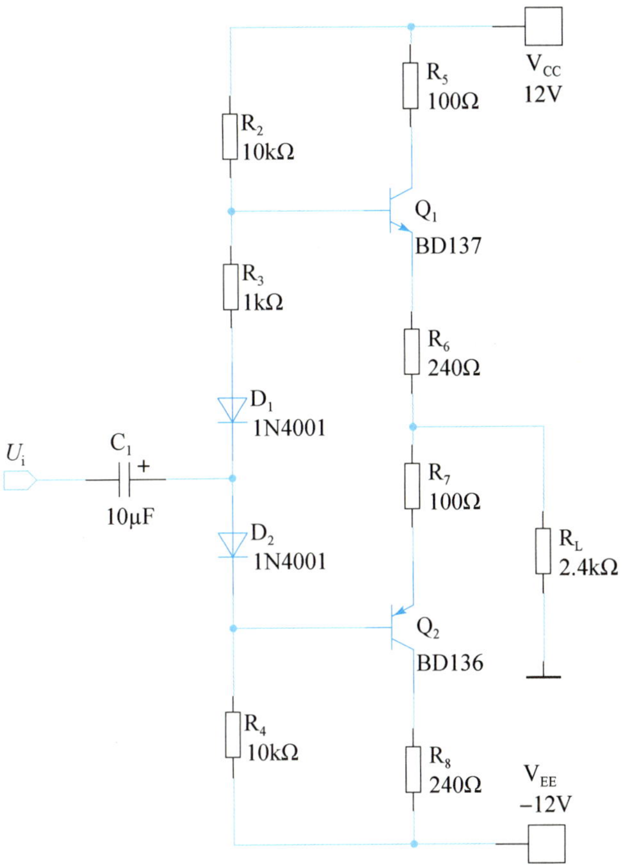

图 5-7　OCL 功率放大电路

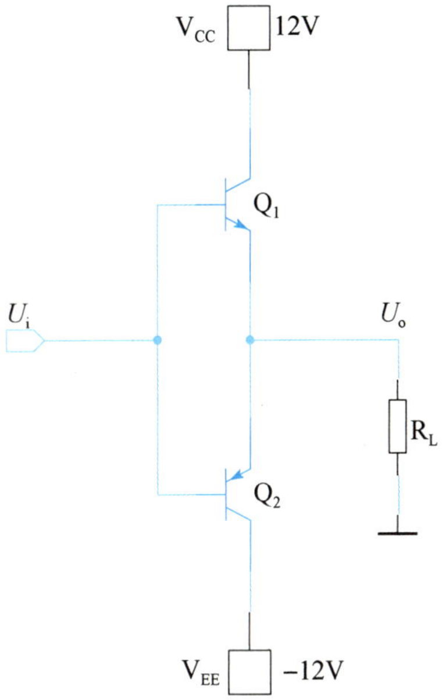

图 5-8　OCL 电路的基本模型

U_i 在正半周从小变大时，突破晶体管 Q_1 死区电压，形成基极电流，集电极电流从 V_{CC} 经集电极流过晶体管 Q_1 后，从发射极流出晶体管，通过负载电阻 R_L 流入地。

U_i 在正半周从大变小时，若小于晶体管 Q_1 死区电压，则基极电流消失，集电极电流也消失，负载电阻 R_L 上没有电流。

U_i 在正半周时，晶体管 Q_2 一直都是截止的。U_i 在负半周时，工作过程与正半周相反，晶体管 Q_2 导通，晶体管 Q_1 截止。

OCL 功率放大电路所能输出的最大功率为

$$P_o = IU \tag{5-4}$$

正弦波有效值和幅值的关系为

$$I_m = \sqrt{2} I \tag{5-5}$$

所以

$$P_o = \frac{I_m}{\sqrt{2}} \frac{U_m}{\sqrt{2}} = \frac{1}{2} I_m U_m \tag{5-6}$$

晶体管饱和时，负载 R_L 上的电压为 $V_{CC}-U_{CES}$（U_{CES} 为晶体管饱和管压降），则负载上的功率

$$P_o=\frac{1}{2}I_mU_m=\frac{1}{2}\frac{U_m^2}{R_L}=\frac{1}{2}\frac{(V_{CC}-U_{CES})^2}{R_L} \tag{5-7}$$

由于 U_{CES} 较小，若忽略不计，则

$$P_o\approx\frac{1}{2}\frac{V_{CC}^2}{R_L} \tag{5-8}$$

直流电源提供的功率为两个晶体管和负载的功率之和。由于采用双电源，所以电源总功率为每个电源功率的 2 倍。单个电源的功率为

$$P_{v1}=V_{CC}I_1 \tag{5-9}$$

式中 I_1 为单个电源在整个周期内的平均值。

$$I_1=\frac{1}{2\pi}\int_0^{\pi}I_m\sin(\omega t)\mathrm{d}(\omega t) \tag{5-10}$$

两个电源的总功率为

$$P_v=2V_{CC}I_1=2V_{CC}\frac{I_m}{\pi} \tag{5-11}$$

效率为

$$\eta=\frac{P_o}{P_v}=\frac{\frac{1}{2}I_m(V_{CC}-U_{CES})}{2V_{CC}\frac{I_m}{\pi}} \tag{5-12}$$

化简可得

$$\eta=\frac{\pi}{4}\frac{V_{CC}-U_{CES}}{V_{CC}}\approx 78.5\% \tag{5-13}$$

因此，OCL 功率放大器的最高效率约为 78.5%。

通过前面的分析可知，OCL 功率放大器属于乙类放大器，工作效率较高。OCL 功率放大电路最大的问题就是输入信号 U_i 在 $-0.5\text{V}\sim+0.5\text{V}$ 时，两个晶体管都截止，这导致了不小的失真，称为交越失真（或交叉失真），波形如图 5－9 所示。

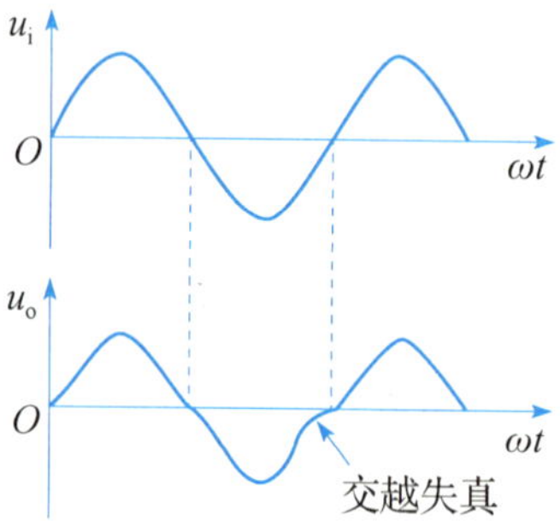

图 5－9　交越失真

为了克服交越失真，实际的 OCL 功率放大电路改进如图 5－10 所示。图中 $R_2\sim R_8$ 为直流偏置电阻，D_1 和 D_2 也是起到直流偏置作用。有了直流偏置电阻和 D_1、D_2，两个晶体管 Q_1 和 Q_2 一直处于微导通状态，功率放大器就工作

在甲乙类状态，减少了失真，工作效率也比乙类放大器低一些。晶体管 Q_1 和 Q_2 除了一个是 NPN，另一个是 PNP，两个晶体管的参数应该尽可能一样，如果条件允许，尽量采用对管，有利于减少失真。

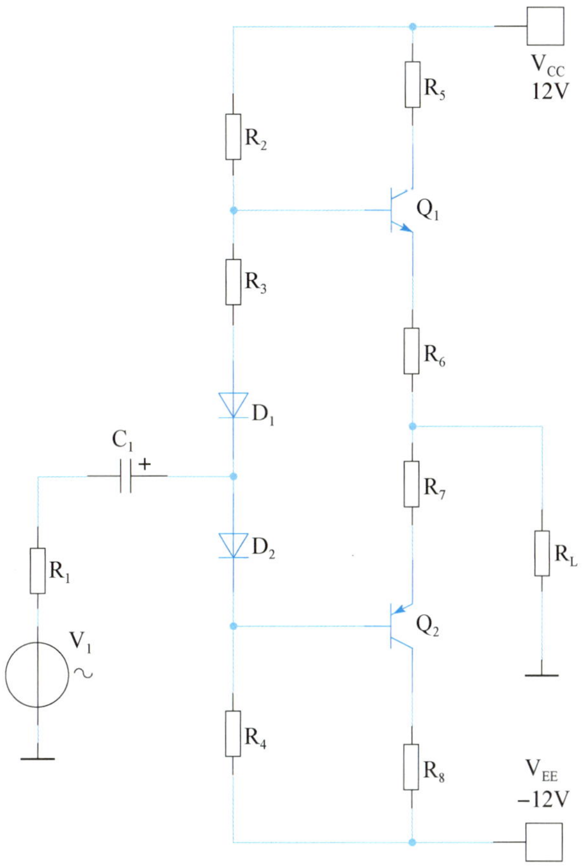

图 5-10　克服交越失真的 OCL 功率放大电路

采用二极管消除交越失真后，OCL 功率放大电路信号波形如图 5-11 所示，上面的波形为输入信号波形，下面的波形为输出信号波形，通过对比可以知道信号失真不大，输出电压幅度略小，电路主要通过电流放大实现功率的增加。

课堂讨论

图 5-12 为 LM386 数据手册给出的内部电路原理，试分析其输出级的工作原理。

素养提升

“解铃还须系铃人”，PN 结带来的失真，还用 PN 结弥补，这是一种解决问题的思路。

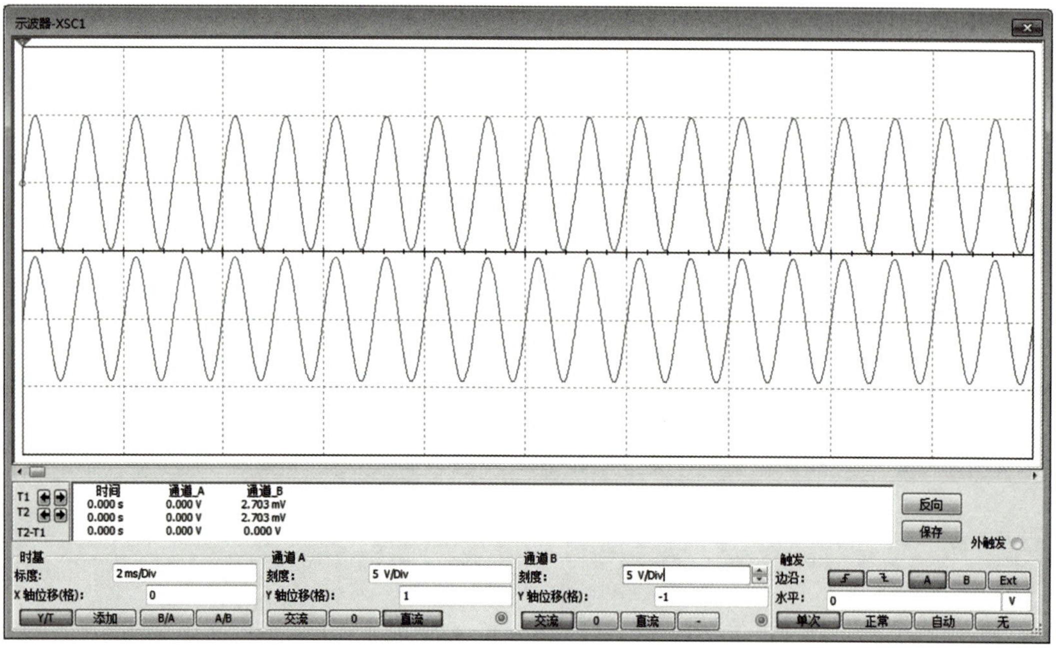

图 5－11 OCL 功率放大电路信号波形

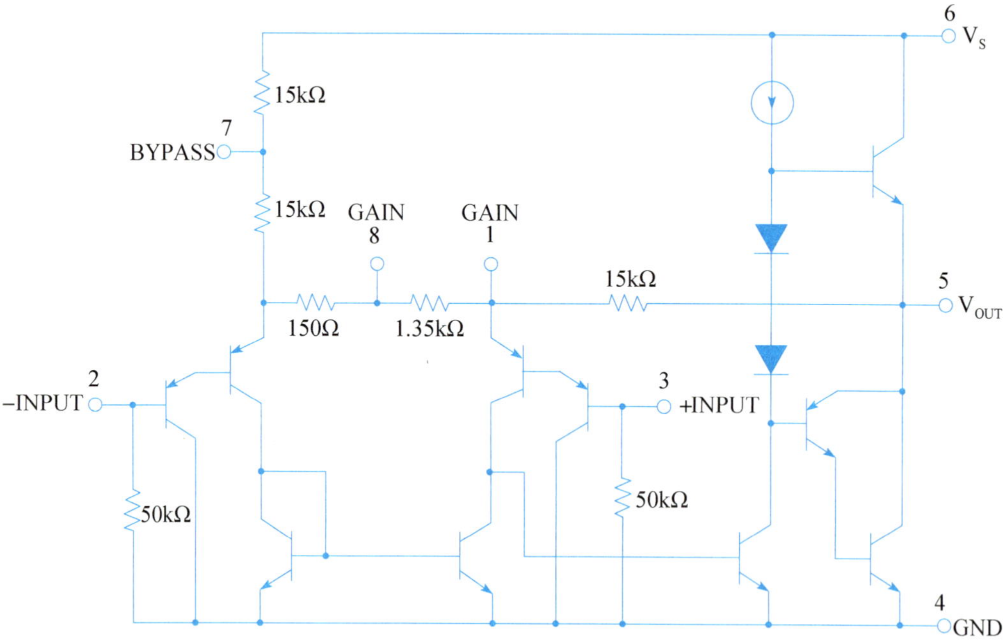

图 5－12 LM386 内部电路原理

视频

5-4 OCL 功率放大电路仿真

任务实施

一、仿真

(1) 用仿真软件绘制 OCL 功率放大电路。图中 XDA1 为失真分析仪，XSC1 为示波器。

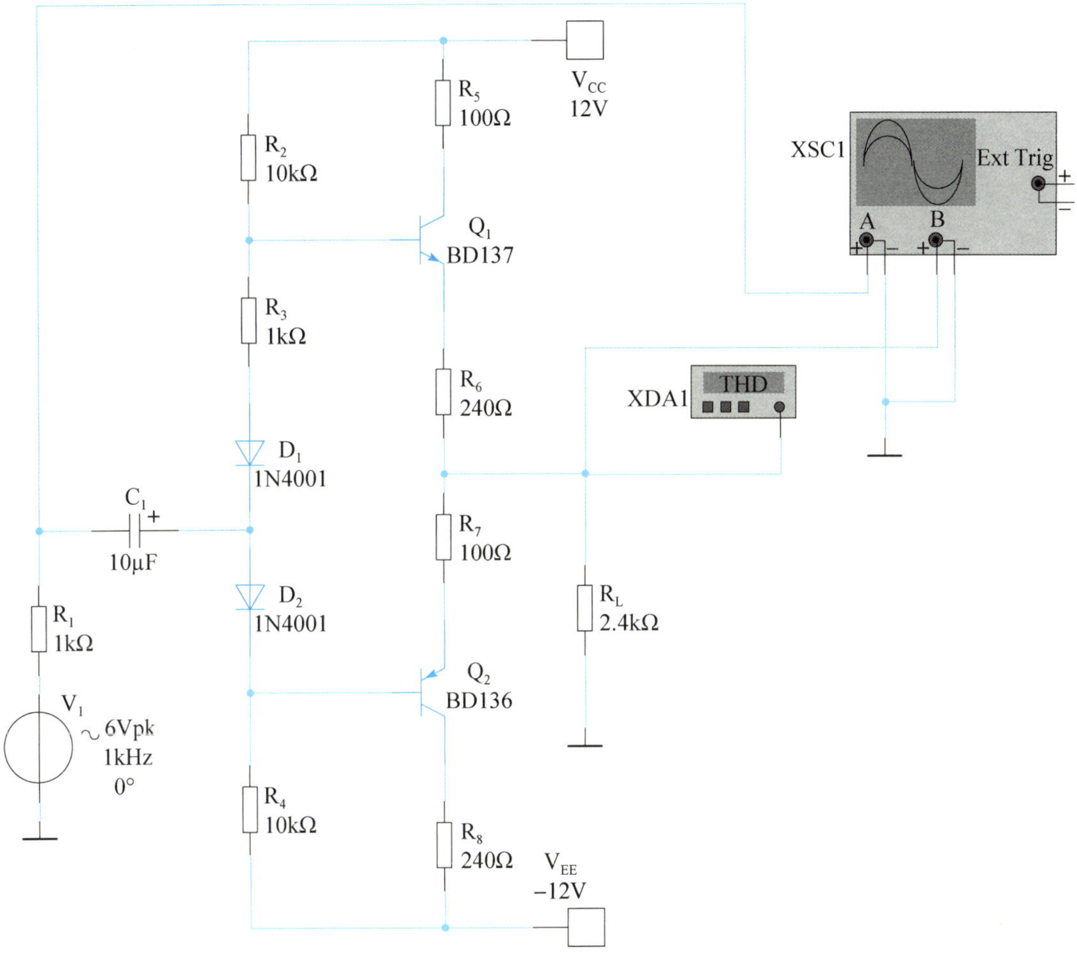

OCL 功率放大电路仿真图

(2) 将信号源 V_1 设置成振幅 6V、频率 1kHz 的正弦波。运行仿真，用示波器观察输入、输出信号波形，用失真分析仪测量失真度，用瓦特计测量输入、输出功率和电源总功率，计算效率。

(3) 改变输入源的幅度和频率，重复运行仿真，用示波器观察输入、输出信号波形，用失真分析仪测量失真度，用瓦特计测量输入、输出功率和电源总功率，计算效率。

(4) 改变负载电阻 R_L 的大小，重复运行仿真，用示波器观察输入、输出信号波形，用失真分析仪测量失真度，用瓦特计测量输入、输出功率和电源总功率，计算效率。

(5) 汇总分析仿真结果，撰写仿真总结报告。

二、准备工作

工具和材料清单如下表所示。

工具和材料清单

		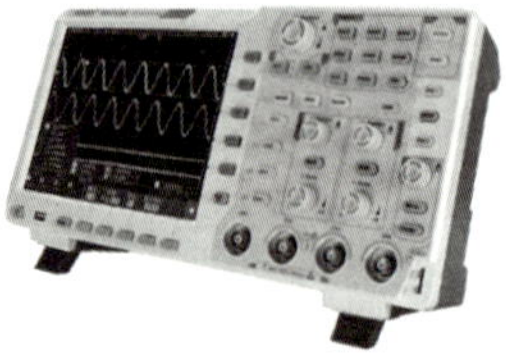
BD136、BD137 晶体管	万用表	示波器
	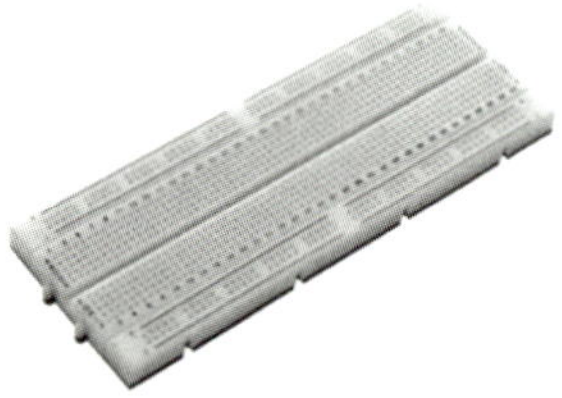	
导线	面包板	剥线钳
	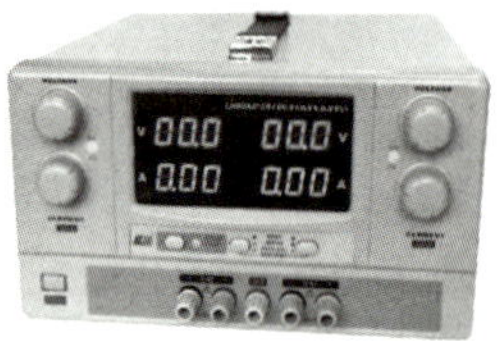	
信号源	直流稳压电源	100Ω、240Ω 1kΩ、10kΩ、30kΩ 电阻

高频毫伏表	1N4001 二极管	

三、实施记录

1. 拟订测试方案

测试方案拟订表

序号	电路	测试方案（含电路图）	简述理由
1	OCL 功率放大电路	（1）万用表测试； （2）示波器测试； （3）高频毫伏表测试	

2. 设备和元器件识别与检测过程记录

设备和元器件识别与检测过程记录表

序号	设备和元器件	识别与检测过程实施记录	识别与检测结果
1	晶体管		
2	二极管		
3	示波器		
4	高频毫伏表		
5	直流稳压电源		
6	信号源		

3. 电路装接过程记录

电路装接过程记录

序号	电路	装接过程记录	初测结果（是否正常）
1	OCL 功率放大电路		

4. 测量结果与分析

测量结果与分析表

序号	测量项	测量结果	计算值	分析
1	OCL 功率放大电路			

四、总结与评价

填写任务评价表，简单总结任务完成过程及心得体会。

任务评价表

任务名称			总分			
姓名		学号		日期		
考核项目	考核内容	配分	自评 30%	互评 30%	师评 40%	得分
素质	遵守实验室规章制度，与同学和谐协作，执行 5S 管理标准	30				
知识	能借助信息化资源自主学习，理论联系实际，正确完成任务	30				

续表

任务名称				总分		
姓名		学号		日期		
考核项目	考核内容	配分	自评 30%	互评 30%	师评 40%	得分
技能	布线合理，操作规范，未造成受伤或设备与元器件损坏、遗失，按时完成任务	40				

任务三 OTL 功率放大电路制作

任务描述

OTL 功率放大电路是阻容耦合功率放大电路，在单电源供电情况下得到了广泛应用。本任务为制作 OTL 功率放大电路，要求会用仿真软件对 OTL 功率放大电路进行仿真，能合理选择电路参数，设计 OTL 功率放大电路（见图 5－13），识别和测试电路元器件，根据原理图搭建实际电路，使用万用表和示波器测量电路参数，会调试电路。

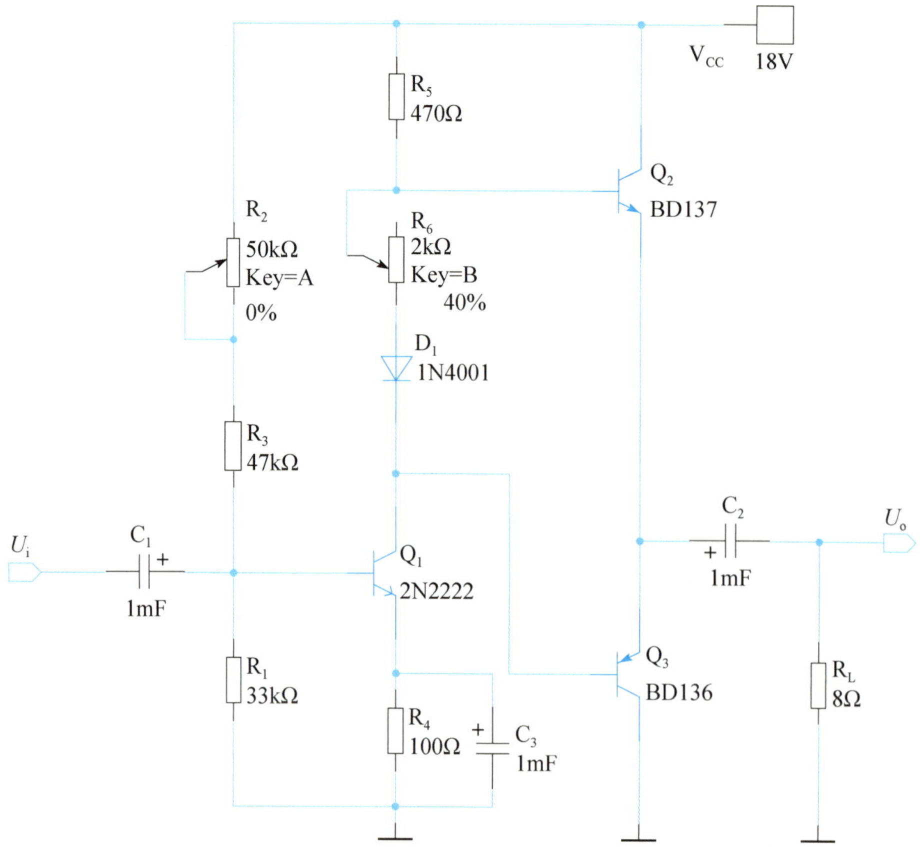

图 5－13 OTL 功率放大电路

知识储备

知识 OTL 功率放大电路

OTL 功率放大电路是无输出变压器的功率放大电路，它与 OCL 电路结构基本相同，不同之处在于 OTL 采用单电源供电，输出端采用电容耦合，OTL 电路的基本模型如图 5－14 所示。

视频
5－5 OTL 功率放大电路

OTL 功率放大电路和 OCL 功率放大电路的工作过程类似，在 U_i 正半周，晶体管 Q_1 导通，晶体管 Q_2 处于截止状态，电流从电源 V_{CC} 经晶体管向电容 C_1 充电，充电电流经负载 R_L 流入地里。

在 U_i 负半周，晶体管 Q_2 导通，晶体管 Q_1 处于截止状态，电容 C_1 放电，电流从电容 C_1 正极经晶体管 Q_2、地和负载 R_L 回到电容负极。

电容 C_1 在电路中扮演了电源的角色，同时还起到隔离直流的作用，是个非常重要的元器件。为了有足够的储能，C_1 通常比较大，一般使用电解电容。

由于 OTL 功率放大电路只有一个电源，总电源电压比 OCL 功率放大电路的总电源电压低一半，如果想要得到同样的输出信号功率，两者的总电源电压应该相等。图 5－14 中最大输出功率为

$$P_o \approx \frac{1}{8}\frac{V_{CC}^2}{R_L} \qquad (5-14)$$

OTL 功率放大器效率与 OCL 功率放大器相同。

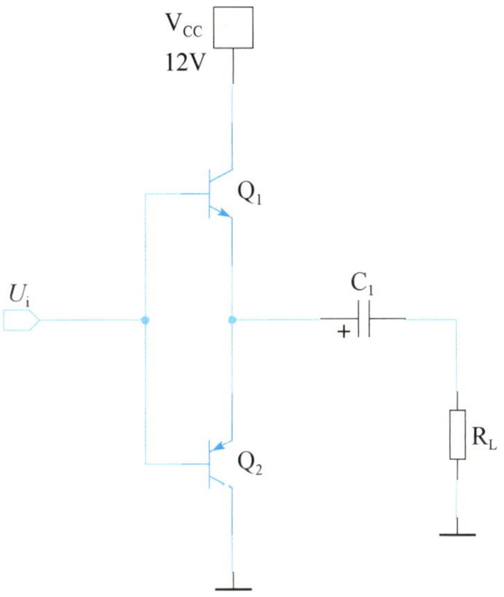

图 5－14 OTL 电路的基本模型

OTL 功率放大器与 OCL 功率放大器一样有交越失真的问题。实用的 OTL 功率放大电路如图 5－15 所示。电位器 R_2，电阻 R_3、R_4、R_7，电容 C_2 和晶体管 Q_1 组成共射放大电路，主要进行信号电压放大，称为功率放大器的前置放大级（也称推动级）。电阻 R_5、R_6，二极管 D_1，晶体管 Q_2、Q_3 组成互补推挽 OTL 功放电路，晶体管 Q_2、Q_3 是一对参数对称的 NPN 和 PNP 型晶体管。

晶体管 Q_1 工作于甲类状态，工作状态由电位器 R_2 进行调节。调节 R_6，可以使 Q_2、Q_3 得到合适的静态电流而工作于甲乙类状态，以克服交越失真。

OTL 功率放大电路信号波形如图 5－16 所示。上面的波形为输入信号，下面的波形为输出信号。通过对比可以看到输出与输入反相，输出电压比输入电压高很多倍，这主要是由前置放大级 Q_1 造成的。

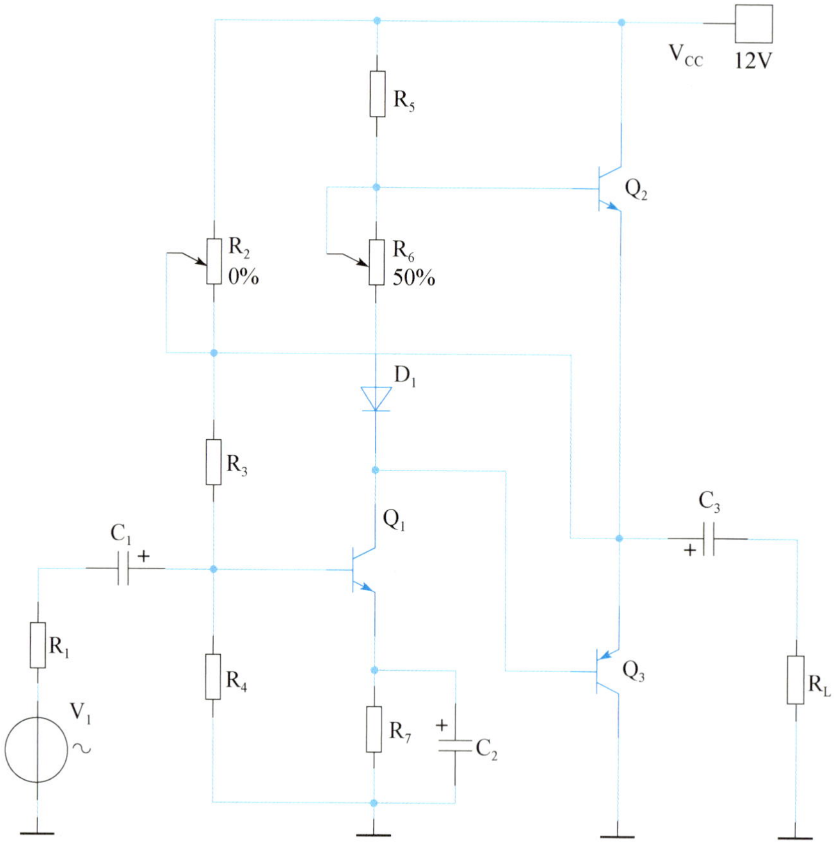

图 5-15　实用的 OTL 功率放大电路

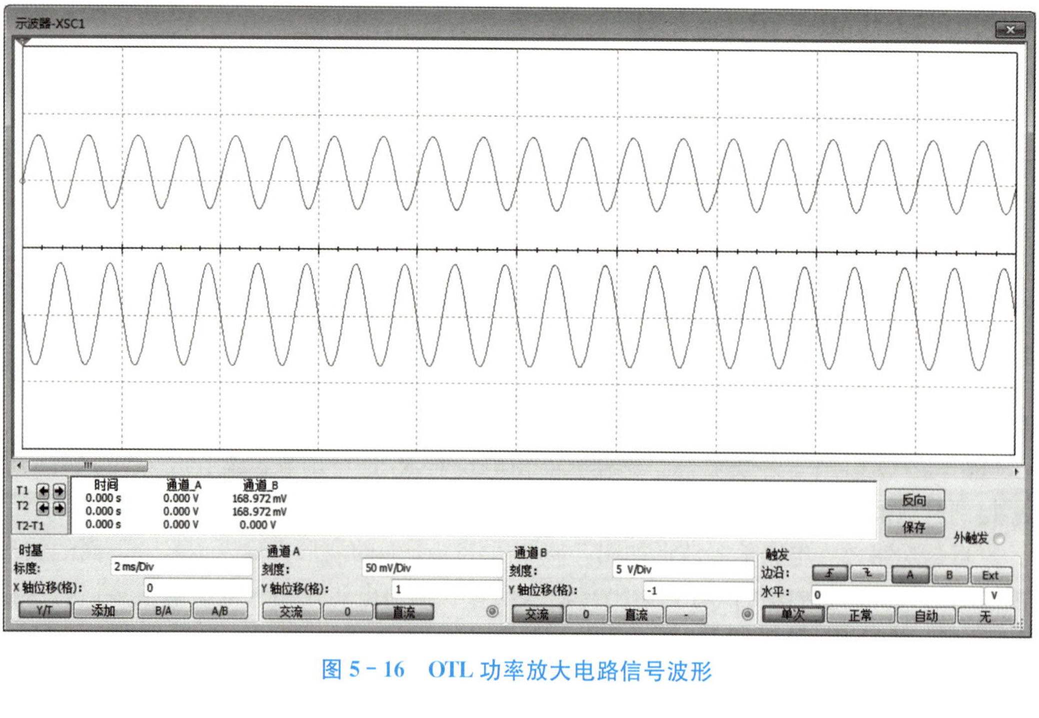

图 5-16　OTL 功率放大电路信号波形

小提示

很多集成功率放大器既可以双电源工作，又可以单电源工作，双电源工作时采用 OCL 模式，单电源工作时采用 OTL 模式。

任务实施

视频

5-6 OTL 功率放大电路仿真

一、仿真

（1）用仿真软件绘制 OTL 功率放大电路。图中 XDA1 为失真分析仪，XSC1 为示波器，XBP1 为波特测试仪。

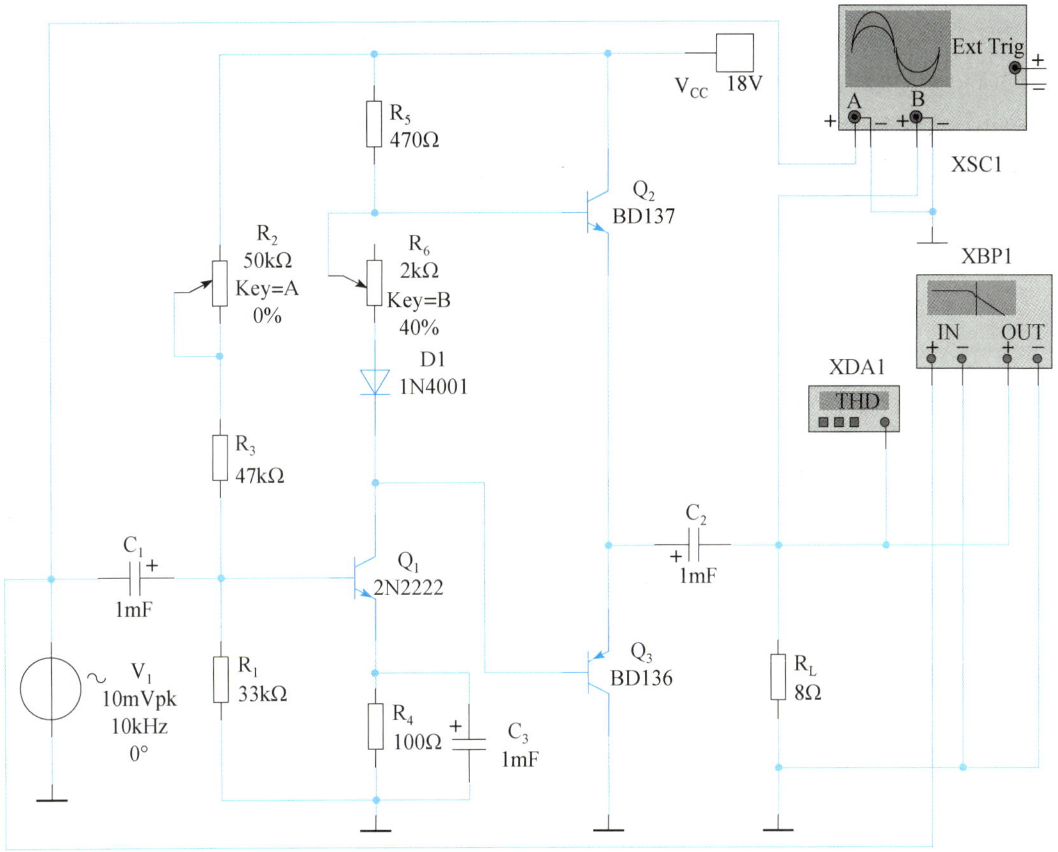

OTL 功率放大电路仿真图

（2）运行仿真，用示波器观察输入、输出波形，测试电路通频带宽度，测试失真度，测量电压放大倍数，测量负载 R_L 上的功率。

（3）调节电位器 R_6，用示波器观察波形，用失真分析仪观察失真度的变化。当电位器 R_6 阻值调节到最小时，可以观察到交越失真的波形。

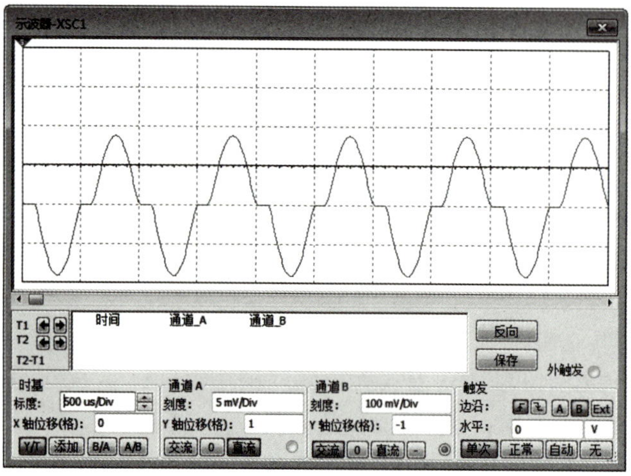

交越失真的波形

（4）上述 OTL 功率放大电路通频带不能覆盖较低的频率，在 1kHz 以下电压放大倍数较小，失真较大，可以采用负反馈展宽通频带，下图中 R_4 是直流负反馈，R_7 既是直流负反馈，也是交流负反馈。交流负反馈的引入减小了放大倍数，展宽了通频带。

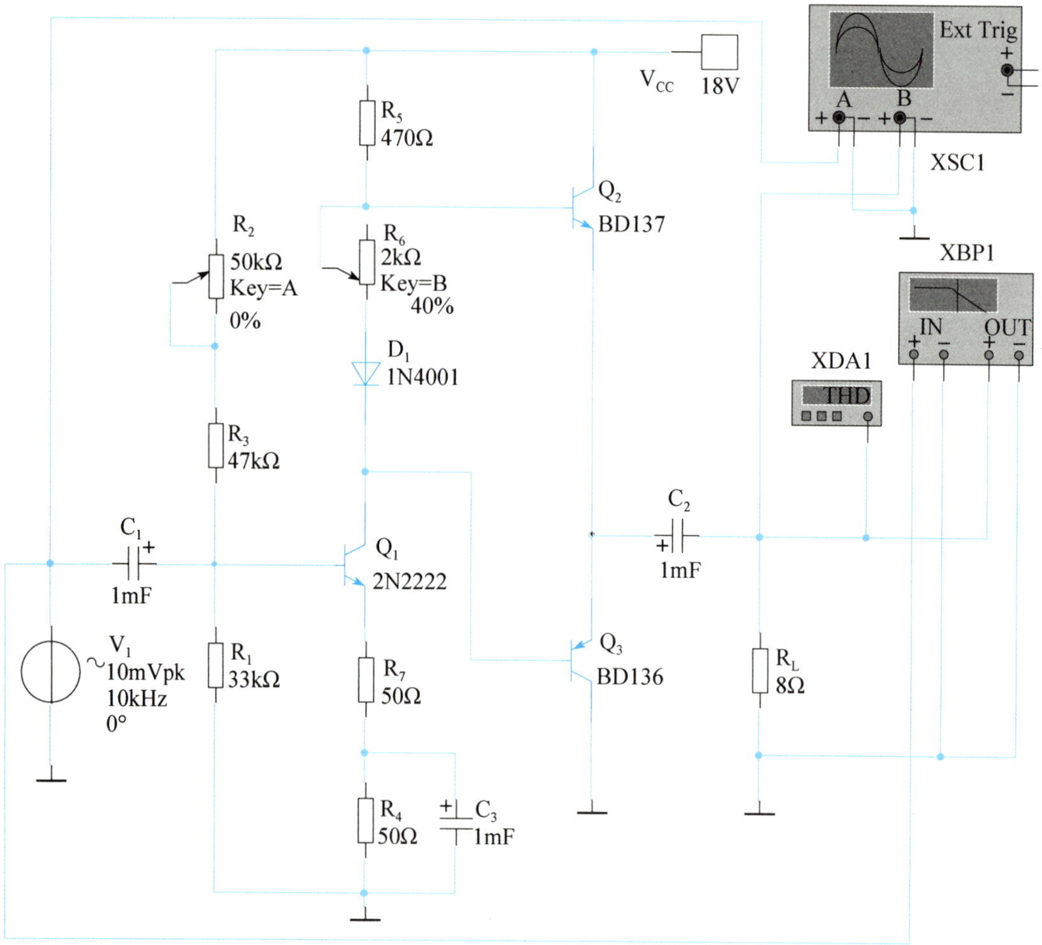

负反馈展宽通频带

（5）汇总分析仿真结果，撰写仿真总结报告。

二、准备工作

工具和材料清单如下表所示。

工具和材料清单

		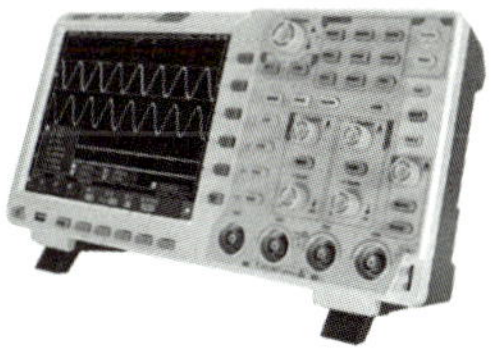
BD136、BD137 晶体管	万用表	示波器

导线	面包板	剥线钳
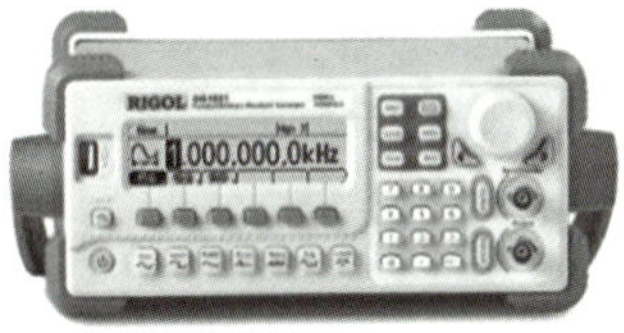	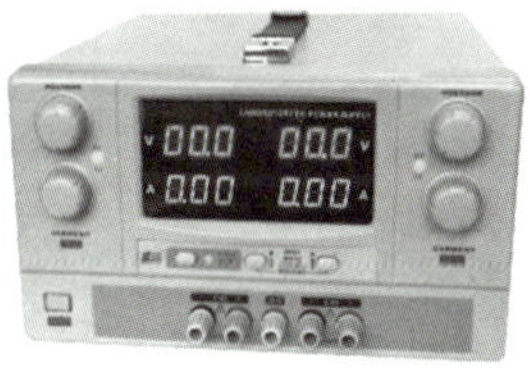	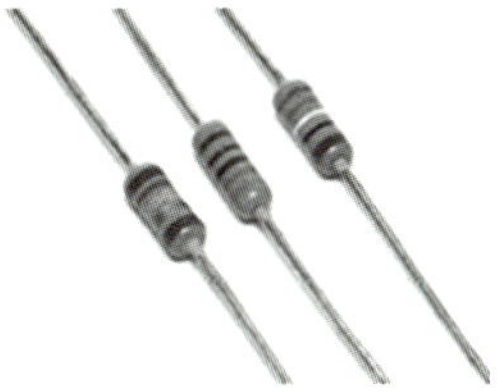
信号源	直流稳压电源	50Ω、150Ω、470Ω 33kΩ、47kΩ 电阻
	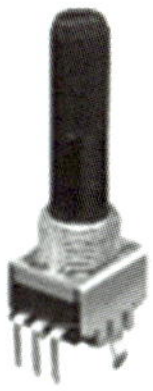	
高频毫伏表	2kΩ、47kΩ 电位器	220μF、1000μF 电容

三、实施记录

1. 拟订测试方案

测试方案拟订表

序号	电路	测试方案（含电路图）	简述理由
1	OTL功率放大电路	（1）万用表测试； （2）示波器测试； （3）高频毫伏表测试	

2. 设备和元器件识别与检测过程记录

设备和元器件识别与检测过程记录表

序号	设备和元器件	识别与检测过程实施记录	识别与检测结果
1	晶体管		
2	信号源		
3	示波器		
4	高频毫伏表		
5	直流稳压电源		

3. 电路装接过程记录

电路装接过程记录表

序号	电路	装接过程记录	初测结果（是否正常）
1	OTL功率放大电路		

4. 测量结果与分析

测量结果与分析表

序号	测量项	测量结果	计算值	分析
1	OTL功率放大电路			

四、总结与评价

填写任务评价表，简单总结任务完成过程及心得体会。

任务评价表

任务名称				总分		
姓名		学号		日期		
考核项目	考核内容	配分	自评 30%	互评 30%	师评 40%	得分
素质	遵守实验室规章制度，与同学和谐协作，执行 5S 管理标准	30				
知识	能借助信息化资源自主学习，理论联系实际，正确完成任务	30				
技能	布线合理，操作规范，未造成受伤或设备与元器件损坏、遗失，按时完成任务	40				

项目小结

（1）功率放大电路的主要目的是将功率放大，通常是指大信号的功率放大。常用的功率放大电路有甲类、乙类、甲乙类和丙类等电路结构，它们的区别主要在于晶体管的导通角不同。甲类放大电路的效率低，对失真度要求高的场合常采用甲类放大，共射放大电路就是甲类放大的典型电路。乙类放大电路使用两个晶体管，效率较高，但是会有较大的交越失真，使用较少。甲乙类放大电路是对乙类放大电路的改进，工作效率略低于乙类，失真较小，应用广泛。丙类放大电路效率更高，通频带窄，属于窄带放大，主要用于高频放大。

（2）集成功率放大器常用于中小功率放大，多数具有高电源电压、增益可调、效率较高等优点，外围电路简单，性能较好，应用越来越广泛。

（3）OCL 功率放大电路使用双电源，工作在甲乙类状态，没有输出变压器或输出电容。OTL 功率放大电路使用单电源，也工作在甲乙类状态，具有输出电容。一些集成功率放大器既可以工作在 OCL 状态，也可以工作在 OTL 状态。

（4）提高功率放大电路输出功率的方法主要有两种：一是提高电源电压，使用高耐压、大电流的大功率晶体管；二是改善元器件的散热条件，加大散热片，改善元器件与散热片的接触面热阻，降低环境温度，采用风冷或水冷等散热方法。

课后练习

一、判断题

1. 经常有人说运放带负载能力强，是说运放也是功率放大器。（　　）

2. 甲类功率放大器效率高，失真小，是综合性能最好的功率放大器，所以称为甲类。（　　）

3. 甲类功率放大器通常使用一个晶体管（或场效应管）完成信号整个周期的放大。(　　)

4. 功率放大电路中，晶体管的导通角越大，效率越高。(　　)

5. 输出级使用两个晶体管分别完成正弦波信号正半周和负半周放大的电路结构称为互补式输出级。(　　)

6. 分析功率放大电路时，常采用图解法分析动态范围。(　　)

7. OCL 功率放大电路采用双电源供电。(　　)

8. OTL 功率放大电路具有输出耦合电容。(　　)

二、选择题

1. (　　) 类功率放大器的晶体管导通角是 180°。

A. 甲　　B. 乙　　C. 甲乙　　D. 丙

2. 下列选项中，理论效率最高的功率放大器类型是 (　　)。

A. 甲类　　B. 乙类　　C. 甲乙类　　D. 丙类

3. 甲乙类功率放大器的晶体管导通角为 (　　)。

A. $\theta \leqslant 90°$　　B. $\theta \leqslant 180°$　　C. $90° \leqslant \theta \leqslant 180°$　　D. $180° < \theta < 360°$

三、填空题

1. 为消除乙类功放的________，给晶体管发射结施加一定的偏压，使静态工作点 (Q 点) 上移，这时电路工作在甲乙类工作状态。

2. 乙类功放电路的效率比甲类功放电路的________。

3. 甲类功放的效率最大不超过________。

4. 乙类功放的理论效率最大为________。

5. OTL 功放因输出与负载之间无________耦合而得名。

6. 乙类功放电路的两个晶体管组成互补推挽输出器，在输入交流信号作用下，两个晶体管轮流工作，为使输出电压波形对称，要求两个晶体管的参数________。

7. OCL 功放电路的输出端直接与负载相连，静态时直流电位为________。

四、问答题

1. 功率放大的含义是什么？有哪些性能指标衡量功率放大器的好坏？

2. 功率放大电路的工作功率和散热有怎样的联系？限制晶体管最高功率的关键因素是什么？

3. 集成功率放大器具有哪些特点？

4. 功率放大器在工作中的实际功率是由什么决定的？

5. OCL 电路或 OTL 电路如果将晶体管的集电极和发射极接反，会产生什么现象？

项目六 信号处理电路制作

项目目标

1. 知识目标

（1）了解比较器的含义；
（2）理解集成运放开环应用的特点；
（3）了解集成比较器的特点；
（4）掌握门限比较器的门限值计算；
（5）掌握滞回比较器的阈值计算；
（6）了解电压指示电路结构；
（7）熟悉有源滤波电路；
（8）了解精密整流电路；
（9）了解峰值检测电路；
（10）了解频率指示电路结构。

2. 技能目标

（1）会测量比较器参数；
（2）能对简单电路进行故障判断；
（3）会使用频率特性测试仪；
（4）会对印制电路板（PCB）进行装接；
（5）熟练使用万用表和示波器；
（6）掌握仿真软件的使用方法；
（7）会使用面包板搭建电路。

3. 素养目标

（1）培养科学思维能力；
（2）锻炼工程实践能力；
（3）提升学习能力；
（4）强化工匠精神；
（5）提升信息化素养；
（6）培养协作精神和团队意识。

知识导图

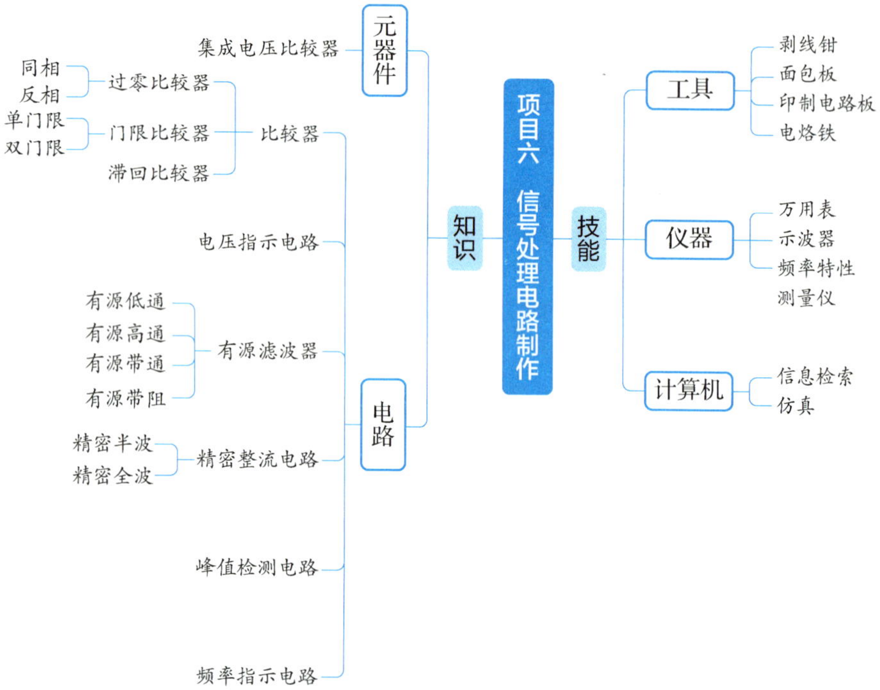

任务一 电压指示电路

任务描述

电压高低不能直接用视觉或触觉方便感知，除了使用电压表精确测量，在不需要精确测量的场合，可以用 LED 光柱显示测量结果。电压指示电路是用直观可视的指示器显示电压高低变化的电路，常用于一些不需要精确测量的测量结果指示，电压指示电路如图 6－1 所示。电压指示电路的核心是比较器，本任务要求掌握比较器电路结构，会对比较器进行仿真，会使用万用表、示波器对比较器进行测量。

知识储备

知识 1 过零比较器

1. 电压比较器

电压比较器是常见的电路单元之一，作用是对比输入的两路模拟信号大小，并输出高低电平表示比较结果，也可以用来将模拟信号与固定电压进行比较，输出结果同样是高电平或低电平。当输入信号和固定电压进行比较的时候，固定电压称为参考电压。电压

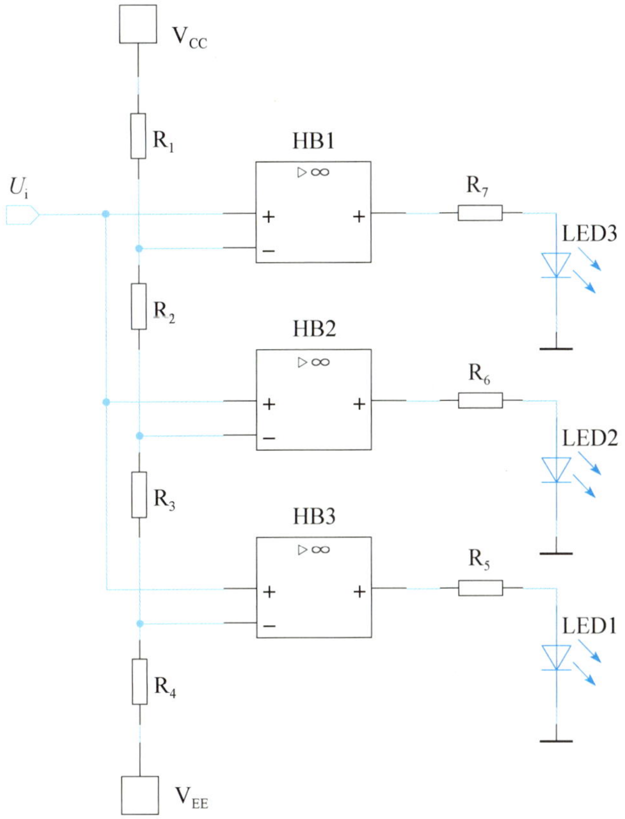

图 6-1 电压指示电路

比较器常用于自动控制和自动测量等领域，也用于各种非正弦波信号的产生和变换电路等。

小提示

电平是指在一定时间范围内保持稳定的电位，常用高、低电平表示相对高、低的电位值。

电压比较器通常可以用集成运放来实现。当集成运放工作在非线性区时，输出不是接近于正电源电压的高电平，就是接近于负电源电压的低电平。集成运放在开环应用时就工作在非线性区，所以多数电压比较器可以通过开环的集成运放实现。由于普通集成运放的转换速率（压摆率）不够大，输出跃变慢，而且电压比较器市场需求很大，所以也有很多专门的集成电压比较器出现，如 LM339、LM393 等。此外，很多单片机内部集成了电压比较器。

电压比较器按照功能常可分为过零比较器、门限比较器、滞回比较器等。

2. 集成电压比较器

集成电压比较器内部无相位补偿电路，比集成运算放大器速度快很多，但是不能引入负反馈进行线性放大。

图 6-2 为集成电压比较器 LM339 的内部原理，Q_1、Q_2、Q_3、Q_4 构成差动放大电

路，是输入级；Q_5 和 Q_6 构成恒流源；Q_7 为中间级，负责电压放大；Q_8 为输出级。Q_8 的集电极直接作为输出端，这种输出方式称为集电极开路输出（OC），输出高电平时，Q_8 截止，此时需要接上拉电阻才能有对外输出电流（拉电流）的能力。集电极开路输出方式在输出低电平时，Q_8 饱和，可以接收从输出端流入集成电路的电流（灌电流）。

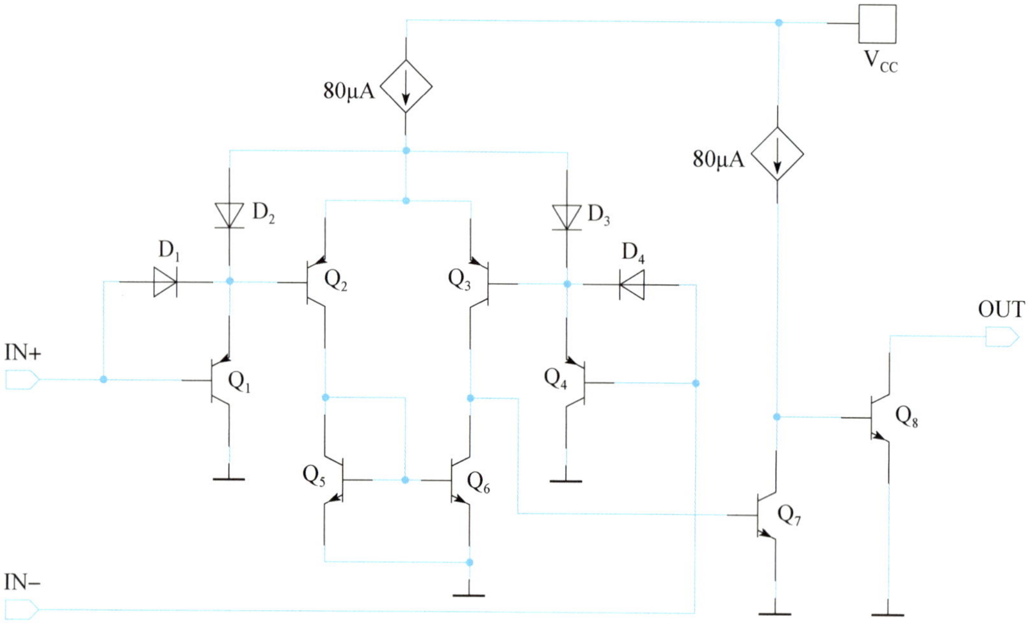

图 6-2　集成电压比较器 LM339 的内部原理

> **小提示**
>
> 通常将流入集成电路的电流称为灌电流，流出集成电路的电流称为拉电流。灌电流按正值计算，拉电流按负值计算。

集成电压比较器的主要参数有电源电压、响应时间（Response Time）、输入失调电压（V_{IO}）、输入失调电流（I_{OS}）、输出低电平电压（V_{OL}）、输出低电平电流（I_{OL}）和输出高电平电流（I_{OH}）等。集成电压比较器的输出通常兼容 TTL、CMOS 数字电路。

> **课堂讨论**
>
> 集成运放和集成比较器的主要区别有哪些？什么情况下可以使用集成运放替代集成比较器？

3. 同相与反相过零比较器

过零比较器的参考电压是 0V，就是将输入信号和零电位进行比较，也可以视作门限电压为 0V 的单门限比较器。过零比较器可以将交流信号转换为矩形波，利用过零比较器可以获取输入信号的过零点时间信息，也可以用于检测输入信号的正负信息，还可以当作检测周期信号频率的前级电路使用。

过零比较器有两种：一种是同相过零比较器，特点是随着输入信号的增大，输出会从低电平跃变为高电平，输出和输入变化同方向；另一种是反相过零比较器，特点是随着输入信号的增大，输出会从高电平跃变为低电平，输出和输入变化反方向。过零比较器的电压传输特性如图 6－3 所示。

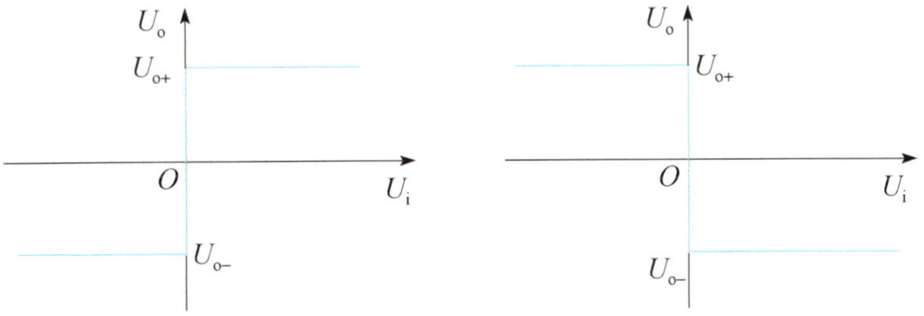

（a）同相过零比较器　　（b）反相过零比较器

图 6－3　过零比较器的电压传输特性

采用集成运放的过零比较器电路非常简单，只要将集成运放的两个输入端中的一个接输入信号，另一个接地就可以了。同相过零比较器需要将输入信号接在运放的同相输入端，如图 6－4 所示，只要将图中两个输入端对调就变成了反相过零比较器。

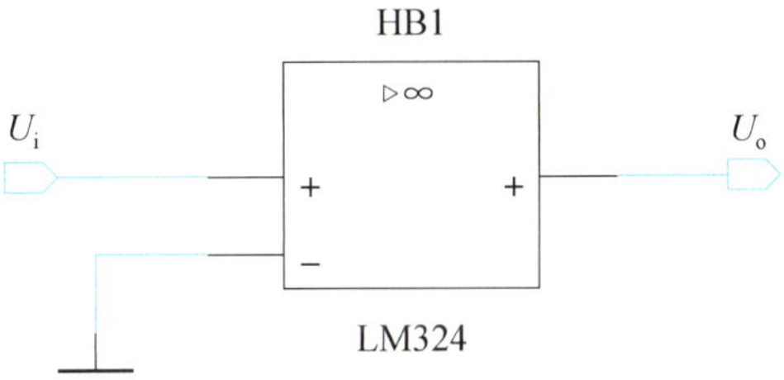

图 6－4　同相过零比较器

同相过零比较器的信号波形如图 6－5 所示，图中上面的波形为输入信号，下面的波形为输出信号。图中游标位置为门限电压位置。

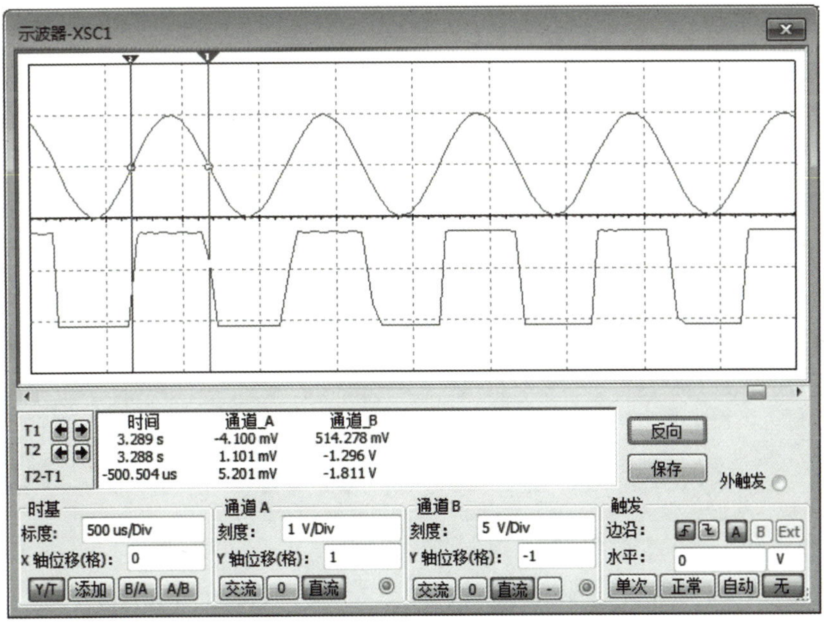

图 6－5　同相过零比较器的信号波形

反相过零比较器的信号波形如图 6－6 所示，图中上面的波形为输入信号，下面的波形为输出信号。图中游标位置为门限电压位置。

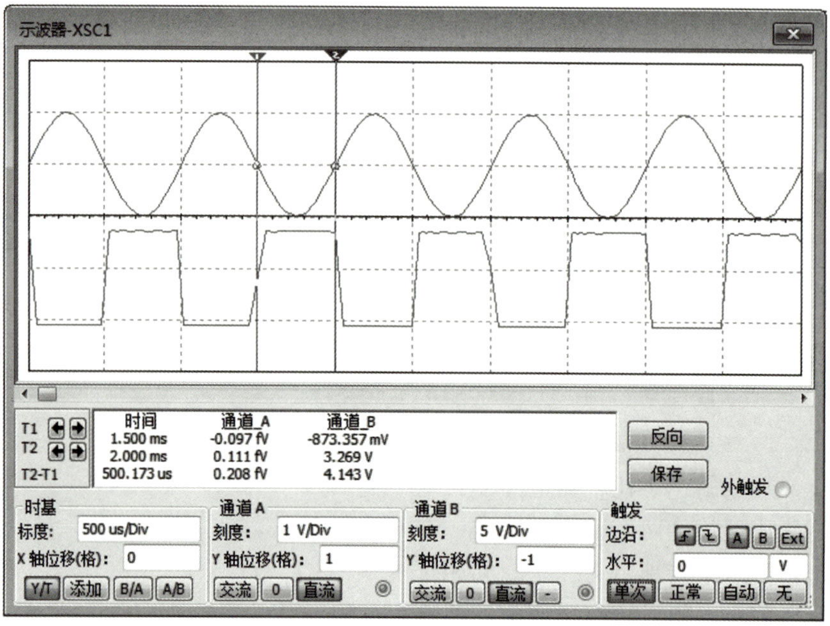

图 6－6　反相过零比较器的信号波形

素养提升

在日常工作和生活中经常存在各种比较，“尺有所短，寸有所长”，不能用一次或一方面的失利全盘否定一个人或事物的整体。

知识 2　门限比较器

1. 单门限比较器

如果将过零比较器的参考电压替换为其他值，则称为单门限比较器，这个参考电压也称为门限电压或阈值电压。单门限比较器的电压传输特性如图 6－7 所示，图中 U_T 为门限电压。

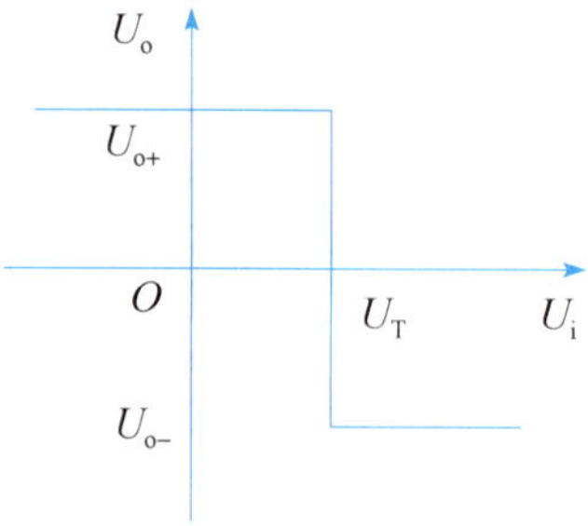

（a）同相单门限比较器

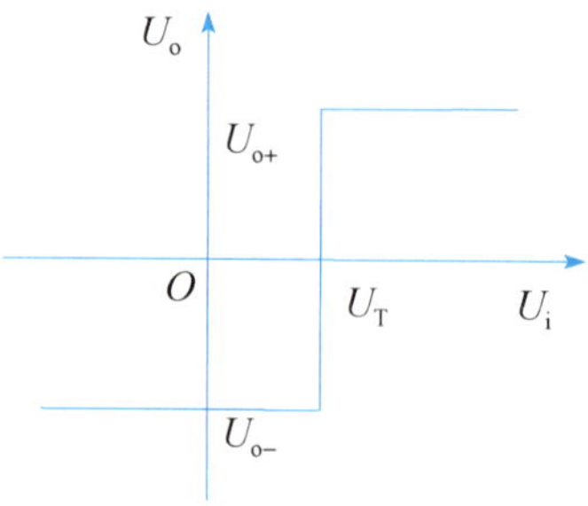

（b）反相单门限比较器

图 6－7　单门限比较器的电压传输特性

同相单门限比较器电路如图 6-8 所示，图中 U_i 为输入信号，U_T 为参考电压（门限电压）。

后级电路如果对比较器的输出电压幅度有限制，可以采用稳压二极管实现输出限幅的效果，如图 6-9 所示。假设稳压二极管的稳压值为 U_Z，正向导通的压降为 U_D，当 $U_i > U_T$ 时，电路输出电压为（$U_Z + U_D$）；当 $U_i < U_T$ 时，电路输出电压为（$-U_Z - U_D$）。

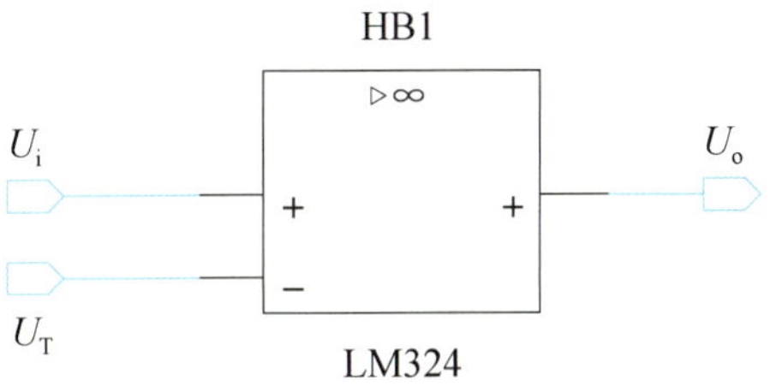

图 6-8　同相单门限比较器电路

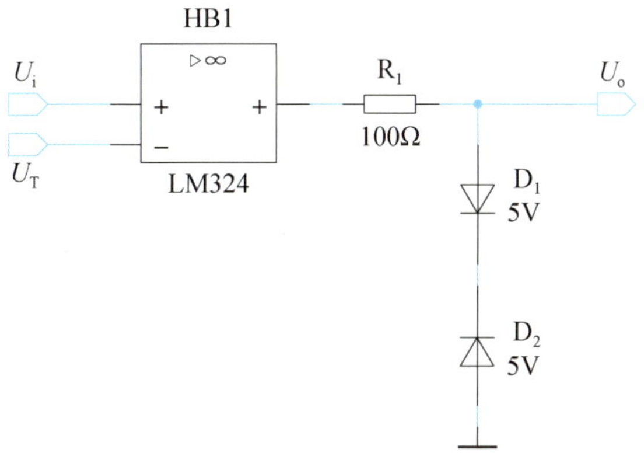

图 6-9　对输出限幅的比较器电路

2. 双门限比较器

双门限比较器具有两个门限电压，电压传输特性曲线如图 6-10 所示。当输入电压 U_i 小于低门限 U_{T-} 或高于高门限 U_{T+} 时，输出高电平；当输入电压在两个门限之间时，输出低电平。

双门限比较器电路如图 6-11 所示。图中 D_2 和 D_3 用来保证电流的单向流动，从而实现双门限功能，R_1 和 D_1 构成稳压电路，实现输出限幅功能。

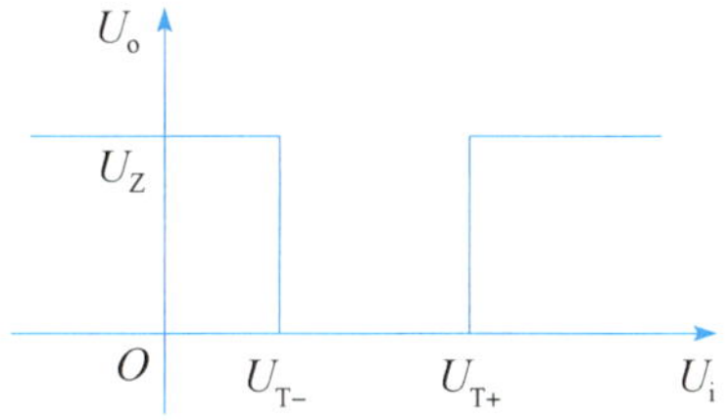

图 6-10　双门限比较器的电压传输特性曲线

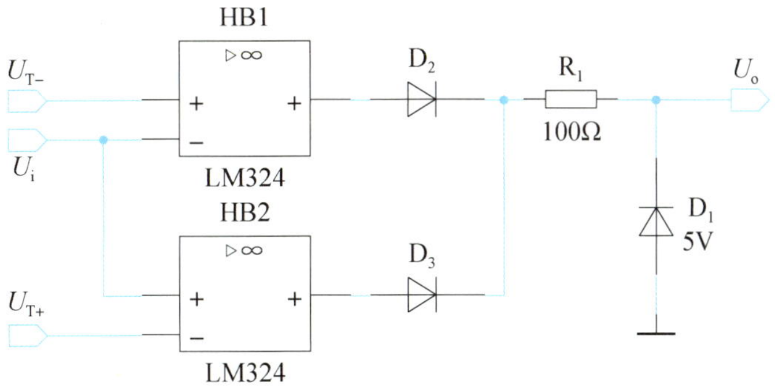

图 6-11　双门限比较器电路

双门限比较器的波形如图 6-12 所示，图中上面的波形为输入信号波形，下面的波形为输出信号波形。

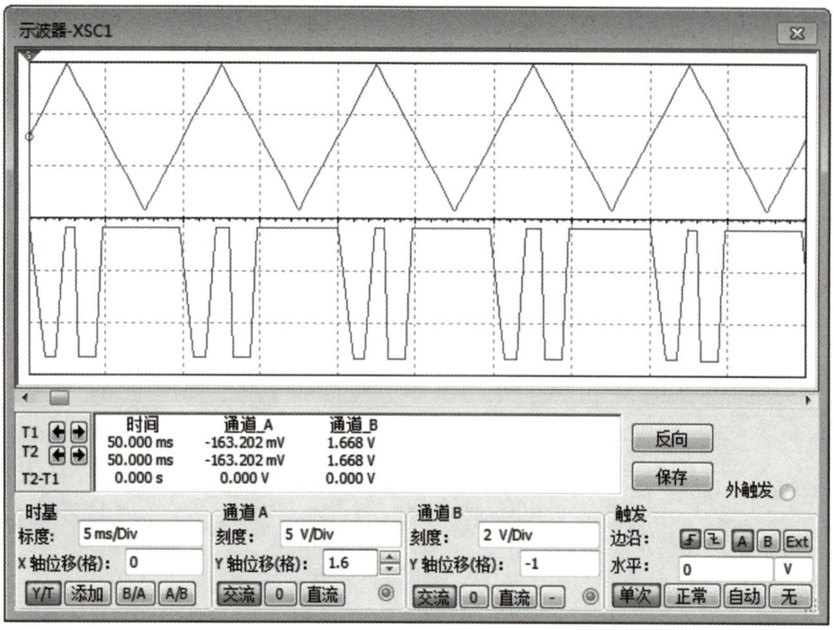

图 6－12　双门限比较器的波形

知识 3　滞回比较器

门限比较器结构简单，灵敏度高，当用于工业环境或有较大干扰的场合时，容易在门限值附近反复触发跃变，导致误操作或设备损坏，在这些有抗干扰需求的场合常采用滞回比较器。

视频

6－1　滞回比较器设计

滞回比较器也称为迟滞比较器，具有两个门限电压。在输入信号从小变大，遇到高门限电压 U_{T+} 时，输出跃变；在输入信号从大变小，遇到低门限电压 U_{T-} 时，输出跃变。这两个门限电压的差值称为回差或门限宽度，常用 ΔU_T 表示。

$$\Delta U_T = U_{T+} - U_{T-} \tag{6-1}$$

小提示

数字电路中也有滞回比较器，常采用施密特触发器的名称。模拟电路中称为滞回比较器，两者除了电压范围并无本质区别。

滞回比较器同样分为同相和反相两种，其电压传输特性曲线如图 6－13 所示。

反相滞回比较器电路如图 6－14 所示，图中 D_1、D_2 和 R_3 构成输出限幅电路，R_1 和 R_2 构成正反馈。

假设稳压二极管的稳压值为 U_Z，正向导通的压降为 U_D，则该电路的输出电压 U_o 为 $\pm(U_Z+U_D)$。当 $U_o=U_Z+U_D$ 时，可计算出高门限电压为

$$U_{T+} = U_+ = \frac{R_1}{R_1+R_2}(U_Z+U_D) \tag{6-2}$$

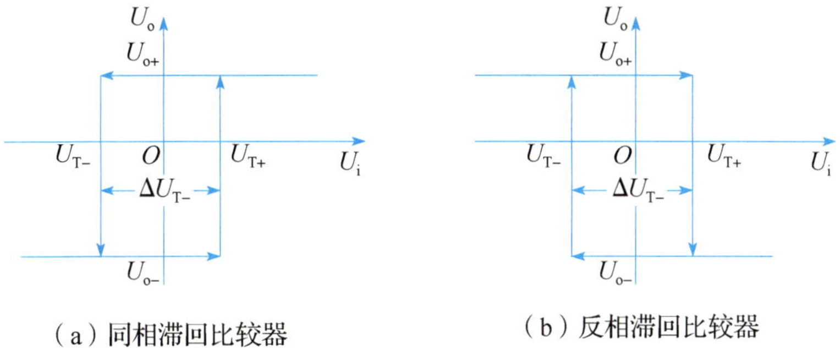

图 6-13 滞回比较器的电压传输特性曲线

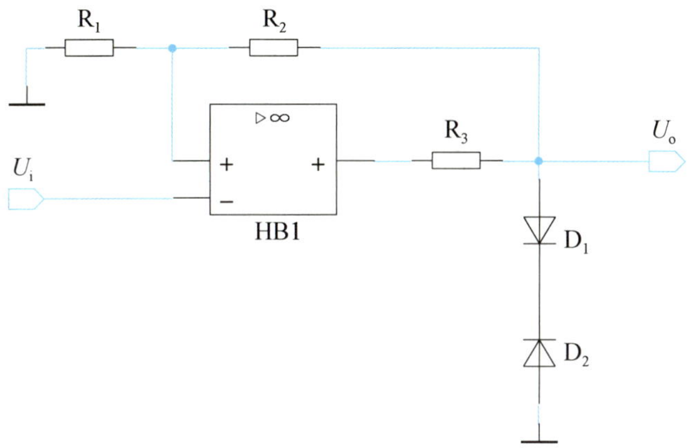

图 6-14 反相滞回比较器电路

当 $U_o=-(U_Z+U_D)$ 时，可计算出低门限电压为

$$U_{T-}=U_-=-\frac{R_1}{R_1+R_2}(U_Z+U_D) \qquad (6-3)$$

门限宽度为

$$\Delta U_T=U_{T+}-U_{T-}=\frac{2R_1}{R_1+R_2}(U_Z+U_D) \qquad (6-4)$$

反相滞回比较器信号波形如图 6-15 所示，上面的波形为输入信号，下面的波形为输出信号。图中游标位置为门限电压位置。

调节滞回比较器门限值的电路如图 6-16 所示，图中 U_{ref} 为参考电压，改变 U_{ref} 就能调节门限值。图中 R_4 为平衡电阻。

利用叠加定理可知，U_{ref} 单独作用时，运放同相输入端电压 U_+ 为

$$U_+=\frac{R_2}{R_1+R_2}U_{ref} \qquad (6-5)$$

当输出电压 U_o 单独作用时

$$U_+=\pm\frac{R_1}{R_1+R_2}(U_Z+U_D) \qquad (6-6)$$

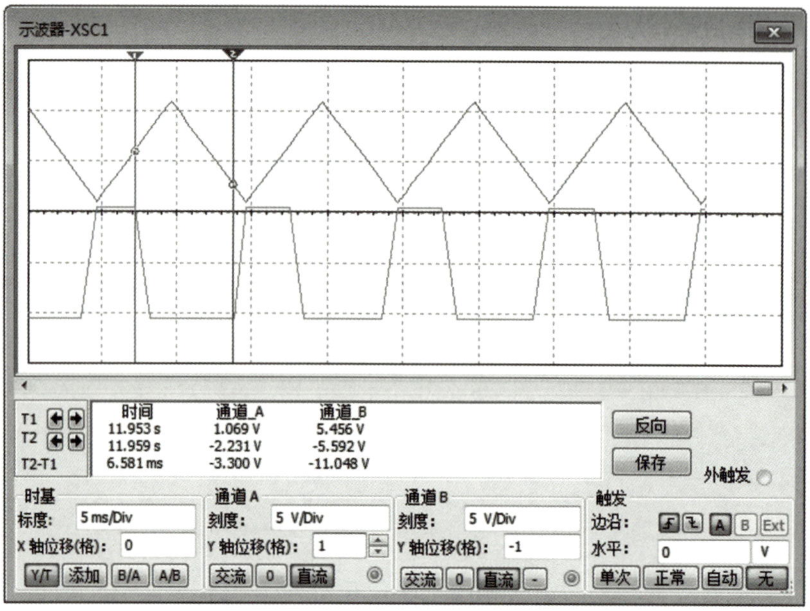

图 6－15　反相滞回比较器信号波形

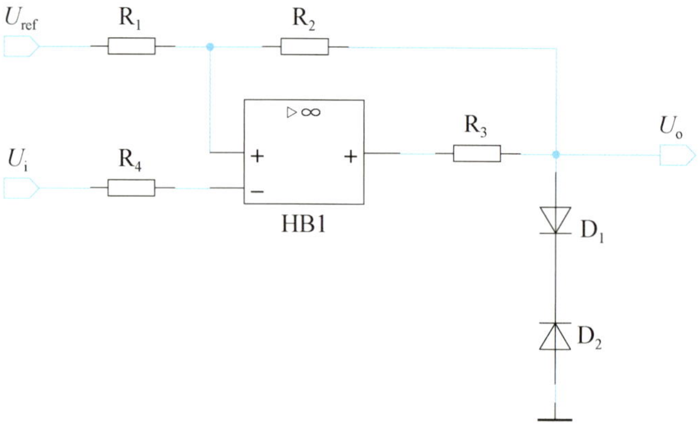

图 6－16　调节滞回比较器门限值的电路

两者同时作用时

$$U_{T+}=\frac{R_2}{R_1+R_2}U_{ref}+\frac{R_1}{R_1+R_2}(U_Z+U_D) \tag{6-7}$$

$$U_{T-}=\frac{R_2}{R_1+R_2}U_{ref}-\frac{R_1}{R_1+R_2}(U_Z+U_D) \tag{6-8}$$

门限宽度为

$$\Delta U_T=U_{T+}-U_{T-}=\frac{2R_1}{R_1+R_2}(U_Z+U_D) \tag{6-9}$$

知识 4　电压指示电路

在很多地方需要直观显示被测量值的大小，如水位的高低、蒸汽的压力等，这些场合可以考虑利用电压驱动多个发光二极管进行指示，也可以采用 LED 光柱显示器（LED Bargraph）进行显示，LED 光柱显示器内部具有很多发光二极管，如图 6－17 所示。工业过程控制用 LED 光柱显示器替代指针具有很多优点：一是光柱自身发光，醒目，便于远距离观察；二是光柱本身无机械传动部分，抗过载、抗振动性能好；三是光柱通过芯片矩阵排列，线性化处理，能精确示值，读数正确；四是 LED 光柱的平均无故障工作时间很长。

在简单的场合，可以使用图 6－18 所示的电路，合理设置分压电阻（R_1、R_2、R_3）和限流电阻（R_4、R_5）的大小，就可以让电压较低时只有 LED1 亮，电压增高时，逐渐点亮 LED2 和 LED3。

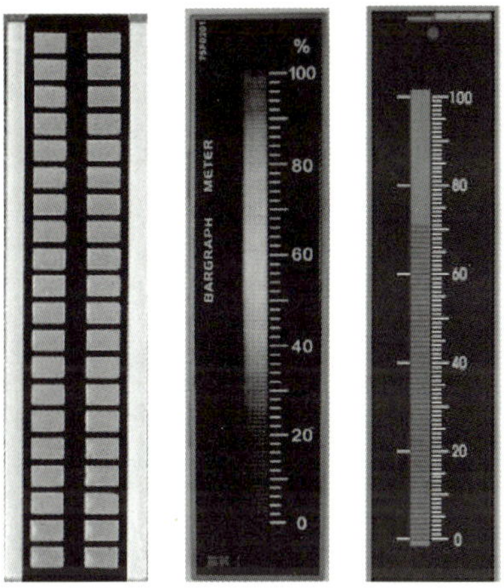

图 6－17　LED 光柱显示器

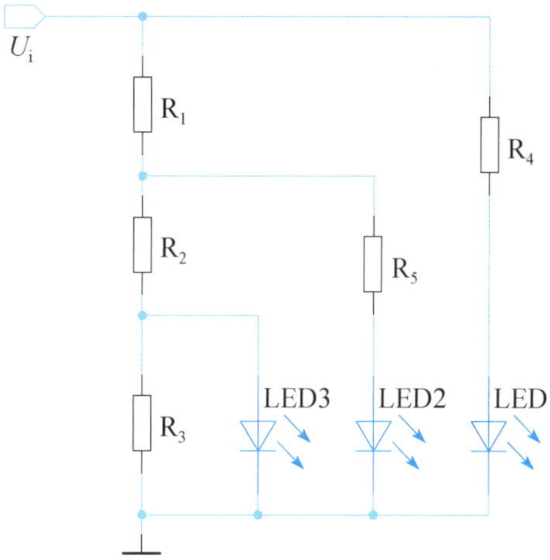

图 6－18　简单的 LED 电压指示电路

图 6－18 的缺点是：限流电阻 R_4 设置较为困难。当电压较低时，如果 LED1 亮度合适，则当电压升高到三个 LED 都亮时，LED1 的电流会偏大。若要考虑高电压时 LED1 电流合适，则低电压时亮度偏低，当 LED 数量多时，更难选取限流电阻的大小。

较好的 LED 电压指示电路如图 6－19 所示，图中采用单门限电压比较器电路，利用电阻 R_1、R_2、R_3 和 R_4 串联分压提供参考电压，输出端通过限流电阻 R_5、R_6 和 R_7 接发光二极管。随着输入信号电压的增高，LED1、LED2、LED3 会逐渐亮起，随着电压的降低，会从 LED3 到 LED1 逐渐熄灭。

图 6－19 所示的电路易于拓展发光二极管的数量，只要按照图中电路结构细分参考电压数量，对应增加比较器和发光二极管的数量即可。只要合理选择参考电压和限流电阻，该电路就能获得令人满意的显示效果。图中的运放也可以使用专门的集成比较器代替，对于 OC 结构的集成比较器应注意增加上拉电阻。

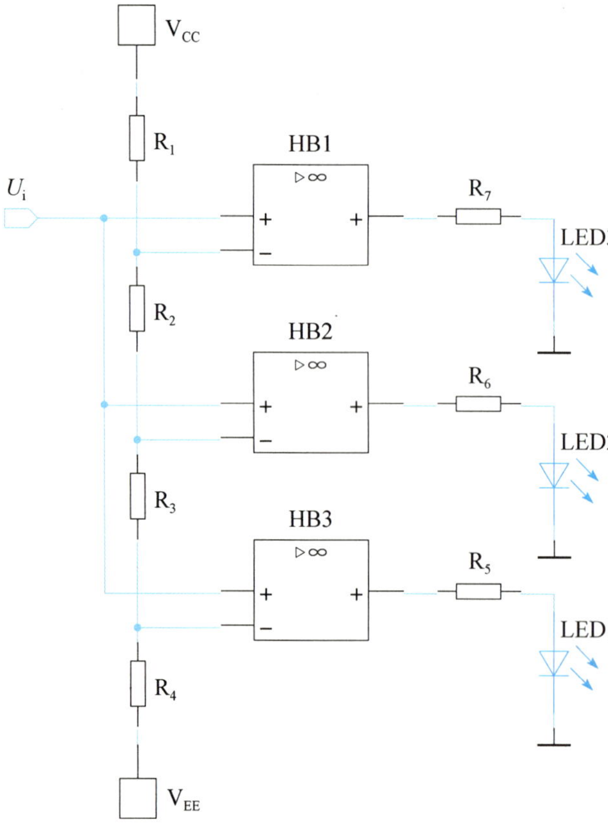

图 6-19　较好的 LED 电压指示电路

任务实施

一、仿真

6-2　电压指示电路仿真

（1）用仿真软件绘制电压指示电路。

（2）将函数发生器的频率设置为 1Hz，幅值设置为 10V，波形选择三角波，运行仿真，直接观察发光二极管的闪烁情况。之后将输入信号频率调高，用示波器观察输入、输出信号波形。

（3）OC 结构的 LM339 在输出低电平时，输出级晶体管处于饱和状态，如果有电流，即为流入晶体管的灌电流。LM339 在输出高电平时，输出级的晶体管处于截止状态，既没有灌电流也没有拉电流。将上述绘制的电压指示电路中的运放改为集成比较器 LM339，增加上拉电阻，再次运行仿真，观察仿真运行结果。

（4）将 LM339 改为灌电流带负载的方法，运行仿真，观察仿真运行结果。

（5）汇总分析仿真结果，撰写仿真总结报告。

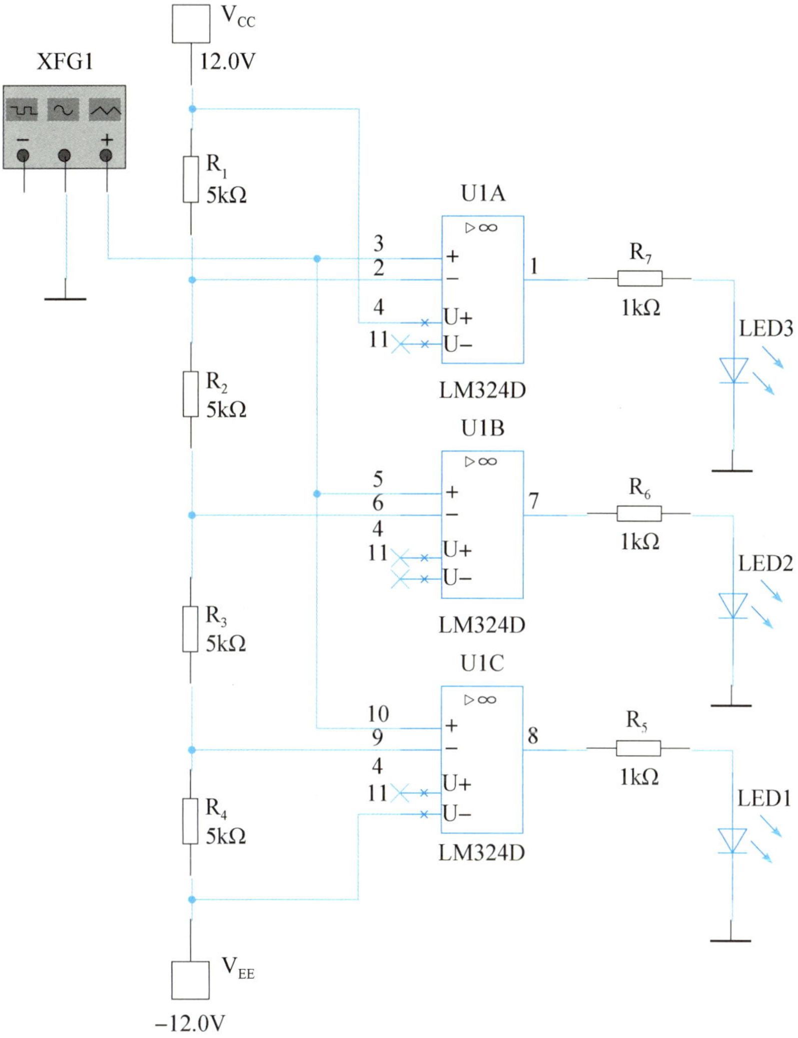
XFG1
V_CC
12.0V
R1
5kΩ
U1A
3
2
4
11
+
−
U+
U−
1
R7
1kΩ
LED3
LM324D
R2
5kΩ
U1B
5
6
4
11
7
R6
1kΩ
LED2
LM324D
R3
5kΩ
U1C
10
9
4
11
8
R5
1kΩ
LED1
R4
5kΩ
LM324D
V_EE
−12.0V

电压指示电路仿真图

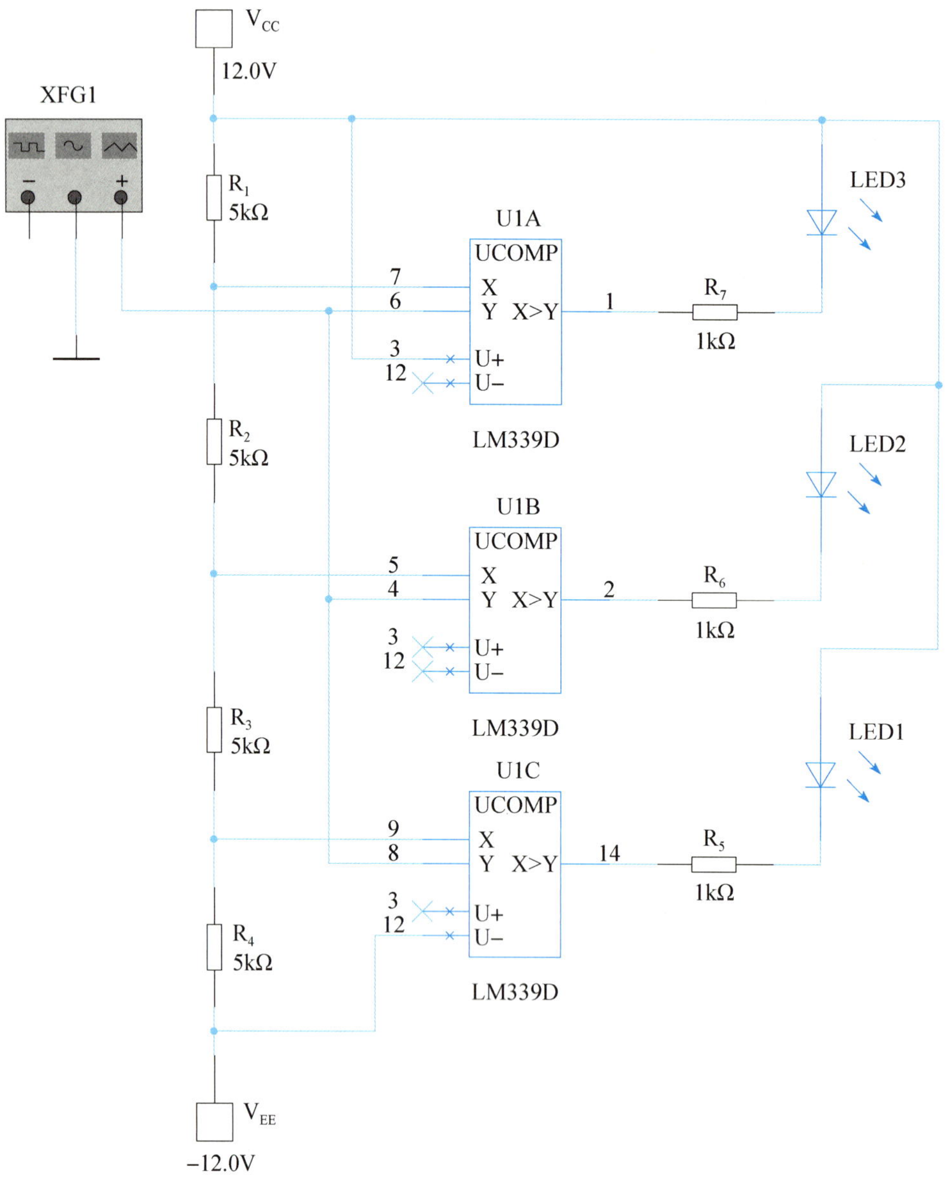

将 LM324 改为 LM339 后的电压指示电路仿真图

二、准备工作

工具和材料清单如下表所示。

工具和材料清单

	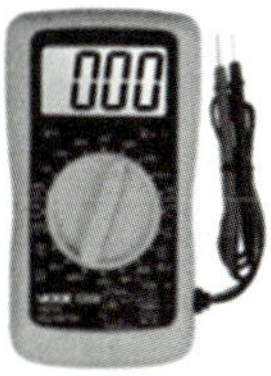	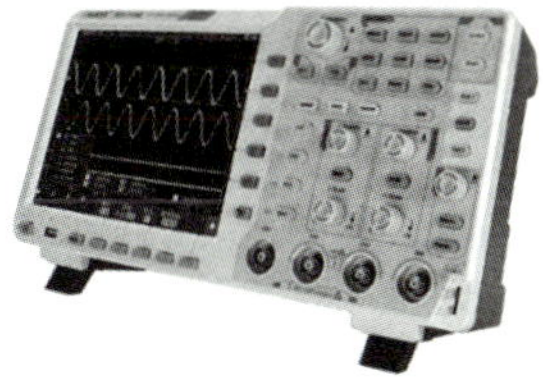
LM324 集成运放	万用表	示波器

导线	面包板	剥线钳
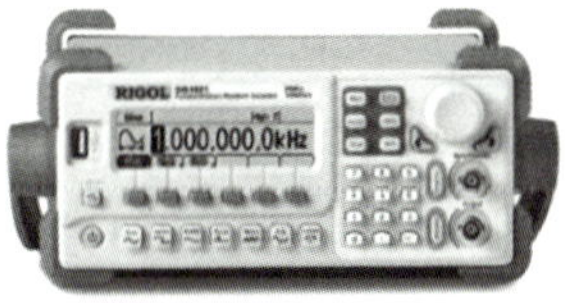	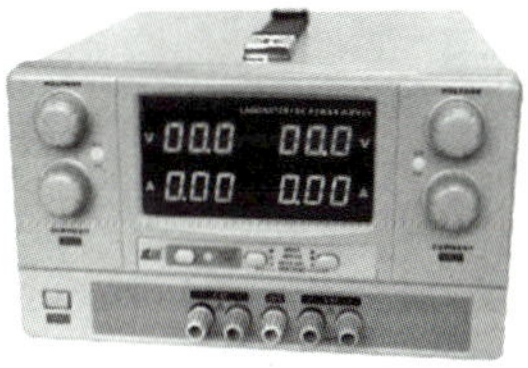	
信号源	直流稳压电源	1kΩ、5kΩ 电阻

发光二极管（LED）	LM339 集成比较器	

三、实施记录

1. 拟订测试方案

测试方案拟订表

序号	测试项	测试方案（含电路图）	简述理由
1	电压指示电路	（1）万用表测试； （2）直接观察法； （3）示波器测试	

2. 设备和元器件识别与检测过程记录

设备和元器件识别与检测过程记录表

序号	设备和元器件	识别与检测过程实施记录	识别与检测结果
1	集成运放		
2	信号源		
3	示波器		
4	集成比较器		
5	直流稳压电源		

3. 电路装接过程记录

电路装接过程记录表

序号	电路	装接过程记录	初测结果（是否正常）
1	电压指示电路		

4. 测量结果与分析

测量结果与分析表

序号	电路	测量结果	计算值	分析
1	电压指示电路			

四、总结与评价

填写任务评价表，简单总结任务完成过程及心得体会。

任务评价表

任务名称				总分		
姓名		学号		日期		
考核项目	考核内容	配分	自评 30%	互评 30%	师评 40%	得分
素质	遵守实验室规章制度，与同学和谐协作，执行 5S 管理标准	30				
知识	能借助信息化资源自主学习，理论联系实际，正确完成任务	30				
技能	布线合理，操作规范，未造成受伤或设备与元器件损坏、遗失，按时完成任务	40				

任务二 频率指示电路

任务描述

在音响系统中由不同的扬声器分别负责高音和低音的播放，高音和低音的电信号需要使用滤波器进行区分，如果对高音和低音的音量进行可视化处理，就需要频率指示电路，如图 6－20 所示。本任务要求会识别和测试电路元器件，根据原理图搭建实际电路，使用万用表和示波器测量频率指示电路参数，会调试频率指示电路。

知识储备

知识 1 有源滤波器

无源滤波器对信号有衰减，在很多场合中，信号本来就很小，再经过滤波器衰减，将变得非常微弱，不仅带负载能力差，而且容易受到干扰，不利于后续处理。将无源滤波器和有源放大器结合起来就构成了有源滤波器。

素养提升

取长补短，相互协作，团队的作用是“1+1>2”。

按照无源滤波器的划分方法，有源滤波器也同样分为有源低通滤波器（LPF）、有源高通滤波器（HPF）、有源带通滤波器（BPF）和有源带阻滤波器（BEF）等。

1. 有源低通滤波器

有源低通滤波器电路如图 6－21 所示，R_1、C_1 构成无源低通滤波器，集成运放 LM324 和 R_2、R_f 构成同相比例放大电路。

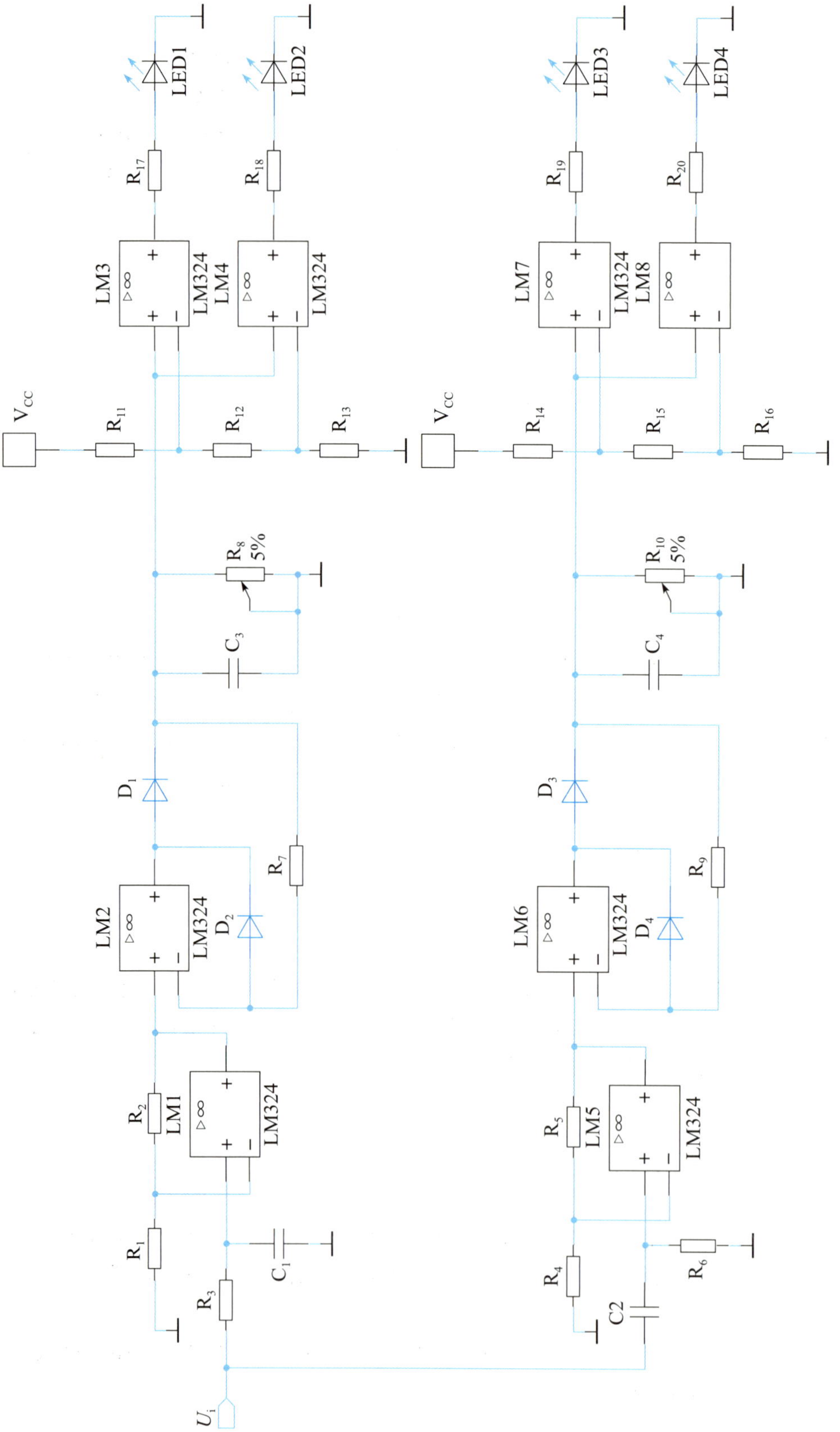
LED1
LED2
LED3
LED4
R17
R18
R19
R20
LM3
LM4
LM7
LM8
LM324
VCC
R11
R12
R13
R14
R15
R16
R8 5%
R10 5%
C3
C4
D1
D3
LM2
LM6
D2
D4
R7
R9
R2
R5
LM1
LM5
R1
R4
R3
C1
C2
R6
Ui

图 6-20 频率指示电路

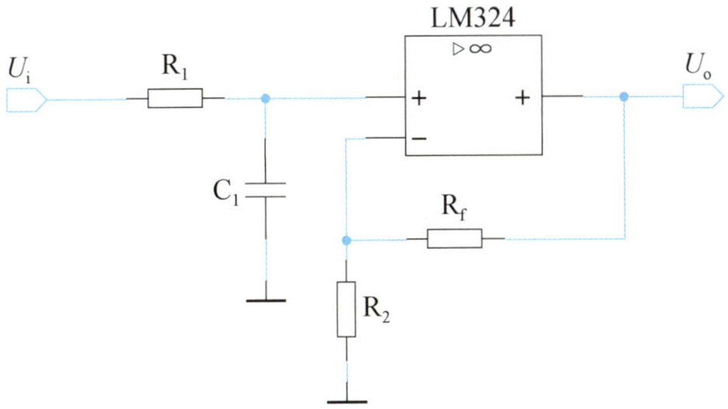

图 6-21　有源低通滤波器电路

在有源滤波器中，运放都工作在闭环状态，有 $u_+ \approx u_-$，且 $i_+ = i_- \approx 0$，根据分压公式可得

$$u_+ = \frac{\frac{1}{j\omega C_1}}{R_1 + \frac{1}{j\omega C_1}} u_i \tag{6-10}$$

$$u_- = \frac{R_2}{R_2 + R_f} u_o \tag{6-11}$$

所以

$$\frac{\frac{1}{j\omega C_1}}{R_1 + \frac{1}{j\omega C_1}} u_i = \frac{R_2}{R_2 + R_f} u_o \tag{6-12}$$

$$A_u = \frac{u_o}{u_i} = \left(1 + \frac{R_f}{R_2}\right) \frac{\frac{1}{j\omega C_1}}{R_1 + \frac{1}{j\omega C_1}} = \left(1 + \frac{R_f}{R_2}\right) \frac{1}{1 + j\omega R_1 C_1} \tag{6-13}$$

可见电压放大倍数由两部分相乘构成：一部分是同相比例放大电路的放大倍数 A_{ud}，即

$$A_{ud} = 1 + \frac{R_f}{R_2} \tag{6-14}$$

另一部分是 RC 无源低通滤波器的放大倍数 A_{RC}，即

$$A_{RC} = \frac{1}{1 + j\omega R_1 C_1} \tag{6-15}$$

如果考虑放大倍数与频率的关系，则只需考虑无源滤波器的 A_{RC} 部分，当 $\omega \ll \frac{1}{R_1 C_1}$ 时，$|A_{RC}|$ 有最大值 1。当 $\omega = \frac{1}{R_1 C_1}$ 时，电压放大倍数将降低到 $|A_{RC}|$ 最大值的 70.7%，

此时的频率即该低通滤波器的－3dB带宽，也同时是通频带的上截止频率

$$f_H=\frac{1}{2\pi R_1C_1} \tag{6-16}$$

当频率 $f \gg f_H$ 时，无源滤波器电压放大倍数按照每10倍频率下降20dB的速率下降，记作－20dB/十倍频程，无源低通滤波器幅频特性如图6-22所示。需要注意的是，有源滤波器由于有PN结电容效应的影响，高频时放大倍数的下降速率快于无源滤波器，有源低通滤波器幅频特性如图6-23所示。图中游标位置为－3dB的频率。

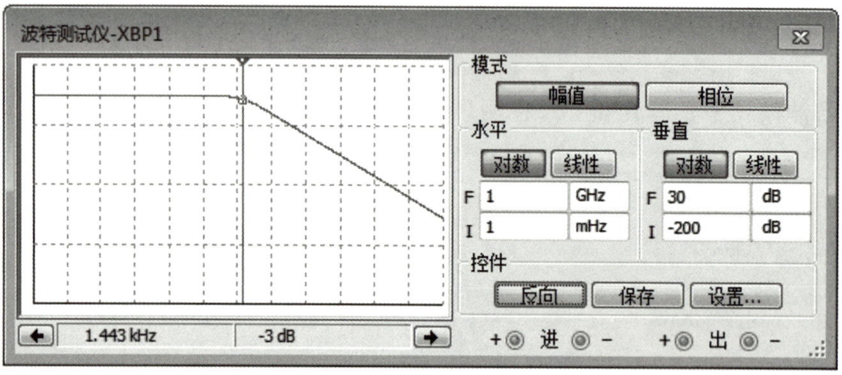

图6-22　无源低通滤波器幅频特性

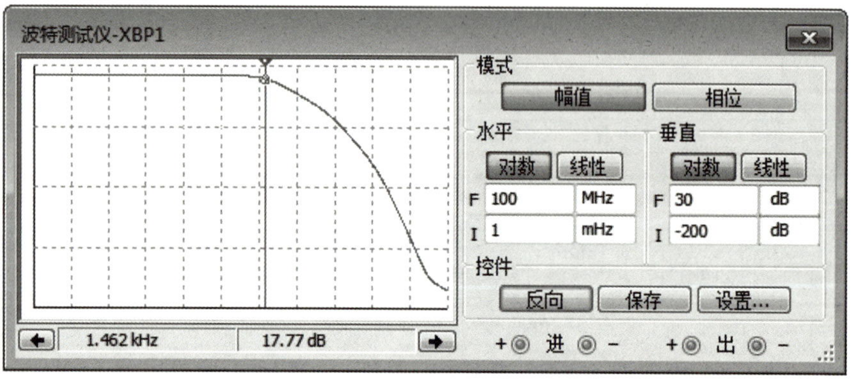

图6-23　有源低通滤波器幅频特性

滤波器从通带到阻带之间的过渡部分称为过渡带，过渡带越陡峭（越窄）就越接近理想滤波器，对带外信号滤除的效果越好。滤波器可以多级级联，级联的级数越多，过渡带越陡峭，越接近理想滤波器。

素养提升

将简单模块进行堆叠的技术思路是常见技术思路之一，简单有效，很多高精尖技术其实就是通过堆叠实现的。

前述 RC 一阶低通滤波器的过渡带为−20dB/十倍频程，二阶滤波器的过渡带可以达到−40dB/十倍频程。RC 二阶有源低通滤波器电路如图 6－24 所示。图中 R_1、C_1 构成第一级低通滤波器，R_2、C_2 构成第二级低通滤波器，R_3、R_f 和集成运放构成同相比例放大电路。

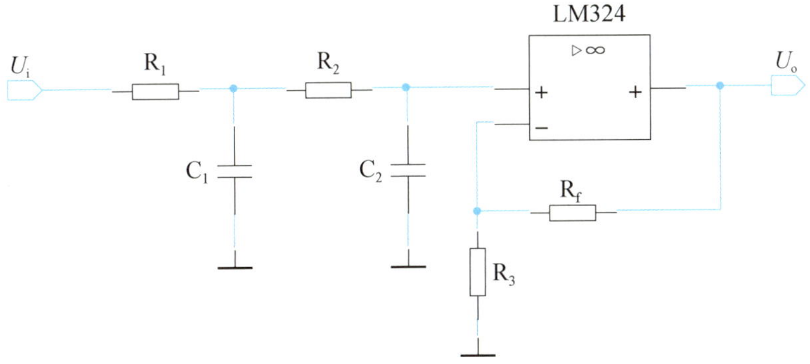

图 6－24 RC 二阶有源低通滤波器电路

RC 二阶有源低通滤波器幅频特性如图 6－25 所示。图中游标位置为−3dB 的频率。

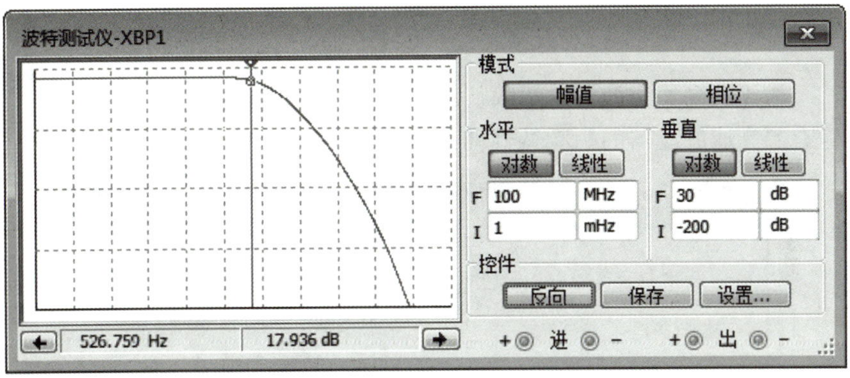

图 6－25 RC 二阶有源低通滤波器幅频特性

2. 有源高通滤波器

将有源低通滤波器的电容和电阻对调位置即为有源高通滤波器，其电路如图 6－26 所示。

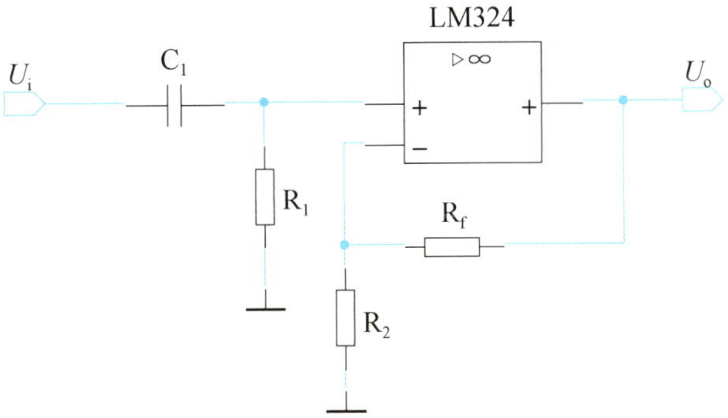

图 6－26 有源高通滤波器电路

同相比例放大电路的放大倍数 A_{ud} 为

$$A_{ud}=1+\frac{R_f}{R_2} \tag{6-17}$$

RC 无源高通滤波器的放大倍数 A_{RC} 为

$$A_{RC}=\frac{R_1}{R_1+\dfrac{1}{j\omega C_1}}=\frac{1}{1-j\dfrac{1}{\omega R_1 C_1}} \tag{6-18}$$

当 $\omega \gg \dfrac{1}{R_1C_1}$ 时，$|A_{RC}|$ 有最大值 1。当 $\omega=\dfrac{1}{R_1C_1}$ 时，电压放大倍数将降低到 $|A_{RC}|$ 最大值的 70.7%，此时的频率即该高通滤波器的−3dB 带宽，也同时是通频带的下截止频率。

$$f_H=\frac{1}{2\pi R_1 C_1} \tag{6-19}$$

电压放大倍数为

$$A_u=\frac{u_o}{u_i}=\left(1+\frac{R_f}{R_2}\right)\frac{1}{1-j\dfrac{1}{\omega R_1 C_1}} \tag{6-20}$$

图 6－27 为无源高通滤波器的幅频特性曲线，图中游标位置为−3dB 的下截止频率。图 6－28 为有源高通滤波器的幅频特性曲线，图中游标位置为−3dB 的下截止频率。对

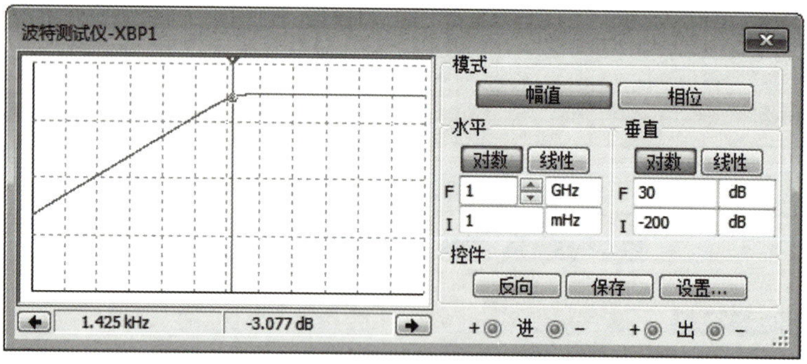

图 6－27　无源高通滤波器的幅频特性曲线

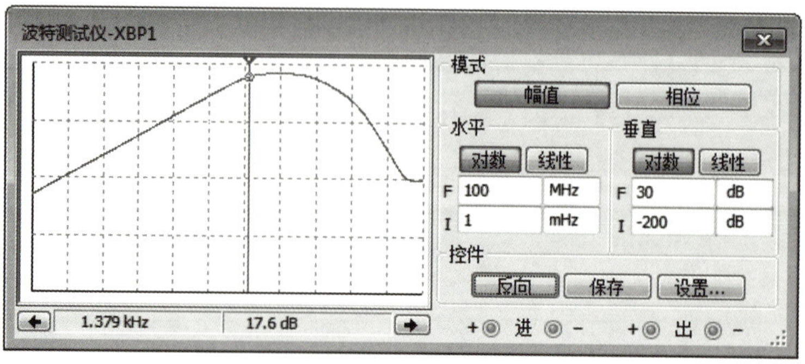

图 6－28　有源高通滤波器的幅频特性曲线（游标位置为下截止频率）

比两图，显然有源高通滤波器的幅频特性曲线并不理想。在高频时，由于集成运放内部的 PN 结电容效应，导致高频放大倍数下降，图 6－29 中的游标位置即为－3dB 的上截止频率。因此，任何有源高通滤波器其实严格来讲都是带通滤波器，仅能在有限的频率范围内作为高通滤波器使用。

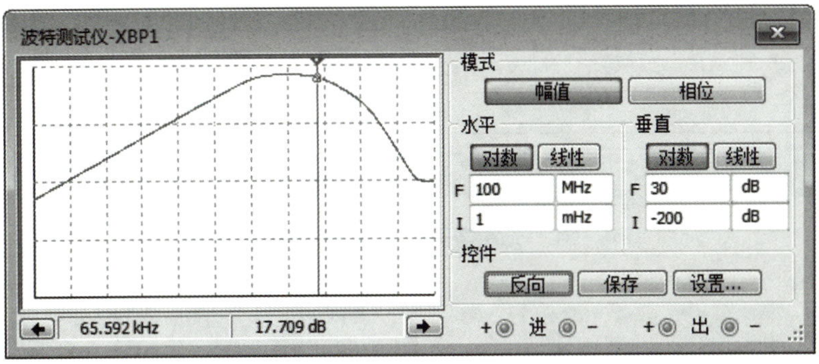

图 6－29　有源高通滤波器的幅频特性曲线（游标位置为上截止频率）

3. 有源带通滤波器

将低通滤波器和高通滤波器组合就可以构成带通滤波器和带阻滤波器，有源带通滤波器电路如图 6－30 所示。图中 R_1 和 C_1 构成无源低通滤波器，R_2 和 C_2 构成无源高通滤波器，R_3、R_f 和集成运放构成同相比例放大电路。输入信号依次通过串联的低通滤波器和高通滤波器，高频成分被低通滤波器滤除，低频成分被高通滤波器滤除，只有适中的频率能顺利通过低通滤波器，再通过高通滤波器进入同相比例放大电路。

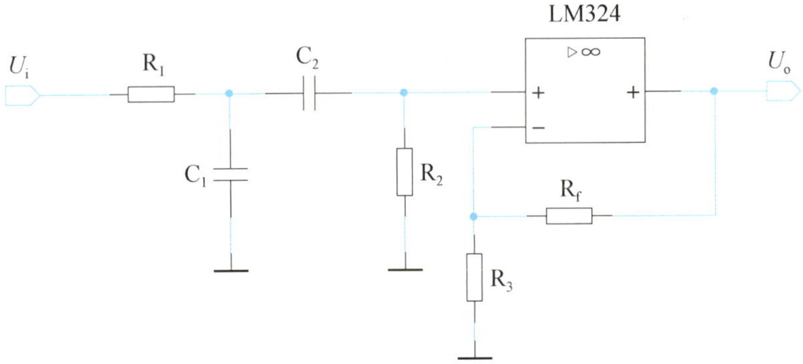

图 6－30　有源带通滤波器电路

无源带通滤波器的幅频特性曲线如图 6－31 所示。

有源带通滤波器的幅频特性曲线如图 6－32 所示。

4. 有源带阻滤波器

有源带阻滤波器由低通滤波器和高通滤波器并联构成，其电路如图 6－33 所示。图中 R_2 和 C_1 构成低通滤波器，R_3 和 C_2 构成高通滤波器，R_4 和 R_5 防止高频信号经过 C_2 后通过 C_1 对地短路，R_1、R_f 和集成运放构成同相比例放大电路。高频信号经过 C_2 和 R_5 进入运放得到放大，低频信号经过 R_2 和 R_4 进入运放得到放大。中间频率的信号在上面

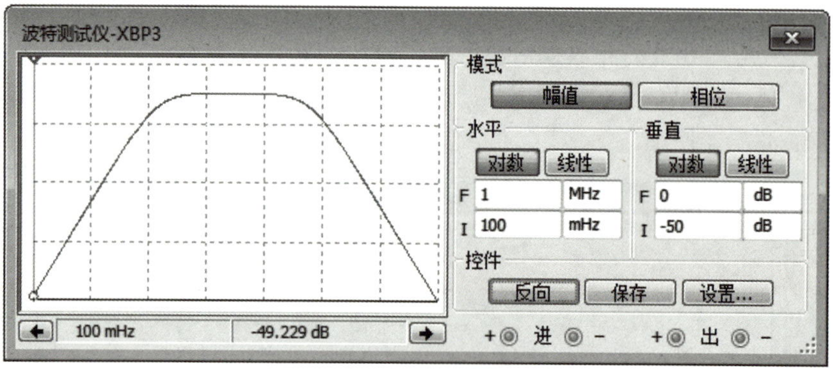

图 6-31　无源带通滤波器的幅频特性曲线

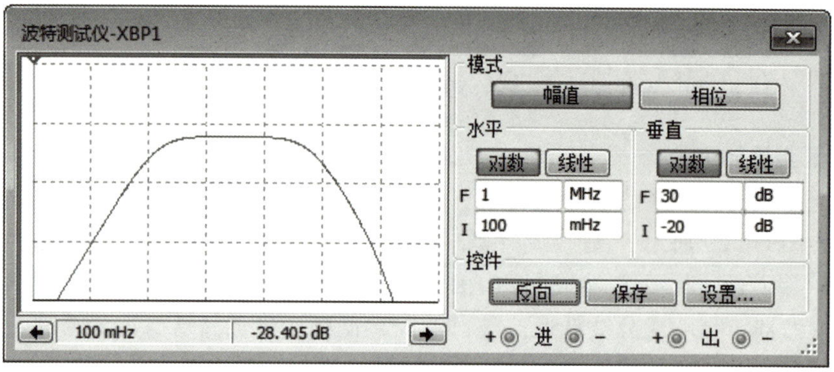

图 6-32　有源带通滤波器的幅频特性曲线

的支路经过 R_2 后会经 C_1 流入地中，在下面的支路会在 C_2 遇到极大的阻抗，所以中间的频率很难进入运放进行放大。

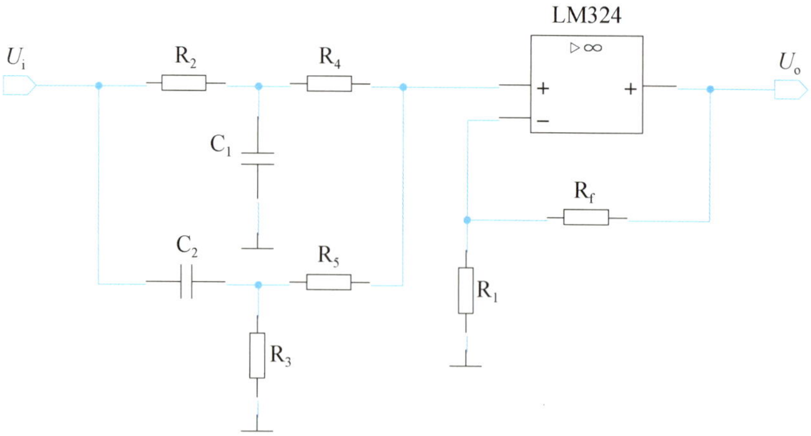

图 6-33　有源带阻滤波器电路

无源带阻滤波器的幅频特性曲线如图 6-34 所示。

有源带阻滤波器的幅频特性曲线如图 6-35 所示。

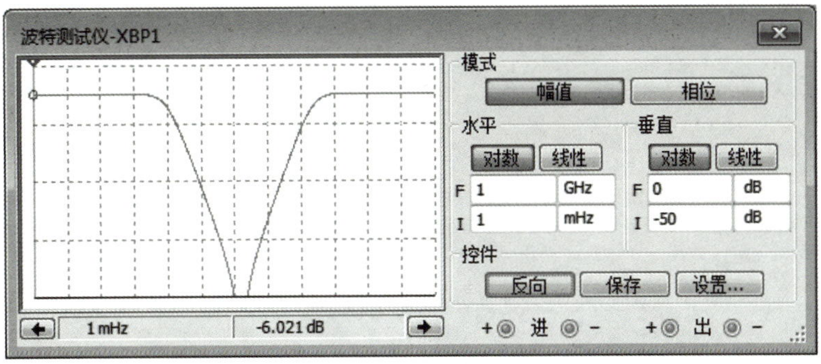

图 6-34　无源带阻滤波器的幅频特性曲线

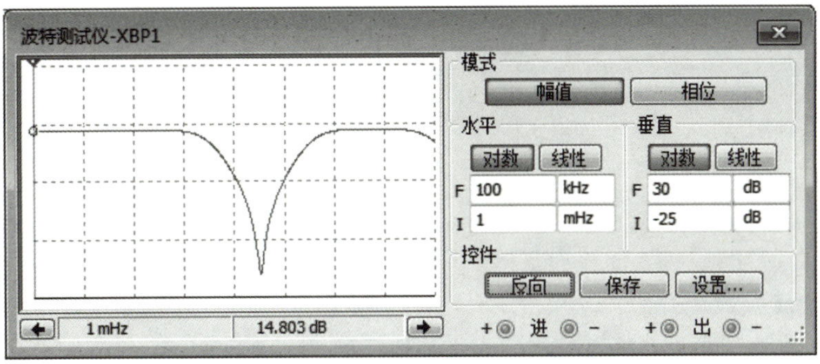

图 6-35　有源带阻滤波器的幅频特性曲线

知识 2　精密整流电路

受二极管导通压降的影响，二极管整流电路的输出电压总低于输入电压。由于二极管导通压降受温度和电流大小的影响，经常发生波动，在某些需要精确测量的场合就需要消除这些影响，以得到更为准确的输入电压值。精密整流电路就可以消除二极管导通压降的影响，使输出电压和输入电压几乎完全相等。

视频 6-3　精密整流理论

视频 6-4　精密整流实操

素养提升

精益求精是指将工艺做到极致，在信号处理时，经常需要秉持精益求精的态度尽量减小误差。通常精度越高，成本也越高，工程上常需要在开销和精度之间做出平衡。

1. 精密半波整流电路

精密半波整流电路如图 6-36 所示，图中 R_3 为平衡电阻。图中二极管和电阻构成了反馈，所以需要利用瞬时极性法进行判断。假设开始时输入信号 U_i 有正跃变，输入信号经过电阻 R_1 到达集成运放的反相输入端，则集成运放输出端有负跃变，该负跃变导致二极管 D_2 反偏截止，电流从输入端 U_i 依次经过 R_1、R_2、D_1 流入运放输出端，所以，此时运放为闭环线性应用。因此，有

$$I_{R_1}=I_{R_2} \tag{6-21}$$

若 $R_1=R_2$，则

$$U_o=-U_i \tag{6-22}$$

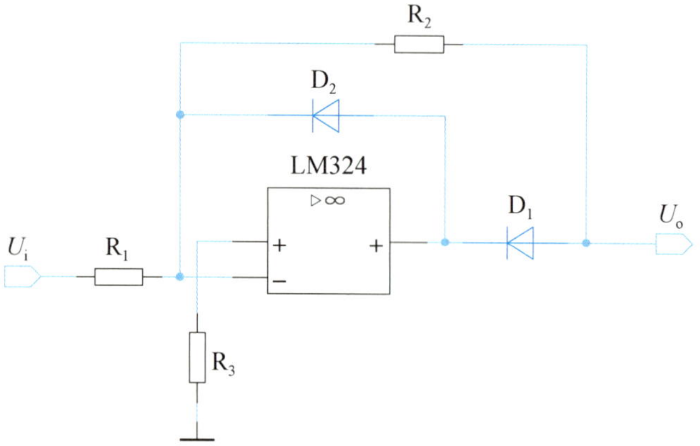

图 6-36　精密半波整流电路

2. 精密全波整流电路

在精密半波整流电路的基础上，可以得到精密全波整流电路。精密全波整流电路有很多种，图 6-37 就是其中之一。图中集成运放 LM1 和 R_1、R_2、R_4、D_1、D_2 共同构成了精密半波整流电路，集成运放 LM2 和 R_3、R_5、R_6、R_7 共同构成了反相求和电路。该电路要求 $R_2=2R_1$ 且 $R_1=R_3=R_5=R_7$。

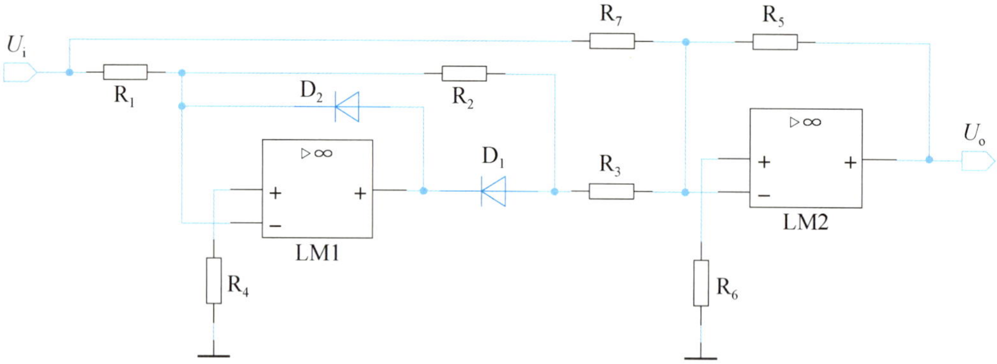

图 6-37　精密全波整流电路

知识 3　峰值检测电路

峰值检测电路用于检测信号中的峰值，获取峰值后，需要保存一段时间，以便后续处理，后续处理完成后还需要能够及时获取新的峰值。

> **素养提升**
>
> 获取的信息越多，越容易做出正确判断。

峰值检测电路的基本原理如图 6－38 所示。当输入信号电压高于电容电压时，二极管导通，将向电容充电；而当输入信号电压低于电容电压时，二极管反偏，电容电压将保持前一个峰值电压，此时输出电压为电容上的电压。

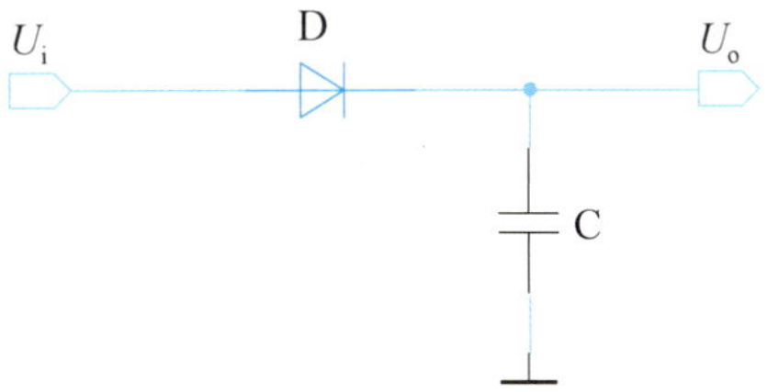

图 6－38　峰值检测电路的基本原理

图 6－38 中的输出电压将比输入信号低一个二极管的导通压降。带负载的时候，输出电压下降的速率与负载大小有关，如果空载，电容上的电压只能越来越高，获取最高的信号电压值，而不能更新较低的峰值。

峰值检测电路如图 6－39 所示。集成运放 LM1 和 R_1、D_1、D_2 构成精密半波整流电路，用于消除二极管导通压降的影响。C_1 用于存储电压值，R_2 用于泄放电容上存储的电荷，以便更新峰值。集成运放 LM2 构成电压跟随器，提高带负载能力。电容和泄放电阻的大小应与信号频率相适应，太大则不能及时更新峰值，太小则保持时间太短。

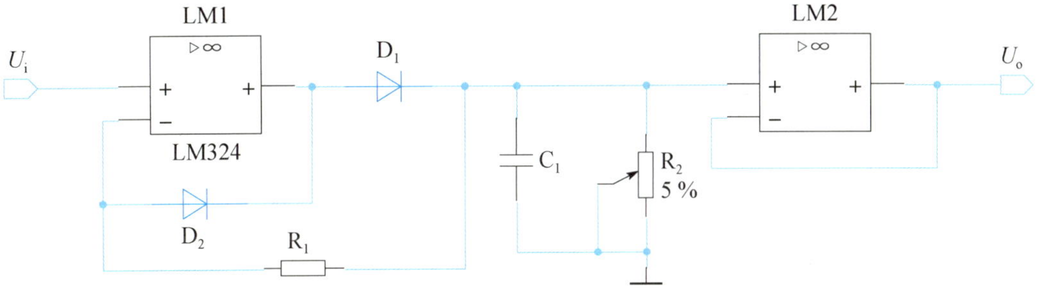

图 6－39　峰值检测电路

知识 4　频率指示电路制作

频率指示电路可以显示出不同频率的信号电压幅度，将电信号的频率成分以可视化的形式展示出来。要实现这样的功能，首先需要将不同频率的信号分开，使其沿不同路径传输，分别进行显示处理，可以使用滤波器完成该功能。交流信号需要用整流电路转换为广义直流信号，其次用峰值检测电路获取该信号的幅值，最后用电压指示电路将信号的电压幅值用发光二极管显示出来。将有源滤波器、精密整流电路、峰值检测电路、电压指示电路连接起来就构成了频率指示电路。

素养提升

在设计电子系统时，常将不同功能的基本电路单元组合起来实现复杂的功能，这种设计方式称为模块化设计，模块化设计是系统设计的基本方法之一。

简单的频率指示电路如图 6－40 所示，该电路实现了低频和高频两路电压幅度显示的功能，这两路的主要差异在于第一级有源滤波器结构的不同。R_1、R_2、R_3、C_1 和集成运放 LM1 构成了有源低通滤波器，R_4、R_5、R_6、C_2 和集成运放 LM5 构成了有源高通滤波器。

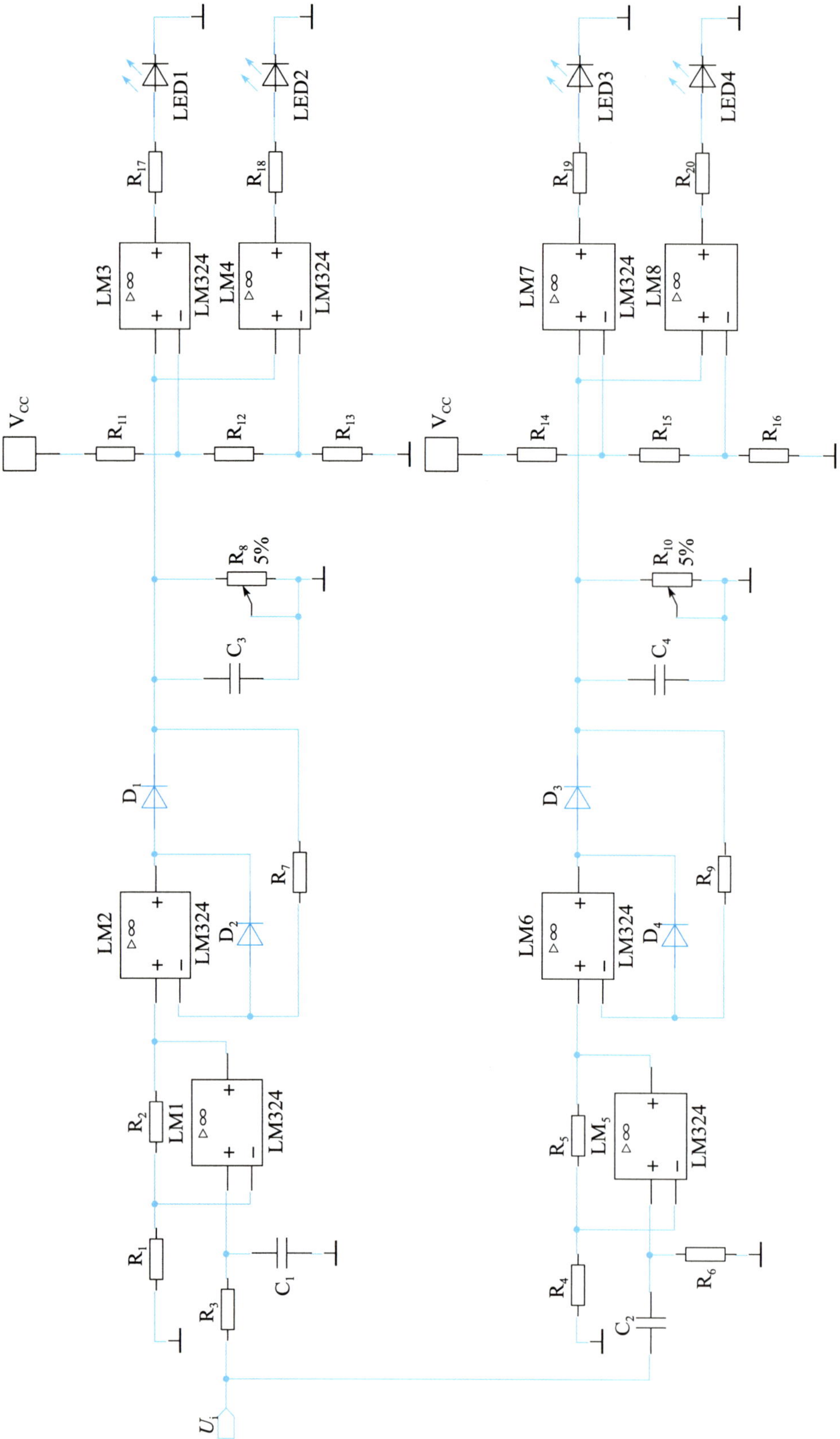

图 6-40　简单的频率指示电路

D_1、D_2、R_7 和集成运放 LM2 构成低频信号的精密整流电路，D_3、D_4、R_9 和集成运放 LM6 构成高频信号的精密整流电路。

C_3、R_8 构成低频信号的保持电路，C_4、R_{10} 构成高频信号的保持电路。C_3 比较大，C_4 比较小。R_8 和 R_{10} 采用电位器，便于调节峰值保持时间的长短。

R_{11}、R_{12} 和 R_{13} 用于得到低频信号电压比较器的参考电压，R_{14}、R_{15} 和 R_{16} 用于得到高频信号电压比较器的参考电压。

LM3 和 LM4 构成低频信号电压比较器电路，LM7 和 LM8 构成高频信号电压比较器电路。

R_{17}、R_{18}、R_{19} 和 R_{20} 为发光二极管的限流电阻，应该根据电压高低和电流大小选择阻值合适的电阻。

LED1、LED2、LED3 和 LED4 用于发光指示电压高低。当低频信号电压最低时，LED1 和 LED2 都不发光，随着电压的升高，LED1 首先发光，电压再升高，LED2 才会发光，当电压降低时，LED2 先熄灭，LED1 后熄灭。高频信号支路的 LED3、LED4 和低频信号支路的 LED1、LED2 同理。

任务实施

一、仿真

视频

6-5 有源低通滤波器仿真

(1) 用仿真软件绘制一阶有源低通滤波器电路图。

(2) 将函数发生器的频率设置为 1kHz，幅值设置为 100mV，波形选择矩形波，运行仿真。用示波器观察输入、输出信号波形，用万用表测量电压放大倍数。用波特测试仪观察幅频特性曲线，测量电压增益、截止频率和通频带宽度，并与无源一阶低通滤波器进行对比。

(3) 用仿真软件绘制二阶有源低通滤波器电路图。

(4) 用示波器观察输入、输出信号波形，用万用表测量电压放大倍数。用波特测试仪观察幅频特性曲线，测量电压增益、截止频率和通频带宽度，并与无源二阶低通滤波器进行对比。

(5) 为了改善通频带内的平坦程度和过渡带的陡峭程度，各种改进电路种类繁多，通常比较复杂，此处给出改进的二阶低通滤波器电路就是其中较简单的一种。电容 C_1 对于某些频率成分来说，相当于引入了正反馈，合理调节反相比例放大电路的放大倍数，使通频带内放大倍数下降较慢，在截止频率附近的幅频特性得到了改善。

按照给出的改进二阶低通滤波器电路进行仿真电路图的绘制，运行仿真，观察其幅频特性曲线。调节 R_f 和 R_3 大小，改变反相比例放大电路的放大倍数，使 R_f/R_3 在 0.5～3 变化，观察对应的幅频特性曲线变化情况。

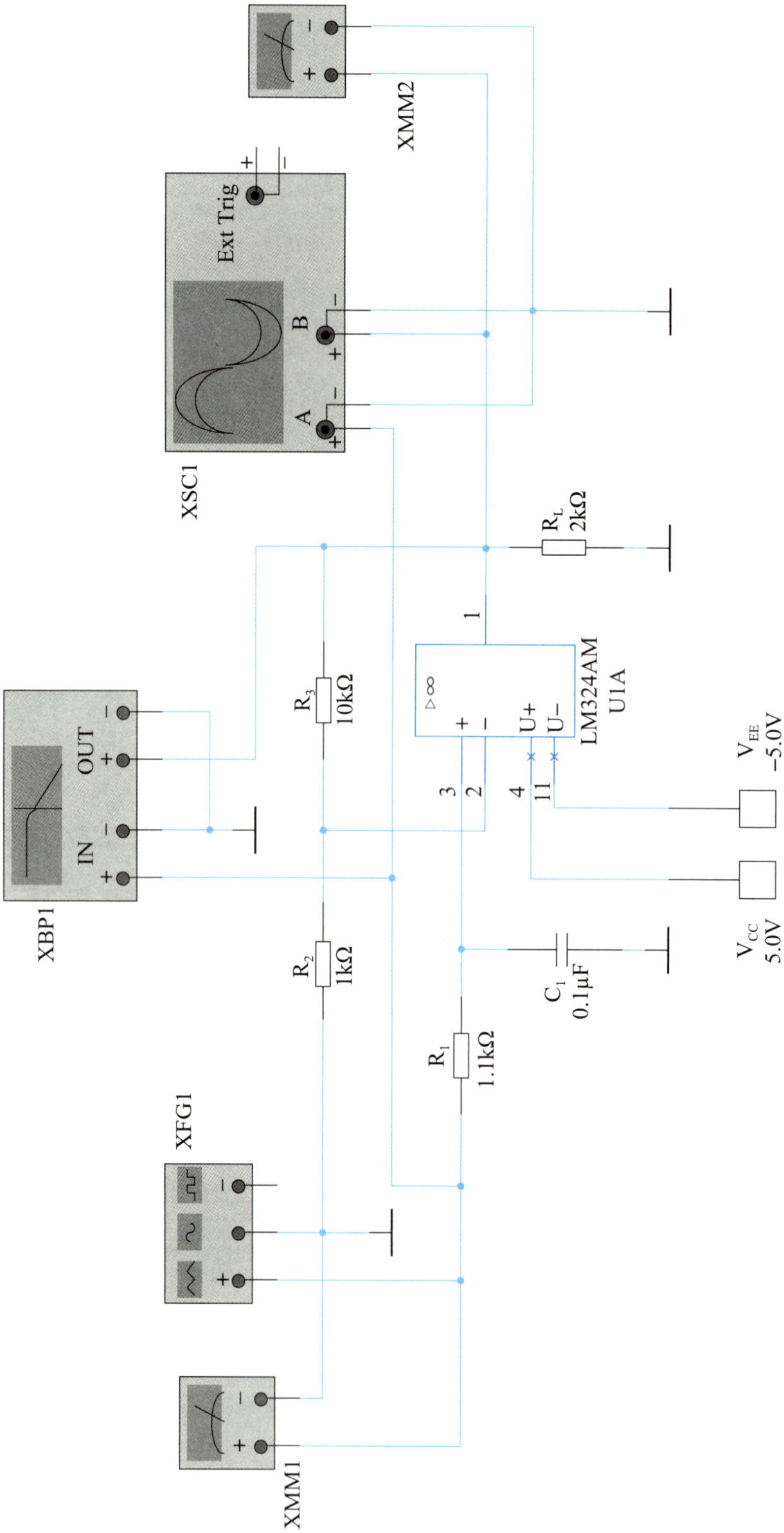

一阶有源低通滤波器电路仿真图

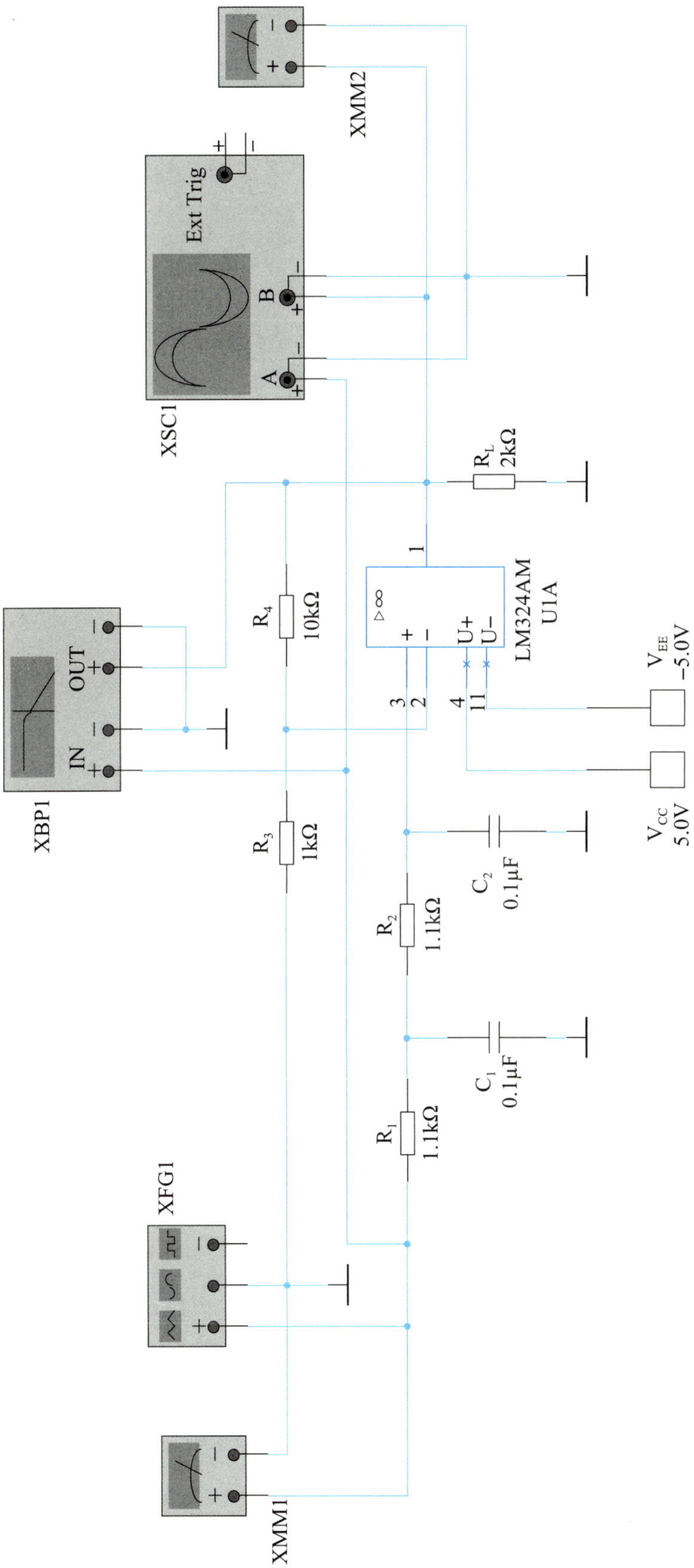

二阶有源低通滤波器电路仿真图

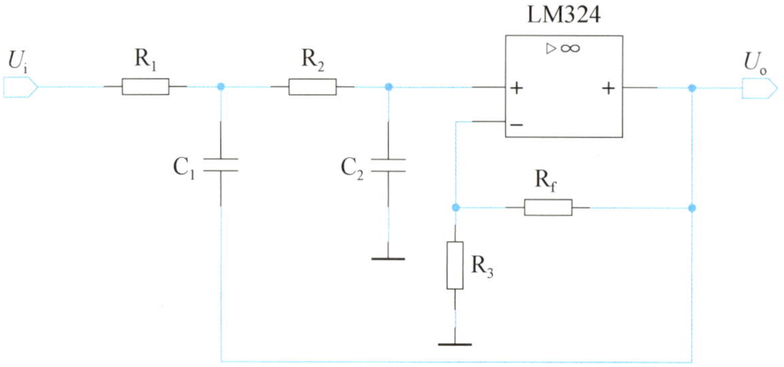

改进的二阶低通滤波器电路

(6) 用仿真软件绘制一阶有源高通滤波器电路图。

(7) 运行仿真，用示波器观察输入、输出信号波形，用万用表测量电压放大倍数。用波特测试仪观察幅频特性曲线，测量电压增益、截止频率和通频带宽度，并与无源一阶高通滤波器进行对比。

(8) 仿照二阶低通滤波器绘制二阶有源高通滤波器仿真电路图，运行仿真，观察幅频特性曲线与无源二阶高通滤波器和一阶有源高通滤波器的区别。

(9) 用仿真软件绘制有源带通滤波器电路图。

(10) 运行仿真，用示波器观察输入、输出信号波形，用万用表测量电压放大倍数。用波特测试仪观察幅频特性曲线，测量电压增益、截止频率和通频带宽度，并与无源一阶低通滤波器和无源一阶高通滤波器进行对比。

(11) 用仿真软件绘制有源带阻滤波器电路图。

(12) 运行仿真，用示波器观察输入、输出信号波形，用万用表测量电压放大倍数。用波特测试仪观察幅频特性曲线，测量电压增益、截止频率和通频带宽度，并与无源一阶低通滤波器和无源一阶高通滤波器进行对比。

(13) 用仿真软件绘制精密半波整流电路图。

(14) 将函数发生器的频率设置为 1kHz，幅值设置为 1V，波形选择为正弦波，运行仿真，用示波器观察输入、输出信号波形，并进行幅度对比。

(15) 用仿真软件绘制精密全波整流电路图。

(16) 将函数发生器的频率设置为 1kHz，幅值设置为 1V，波形选择正弦波，运行仿真，用示波器观察输入、输出信号波形，并进行幅度对比。

(17) 用仿真软件绘制峰值检测电路图。

视频 6-6 有源高通滤波器仿真

视频 6-7 有源带通滤波器仿真

视频 6-8 有源带阻滤波器仿真

视频 6-9 精密整流电路仿真

视频 6-10 峰值检测电路仿真

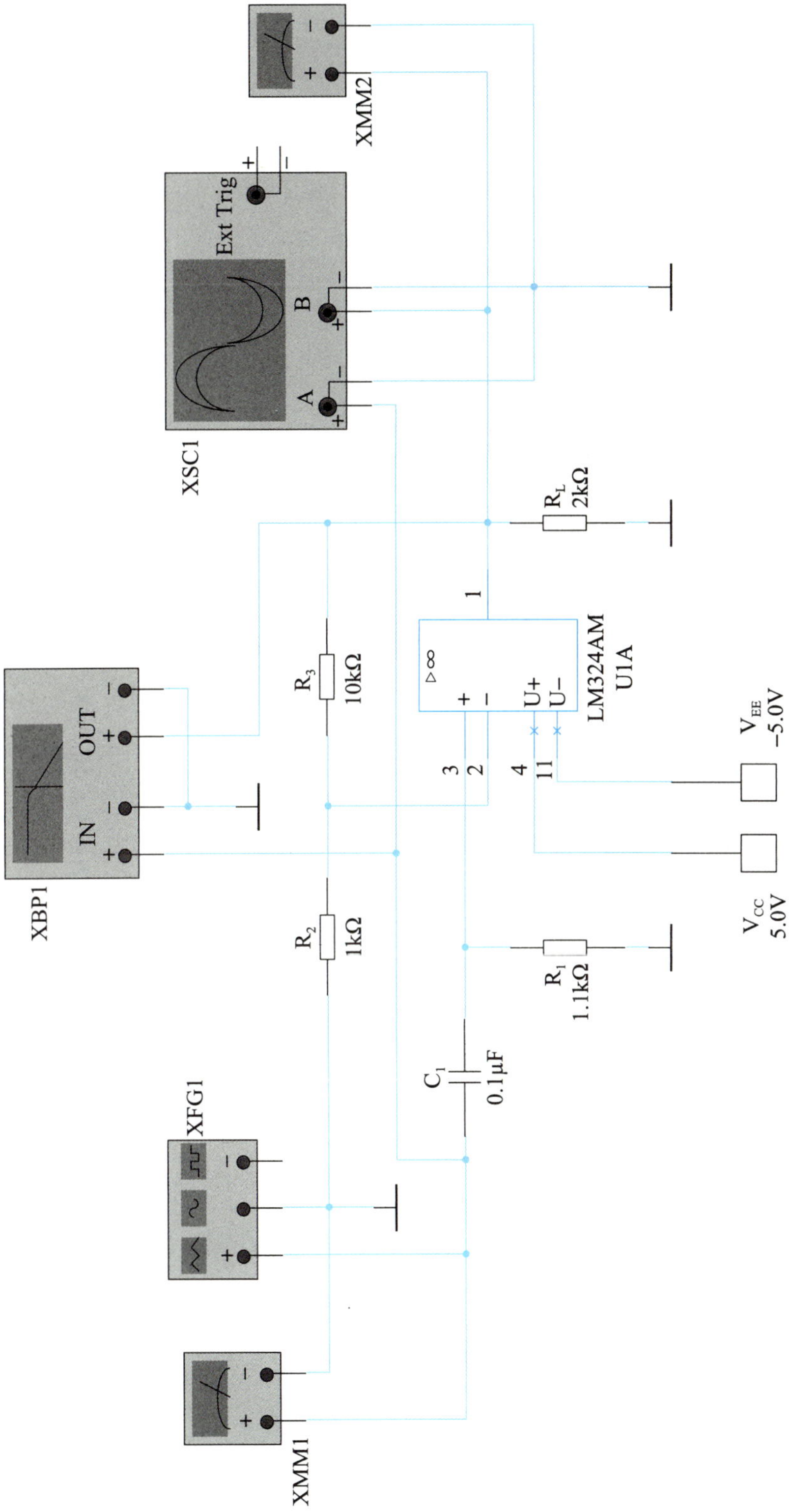

一阶有源高通滤波器电路仿真图

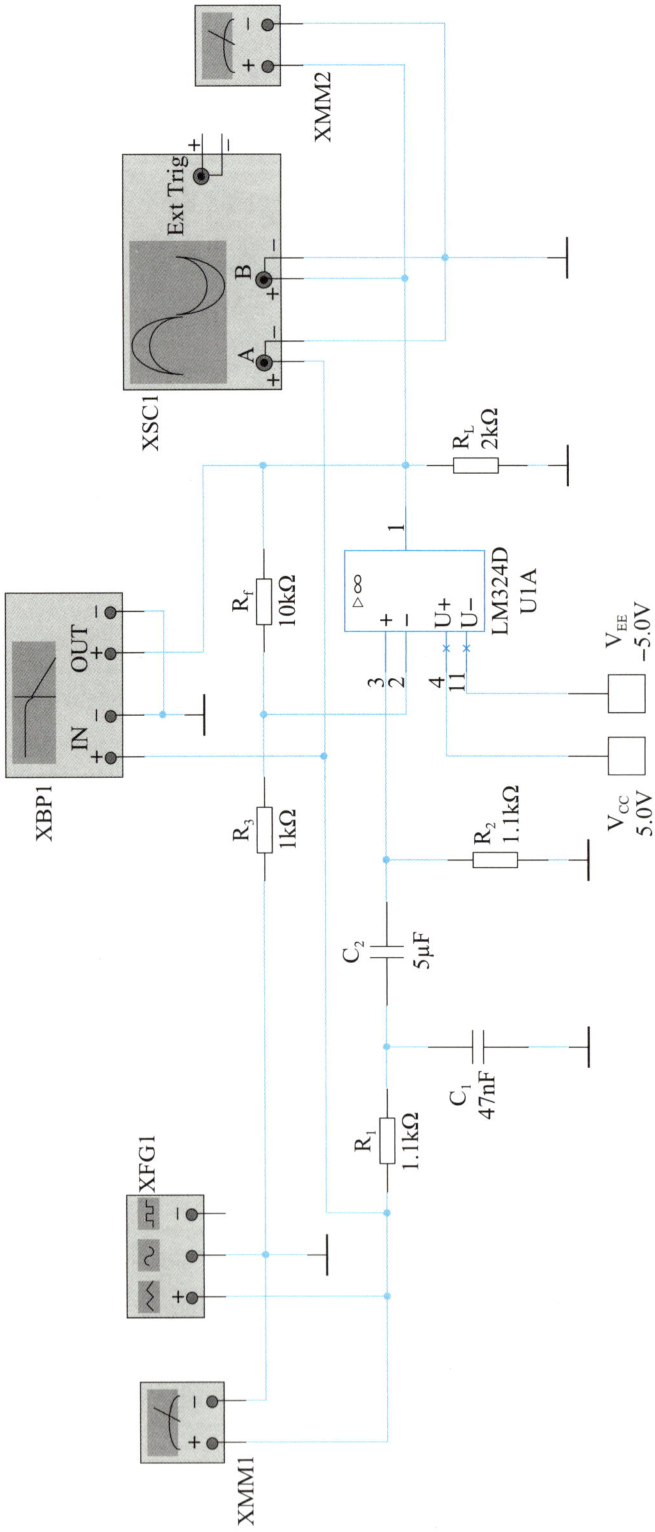

有源带通滤波器电路仿真图

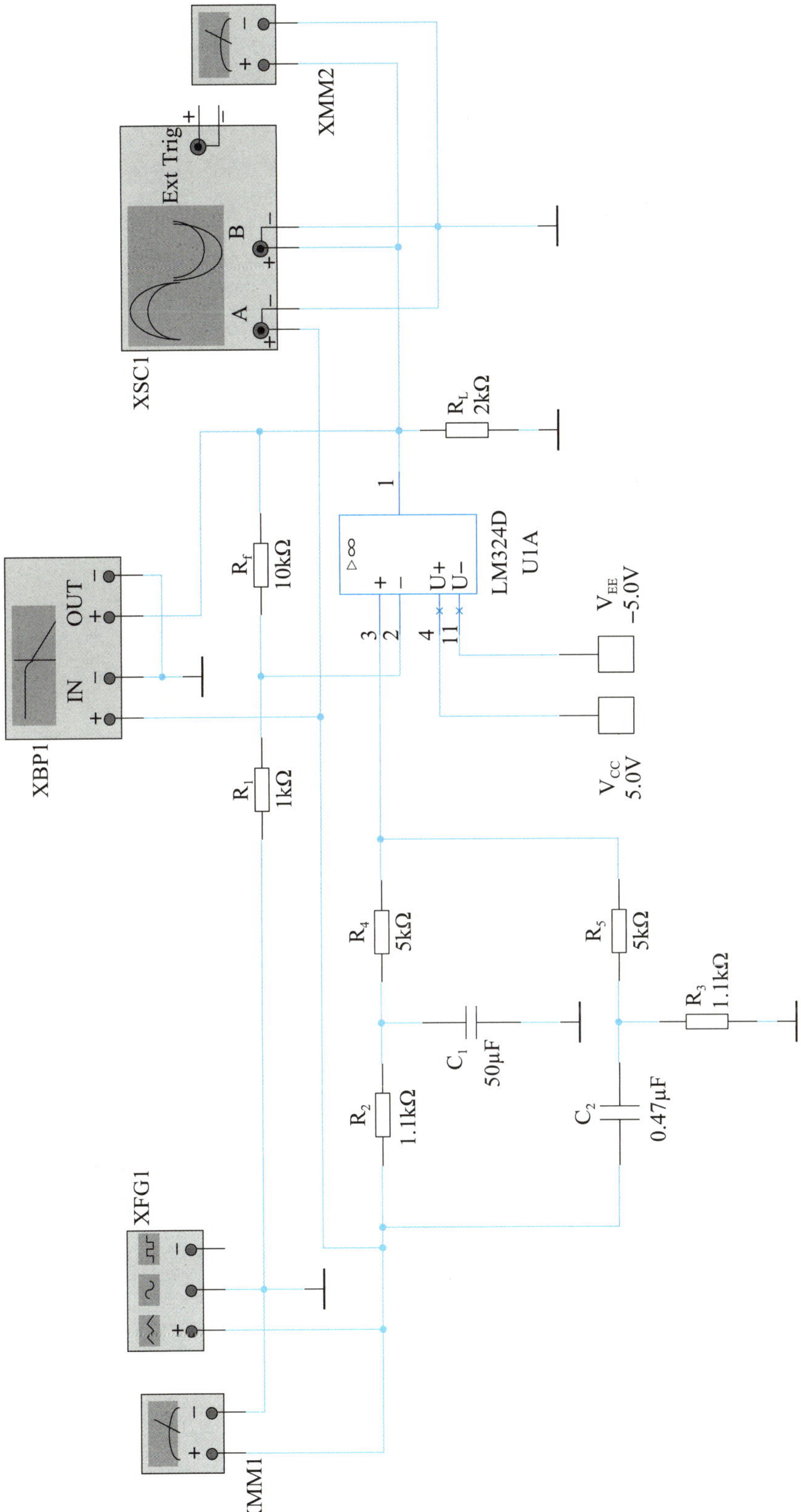

有源带阻滤波器电路仿真图

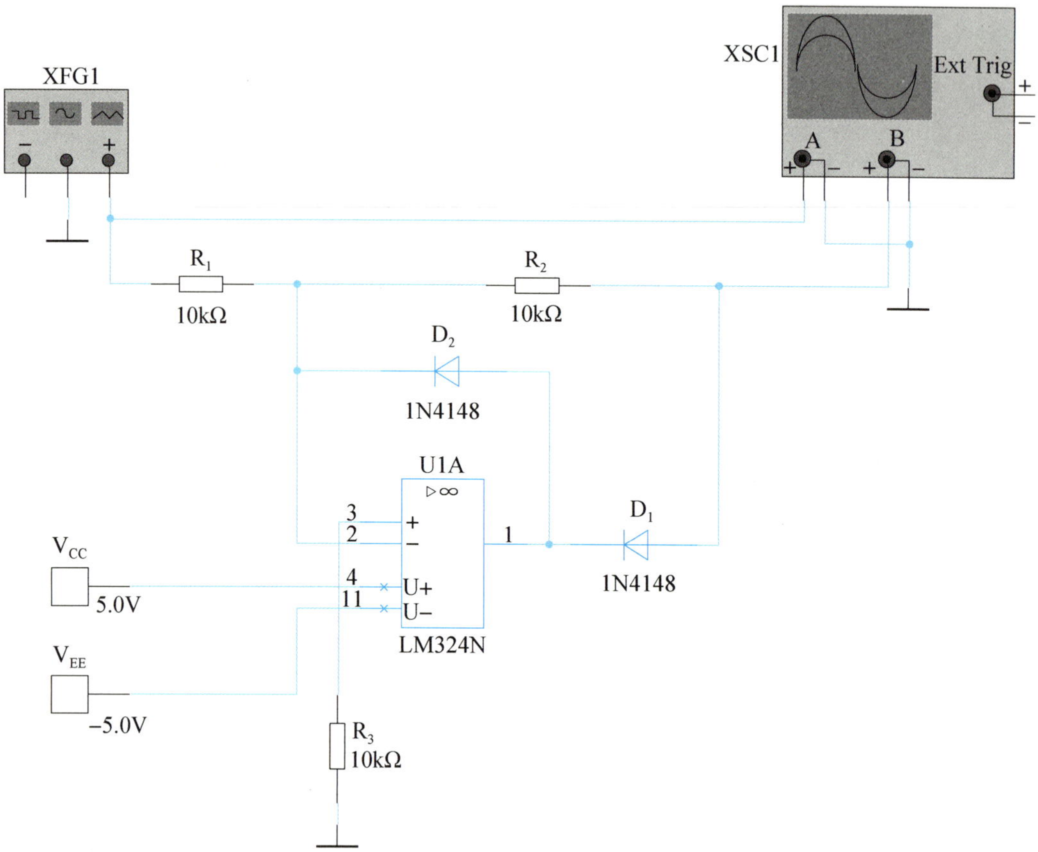

精密半波整流电路仿真图

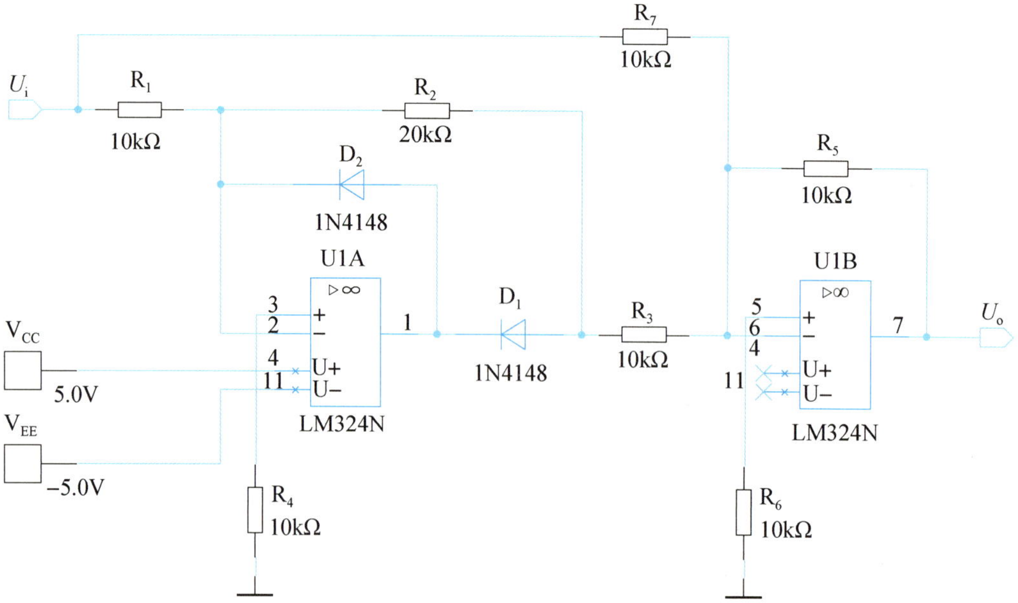

精密全波整流电路仿真图

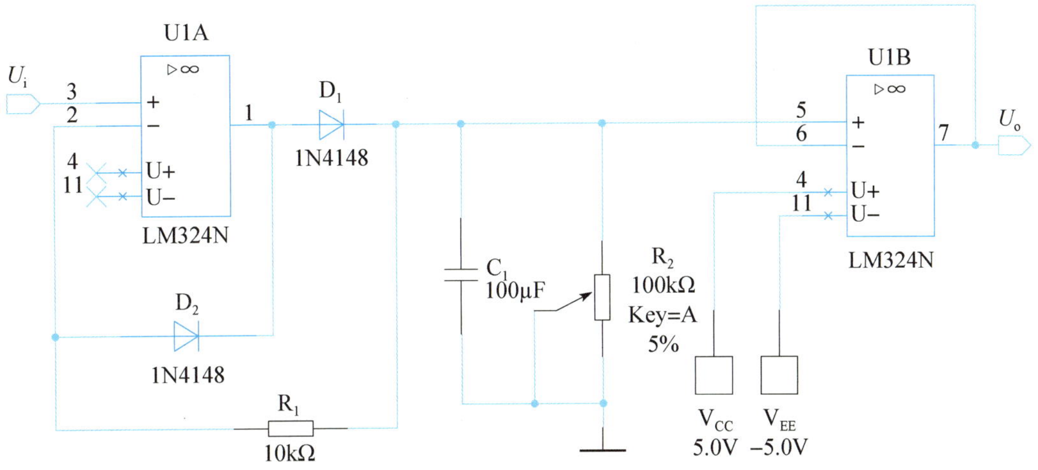

峰值检测电路仿真图

（18）将函数发生器的频率设置为10Hz，幅值设置为1V，波形选择正弦波，把函数发生器接在输入端，运行仿真，用示波器观察输入、输出信号波形，并进行幅度对比。

（19）调节输入信号频率和 C_1、R_2 的大小，观察它们之间的关系。

（20）设计一个精密全波整流电路，用这个精密全波整流电路替代半波整流电路实现峰值检测功能，这个电路既能获取正半周的峰值，也能得到负半周的峰值。

（21）用仿真软件绘制频率指示电路图。

视频

6－11　频率指示电路仿真

（22）将函数发生器设置为10kHz、0.5V的正弦波，运行仿真，观察发光二极管的显示情况。

（23）分别调节函数发生器的频率、幅度，观察发光二极管发光情况的不同。

（24）调节比较器的参考电压，观察发光二极管发光情况的变化。

（25）调节保持电路的两个电位器 R_8 和 R_{10}，观察发光二极管发光情况的变化。

（26）增加电压比较器的数量，低频和高频都用多个发光二极管或者用LED光柱显示器进行指示。

（27）通过改变 C_1、C_2、R_3、R_6 等元器件的参数，实现有源滤波器截止频率的改变，观察不同频率下发光二极管的发光情况。

（28）设计有源带通滤波器，增加中频指示。

（29）将一阶有源滤波器改为二阶有源滤波器，观察发光二极管显示效果的变化。

（30）汇总分析仿真结果，撰写仿真总结报告。

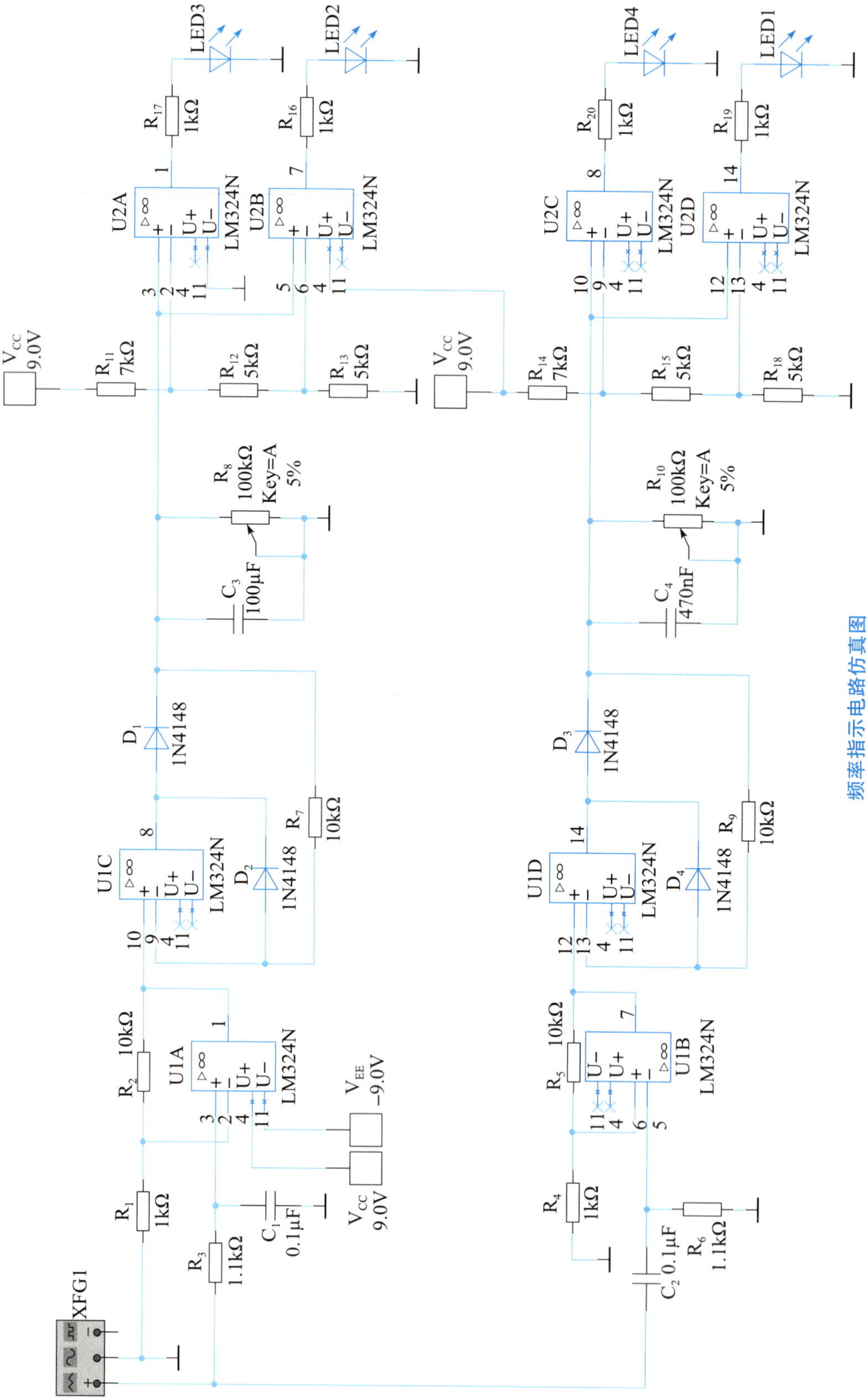
XFG1
R1 1kΩ
R2 10kΩ
R3 1.1kΩ
C1 0.1μF
U1A LM324N
VCC 9.0V
VEE -9.0V
U1C LM324N
D2 1N4148
R7 10kΩ
D1 1N4148
C3 100μF
R8 100kΩ Key=A 5%
R11 7kΩ
R12 5kΩ
R13 5kΩ
VCC 9.0V
U2A LM324N
U2B LM324N
R17 1kΩ
R16 1kΩ
LED3
LED2
R4 1kΩ
R5 10kΩ
R6 1.1kΩ
C2 0.1μF
U1B LM324N
U1D LM324N
D4 1N4148
R9 10kΩ
D3 1N4148
C4 470nF
R10 100kΩ Key=A 5%
R14 7kΩ
R15 5kΩ
R18 5kΩ
VCC 9.0V
U2C LM324N
U2D LM324N
R20 1kΩ
R19 1kΩ
LED4
LED1

频率指示电路仿真图

二、准备工作

工具和材料清单如下表所示。

工具和材料清单

		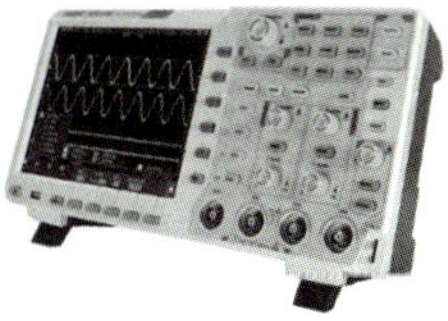
LM324 集成运放	万用表	示波器

导线	面包板	剥线钳
	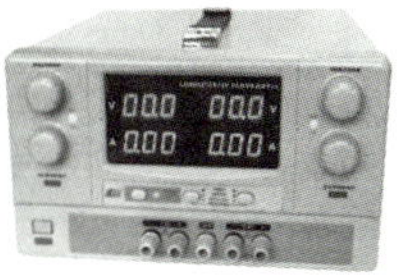	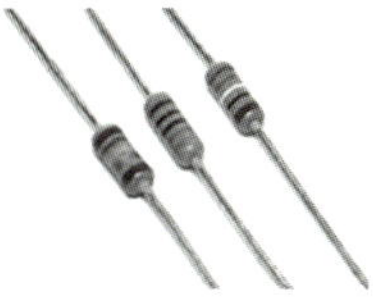
信号源	双路直流稳压电源	1kΩ、1.1kΩ 5kΩ、7kΩ、10kΩ 电阻
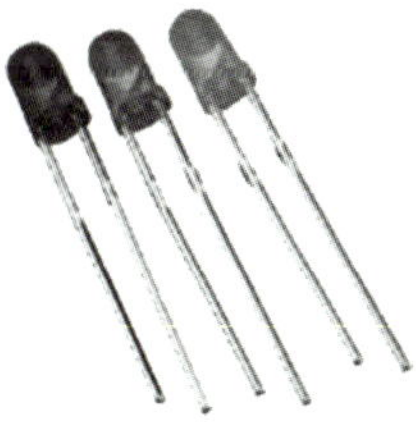		
发光二极管	100kΩ 电位器	100μF、470μF 电容
	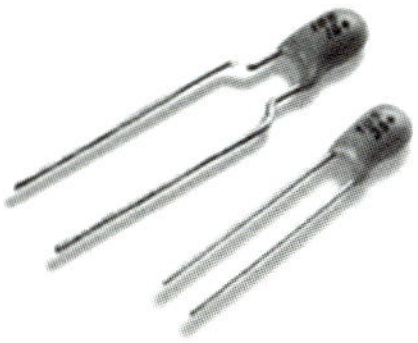	
1N4148 二极管	0.1μF 电容 (104 电容)	

三、实施记录

1. 拟订测试方案

测试方案拟订表

序号	电路	测试方案（含电路图）	简述理由
1	频率指示电路	（1）万用表测试； （2）示波器测试； （3）直接观察	

2. 设备和元器件识别与检测过程记录

设备和元器件识别与检测过程记录表

序号	设备和元器件	识别与检测过程实施记录	识别与检测结果
1	LM324 集成运放		
2	信号源		
3	示波器		
4	双路直流 稳压电源		

3. 电路装接过程记录

电路装接过程记录表

序号	电路	装接过程记录	初测结果（是否正常）
1	频率指示电路		

4. 测量结果与分析

测量结果与分析表

序号	测量项	测量结果	计算值	分析
1	频率指示电路			

四、总结与评价

填写任务评价表，简单总结任务完成过程及心得体会。

任务评价表

任务名称				总分		
姓名		学号		日期		
考核项目	考核内容	配分	自评 30%	互评 30%	师评 40%	得分
素质	遵守实验室规章制度，与同学和谐协作，执行5S管理标准	30				
知识	能借助信息化资源自主学习，理论联系实际，正确完成任务	30				
技能	布线合理，操作规范，未造成受伤或设备与元器件损坏、遗失，按时完成任务	40				

项目小结

(1) 当集成运放在非线性应用时，开环增益非常大，两个输入端稍有不同就会导致输出达到极限值，常在输出端使用稳压二极管来进行限幅。两个输入端电压并不近似相等。

(2) 过零比较器是比较简单的单限比较器，以0V为门限参考电压。

(3) 常见的集成比较器输出端多采用OC结构，使用OC结构的集成比较器需要使用上拉电阻才能得到高电平。OC结构的集成比较器在接发光二极管时应采用上拉电阻，否则只能使用灌电流的方式带动发光二极管发光。

(4) 滞回比较器输入电压增大时和减小时的门限电压是两个不同的值，一个门限电压是以输出端为高电平计算出来的，另一个门限电压是以输出端为低电平计算出来的。两个门限电压的差值称为回差（或门限宽度）。

(5) 比较器都有同相和反相两种，同相是指输出随输入增大而增大，随输出减小而减小，反相反之。同相比较器将输入信号接在运放或集成比较器的同相输入端，反相比较器则将输入信号接在反相输入端。

(6) 电压指示电路是比较器的一种具体应用电路。

(7) 有源滤波器是无源滤波器和有源放大器的有机结合。

(8) 精密整流电路具有消除二极管压降影响的效果，在很多场合得到了应用。

(9) 峰值检测电路中的泄放电阻在检测仪表中常用模拟开关（如场效应管）代替，在后级电路取样完成后，闭合这个模拟开关，使电容上的电荷泄放，然后断开这个模拟开关，电容充电并保持峰值，等待下一次取样。

课后练习

一、判断题

1. 过零比较器是双门限比较器。(　　)

2. 同相过零比较器的输入信号比阈值低时，输出高电平。(　　)
3. 滞回比较器是双门限比较器。(　　)
4. 有源滤波器在滤除干扰时的滤波效果比同阶无源滤波器好。(　　)
5. 通常高阶滤波器的滤波效果好于一阶滤波器。(　　)
6. 有源滤波器的结构包括无源滤波器和有源放大电路两部分。(　　)
7. 精密整流电路可以消除二极管死区电压带来的整流误差。(　　)
8. 峰值检测电路中利用电容存储瞬间峰值。(　　)

二、选择题

1. 在音频放大电路中，要想滤除 100Hz 的电源干扰，应采用（　　）滤波器。

A. 低通　　B. 高通

C. 带通　　D. 带阻

2. 集成运放在当比较器使用时，(　　)。

A. 需要利用负反馈提高响应速度　　B. 通常工作在开环状态

C. 不能输出高电平　　D. 不能输出低电平

3. 在使用 OC 结构的集成比较器时，(　　)。

A. 需要使用上拉电阻才能输出高电平

B. 使用上拉电阻会造成集成比较器损坏

C. 需要使用下拉电阻才能输出低电平

D. 不能输出低电平

三、填空题

1. 无源滤波器的主要缺点是________。
2. 集成比较器常采用 OC 结构的输出级，OC 的含义是________。
3. 由 1kΩ 电阻和 1μF 电容构成的一阶 RC 低通滤波器的截止频率是________。
4. 二阶 RC 高通滤波器中有________个滤波电容。
5. 集成运放构成的比较器后边经常接限幅电路，其作用是________。
6. 峰值检测电路经常在电容后边接一个电压跟随器，其作用是________。

四、问答题

1. 什么是比较器？比较器分为哪几种？
2. 滞回比较器具有哪些特点？
3. 有源滤波器可以分为哪几类？有源滤波器的电路结构有什么特点？
4. 滤波器的阶数是什么意思？一阶滤波器和二阶滤波器的幅频特性曲线有什么区别？
5. 精密整流电路的工作原理是什么？
6. 峰值检测电路的工作原理是什么？

项目七

正弦波振荡器制作

项目目标

1. 知识目标

(1) 了解信号发生器的含义；
(2) 理解正反馈的含义、结构和特点；
(3) 掌握 RC 正弦波振荡器的电路结构和特点；
(4) 会计算 RC 正弦波振荡器的输出频率；
(5) 了解 LC 正弦波振荡器的特点；
(6) 了解石英晶体振荡器的特点。

2. 技能目标

(1) 会测量正弦波参数；
(2) 能对简单电路进行故障判断；
(3) 会使用频率特性测试仪；
(4) 会对印制电路板（PCB）进行装接；
(5) 熟练使用万用表和示波器；
(6) 掌握仿真软件的使用方法；
(7) 会使用面包板搭建电路。

3. 素养目标

(1) 培养科学思维能力；
(2) 锻炼工程实践能力；
(3) 提升学习能力；
(4) 强化工匠精神；
(5) 提升信息化素养；
(6) 培养协作精神和团队意识。

知识导图

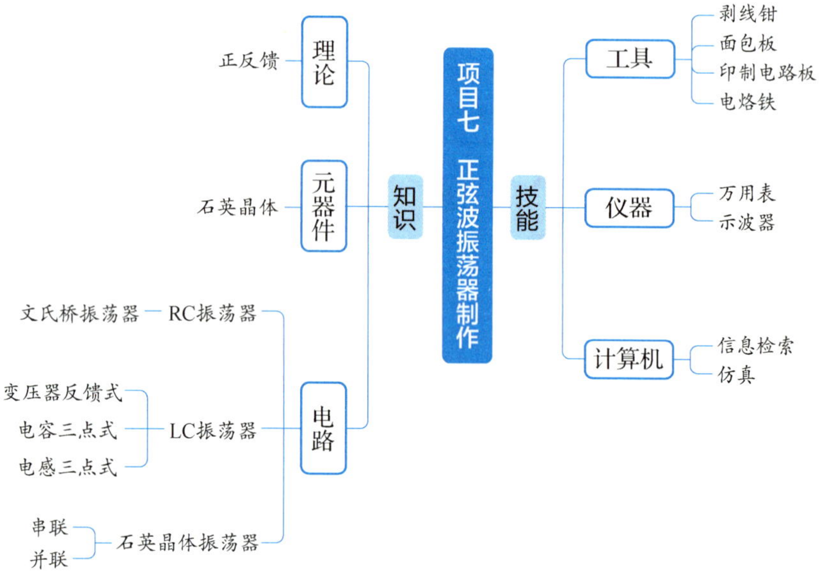

任务一 RC 正弦波振荡器

任务描述

正弦波是电路中最常见的波形，频率值为固定常数，又称为简谐波。产生正弦波的电路称为正弦波振荡器。其他波形的信号可以由正弦波变换获得，所以在很多信号发生器中能见到正弦波振荡器。典型 RC 正弦波振荡器电路如图 7－1 所示，本任务要求掌握正弦波振荡器的特点，会对正弦波振荡器进行仿真，会使用万用表、示波器对正弦波振荡器进行测量。

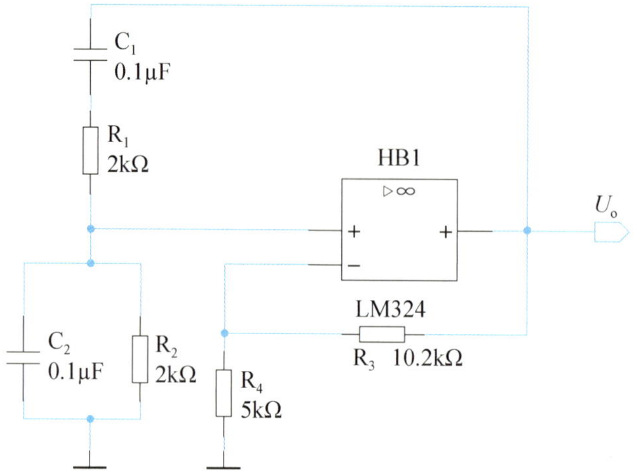

图 7－1 典型 RC 正弦波振荡器电路

知识储备

知识 1 信号发生器

凡是不需要输入信号就能输出一定频率、波形、幅度电信号的仪器，都可以称为信号发生器，也称为信号源。信号发生器应用十分广泛，绝大多数电子仪器设备中都有信号发生器电路。

信号发生器可以按照频率高低分为低频信号发生器、视频信号发生器、高频信号发生器、甚高频信号发生器和超高频信号发生器等。低频信号发生器的频率一般在 1Hz～1MHz，视频信号发生器的频率一般在 20Hz～10MHz，高频信号发生器的频率一般在 100kHz～30MHz，甚高频信号发生器的频率一般在 30～300MHz，超高频信号发生器的频率一般在 300MHz 以上。

信号发生器还可以按照波形分为正弦波信号发生器、脉冲信号发生器、噪声信号发生器和函数信号发生器等。正弦波信号发生器只能输出正弦波，脉冲信号发生器有的能输出矩形脉冲，有的能输出锯齿波等其他波形的脉冲信号，共同特点是信号具有比较陡峭的脉冲边沿，从频谱角度来说，具有较宽的带宽。噪声信号发生器输出的波形不规则，没有固定形状和固定周期，幅度变化也不可预知，属于随机信号，用于模拟噪声，主要用来对设备的抗干扰能力进行测试。函数信号发生器能够输出多种确定性信号，常见的函数信号发生器能够产生正弦波、三角波和矩形波，能调整三角波的波形，能调整矩形波的占空比，也能在一定范围内调整幅度和频率。

信号发生器的主要指标有：

1. 带宽

带宽是指输出信号的频率范围。一般来讲，信号源输出的正弦波和矩形波的频率范围不一致。例如，某函数发生器产生正弦波的频率范围是 1～240MHz，而输出矩形波的频率范围是 1～120MHz，这主要是因为矩形波的陡峭边沿包含了大量的高频成分。

2. 频率（定时）分辨率

频率分辨率，即最小可调频率分辨率，也就是创建波形时可以使用的最小时间增量。

3. 频率准确度

信号源显示的频率值与真值之间的偏差，通常用相对误差表示，低挡信号源的频率准确度只有 1%，而高挡信号源的频率准确度可以达到 1ppm（百万分之一）。

4. 频率稳定度

频率稳定度是指外界环境不变的情况下，在规定时间内，信号发生器输出频率相对于设置读数的偏差值的大小。频率稳定度一般分为长期频率稳定度（长稳）和短期频率稳定度（短稳）。其中，短期频率稳定度是指经过预热后，15min 内信号频率所发生的最大变化；长期频率稳定度是指信号源经过预热后，信号频率在任意 3h 内所发生的最大变化。

5. 输出阻抗

信号源的输出阻抗是指从输出端看去，信号源的等效阻抗。例如，低频信号发生器的输出阻抗通常为600Ω，高频信号发生器的输出阻抗通常只有50Ω，电视信号发生器的输出阻抗通常为75Ω。使用信号源时必须注意输出阻抗匹配的问题。

6. 输出电平范围

输出幅度一般由电压或者分贝表示，是指输出信号幅度的有效范围。

知识2 正反馈

在反馈系统中，放大电路的净输入 X_{id} 等于反馈量 X_f 与输入量 X_i 的叠加，负反馈有 $X_{id}=X_i-X_f$，正反馈有 $X_{id}=X_i+X_f$。换句话说，如果只考虑绝对值，净输入 X_{id} 大于输入量 X_i 时，该反馈就是正反馈；净输入 X_{id} 小于输入量 X_i 时，该反馈就是负反馈；净输入 X_{id} 等于输入量 X_i 时，反馈量为0，该反馈消失，变成了开环系统。

负反馈减弱了输入量变化带来的影响，使系统趋于稳定；正反馈加剧了输入量的影响，迅速使系统脱离原来的状态。正反馈可以提高系统响应速度，有些比较器因此引入正反馈以缩短响应时间。由于系统都是有边界的，正反馈将使系统迅速到达系统边界，如果没有约束，系统将崩溃。对电子设备来说，电源电压就是电压的边界约束，发生电压正反馈的时候，如果没有特殊设计拦阻，系统输出将迅速接近或达到电源电压。仅仅输出电源电压的系统并没有什么用处，所以，要么系统采用负反馈抑制正反馈，要么系统在设计时控制正反馈的速度或者进程，巧妙利用正反馈实现设计目的。振荡器就是控制正反馈，使系统输出电压在电源的两个边界之间摇摆，达到输出一定频率周期信号的目的。

素养提升

巧妙维持正反方的均衡是传统文化中的重要思想。

正反馈也可以采用瞬时极性法进行判断，如图7-2所示。

分析方法如下：第一步，假设某时刻输入信号 u_i 突然有一个小的正跃变（即 u_i 的值增大了），该输入接在运放的反相输入端上

$$u_i=u_- \tag{7-1}$$

根据运放的输入输出关系式

$$u_o=A_{od}(u_+-u_i) \tag{7-2}$$

可知，该跃变将使输出 u_o 变小，在输出端用↓表示。

跃变传导过程是：$u_i\uparrow\rightarrow u_-\uparrow\rightarrow(u_+-u_-)\downarrow\rightarrow u_o\downarrow$。

第二步，输出端负向跃变的信号经反馈导线连接到LM324的同相输入端，导线不会导致信号极性发生变化，所以LM324的同相

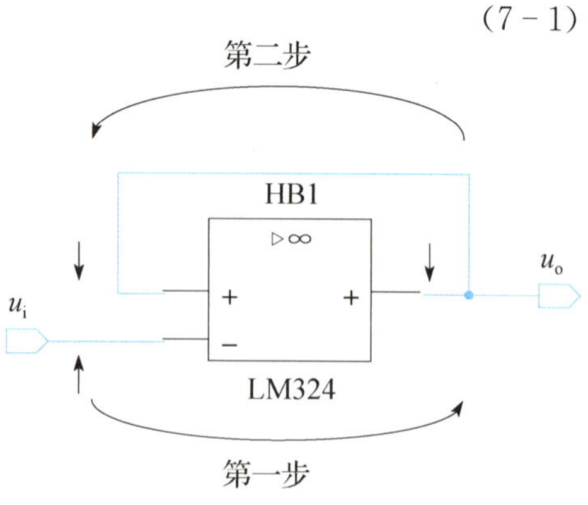

图7-2 正反馈

输入端也会有负向跃变，用↓表示。

跃变传导过程是：u_o↓→u_+↓。

第三步，根据运放的输入输出关系式，同相输入端变小将会减小 u_o，这与第一步的效果相同。

跃变传导过程是：u_+↓→($u_+ - u_-$)↓→u_o↓。

综上所述，若没有反馈，输入 u_i 的正向跃变将使输出 u_o 变小，而加入反馈后，反馈也会使 u_o 变小，两者合力作用，会使 u_o 迅速减小到最小值，所以该反馈为正反馈。

知识 3　RC 正弦波振荡器

1. 振荡器的组成环节

振荡器是不需要输入信号就能源源不断输出一定频率、幅度波形的设备或电路单元，振荡器需要满足幅度条件和相位条件才能维持振荡。

小提示

振荡器的原理类似于荡秋千，荡秋千主要有两个条件：一是要有能量补充，不然不可能荡起来，即使荡起来之后撤销能量补充，也会由于空气阻力和拉环摩擦力逐渐停下来；二是补充的能量必须顺势而为，不能反向作用，否则就会减弱振荡，不能越荡越高。荡秋千的这两个条件对应于振荡器的幅度条件和相位条件。

振荡器的幅度条件就是指电路必须有放大功能，把直流电源的能量补充到交流信号中去，否则电路中的阻抗会使信号衰减到 0；相位条件是指满足正反馈，就是补充进来的能量必须对信号起到推波助澜的作用。为了满足这两个条件，振荡器内部通常都有正反馈、放大、选频和稳幅等环节。

振荡器有两类电路结构来完成相位条件：一类使用正反馈结构满足相位条件，这类电路最多；另一类没有正反馈结构，而是采用了负阻器件来实现移相的效果。

小提示

采用负阻器件的振荡器并不是仅仅依靠负阻器件移相，而是在放大电路中电容效应导致移相的结果上再移相，达到正反馈的效果。

振荡器都有放大环节，用于给信号补充能量，起振时使信号幅度增大和抵抗电路中的各种衰减。

振荡器的选频环节非常重要，选频环节可以滤除无用频率分量，实现特定频率的输出。

小提示

选频和滤波是同一件事情的两个描述角度：选频侧重于选择有用频率，滤波侧重于滤除无用频率，类似于筛子，关键是想要漏下去的东西，还是想要留在筛子里的东西。

稳幅环节用于稳定输出信号幅度，避免输出信号幅度发生波动。很多场合对信号幅度的稳定性都有要求，尤其在调幅发射机里，振荡器幅度的稳定度是个非常重要的参数。稳幅方法分为内稳幅和外稳幅两种。内稳幅是利用放大电路的非线性实现幅度的稳定，很多放大电路在信号幅度比较小时，放大倍数较大；信号幅度较大时，电路接近饱和状态，放大倍数变小，从而实现幅度的基本稳定。外稳幅是借助二极管等非线性元器件实现幅度稳定，需要额外的非线性元器件。

2. RC 振荡器中的滤波电路

RC 振荡器采用电阻和电容作为选频电路元器件，电路简单，抗干扰性强，有较好的低频性能，并且容易得到标准系列的电阻、电容元器件，所以常用于低频选频或滤波。

RC 振荡器中的滤波电路是由低通滤波器和高通滤波器组合成的二阶带通滤波器，如图 7－3 所示。

根据电容通高频、阻低频的特点可知，图中 U_i 信号中的极低频成分很难通过电容 C_1 到达输出端，所以 U_o 中几乎没有频率特别低的成分，而 U_i 中的极高频成分虽然很容易通过电容 C_1，但是会被电容 C_2 所旁路，所以 U_o 中也没有频率特别高的成分。对于频率既不是特别高，也不是特别低的信号，C_1、R_1 串联与 C_2、R_2 并联，输出信号是它们对输入信号的分压。也就是说，某些频率的信号能够比较容易地通过电路，其他频率信号很难通过该电路，因此该电路为带通滤波电路。为了定量计算，可以将 C_1、R_1 等效为 Z_1，将 C_2、R_2 等效为 Z_2，如图 7－4 所示。

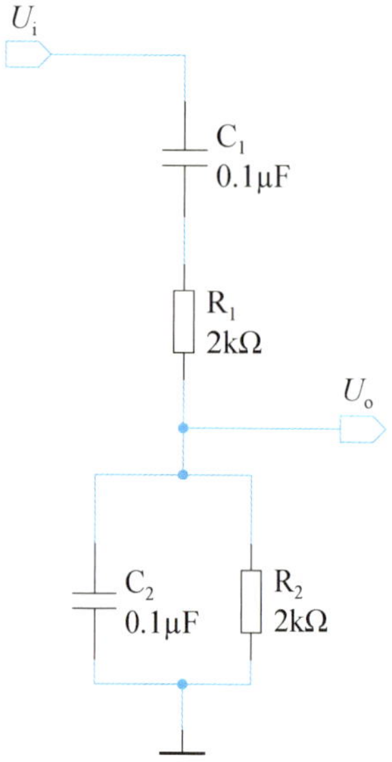

图 7－3 RC 振荡器中的二阶带通滤波电路

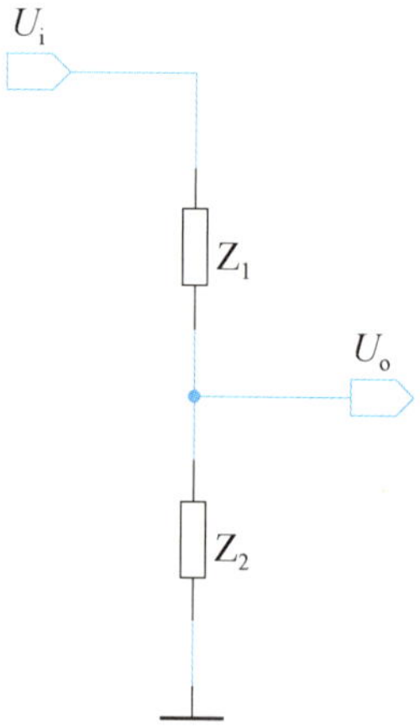

图 7－4 RC 振荡器中的二阶带通滤波等效电路

由阻抗串并联计算公式可知

$$Z_1=R_1+\frac{1}{\mathrm{j}\omega C_1} \tag{7-3}$$

$$Z_2=\frac{1}{\frac{1}{R_2}+\mathrm{j}\omega C_2} \tag{7-4}$$

由阻抗分压公式可知

$$U_o=\frac{Z_2}{Z_1+Z_2}U_i \tag{7-5}$$

即

$$U_o=\frac{\dfrac{1}{\dfrac{1}{R_2}+j\omega C_2}}{R_1+\dfrac{1}{j\omega C_1}+\dfrac{1}{\dfrac{1}{R_2}+j\omega C_2}}U_i \tag{7-6}$$

经整理可得

$$\frac{U_o}{U_i}=\frac{1}{\left(1+\dfrac{R_1}{R_2}+\dfrac{C_2}{C_1}\right)+j\left(\omega R_1C_2-\dfrac{1}{\omega R_2C_1}\right)} \tag{7-7}$$

当 $\omega R_1C_2=\dfrac{1}{\omega R_2C_1}$ 时，式（7-7）有极大值

$$\left(\frac{U_o}{U_i}\right)_{max}=\frac{1}{1+\dfrac{R_1}{R_2}+\dfrac{C_2}{C_1}} \tag{7-8}$$

此时电路呈现纯阻性，电抗分量为 0，相移为 0。此时的电路状态称为谐振状态，工作频率称为谐振频率，谐振角频率记作 ω_0。若 $R_1=R_2=R$ 且 $C_1=C_2=C$，有

$$\left(\frac{U_o}{U_i}\right)_{max}=\frac{1}{3} \tag{7-9}$$

$$\omega_0=\frac{1}{RC} \tag{7-10}$$

因为 $\omega=2\pi f$，所以谐振频率

$$f_0=\frac{1}{2\pi RC} \tag{7-11}$$

对图 7-3 进行仿真，可得幅频特性曲线如图 7-5 所示，相频特性曲线如图 7-6 所示，可知谐振频率约为 800Hz，谐振点相移为 0，通频带为 240Hz～2.6kHz。

3. RC 振荡器

RC 振荡器的例子如图 7-7 所示，此电路称为文氏桥振荡器，图中 C_1、R_1、C_2 和 R_2 构成正反馈网络，R_3 和 R_4 构成负反馈网络。

根据前面的分析可知，在谐振频率，正反馈的反馈电压为输出电压的 1/3。负反馈负责控制放大倍数，为了补充信号能量，放大倍数应为 3 倍，该放大电路为同相比例放大电路，因此 R_3 应为 R_4 的 2 倍。鉴于开始起振时，信号从小变大的过程，R_3 应比 R_4 的 2 倍略大一些。

对该电路进行仿真，可以清晰地看到起振过程，如图 7-8 所示。

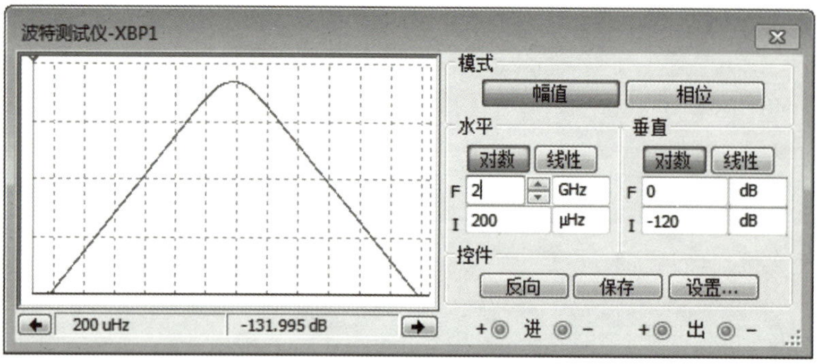

图 7-5　RC 振荡器选频电路的幅频特性曲线

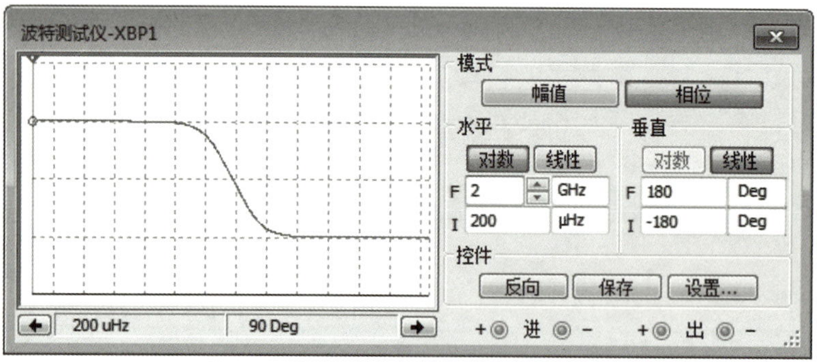

图 7-6　RC 振荡器选频电路的相频特性曲线

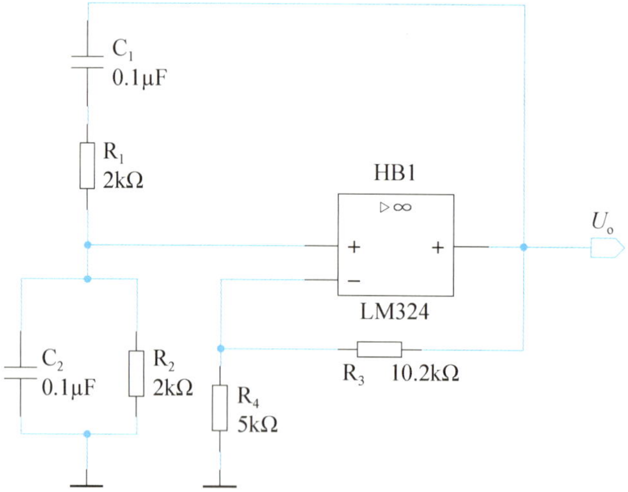

图 7-7　文氏桥振荡器

视频

7-1　文氏桥正弦波振荡器理论

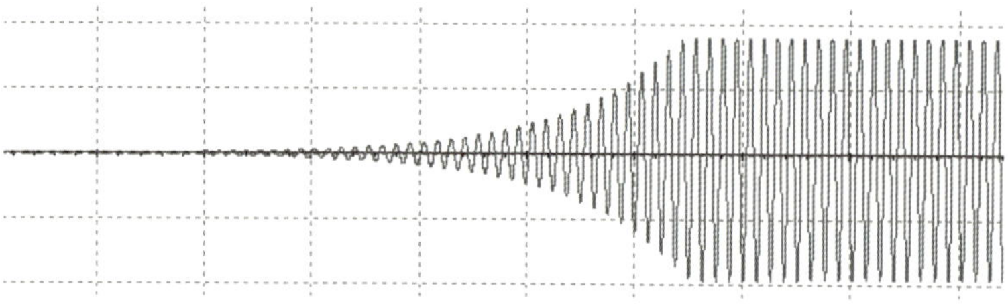

图 7-8　振荡器起振过程

由于运放的线性区内线性度非常好，和非线性区交界区域非常窄，很难实现内稳幅，所以运放在线性区内的波形非常好，只要超出线性区进入非线性区，波形立刻被削平，顶部出现失真，如图 7－9 所示。

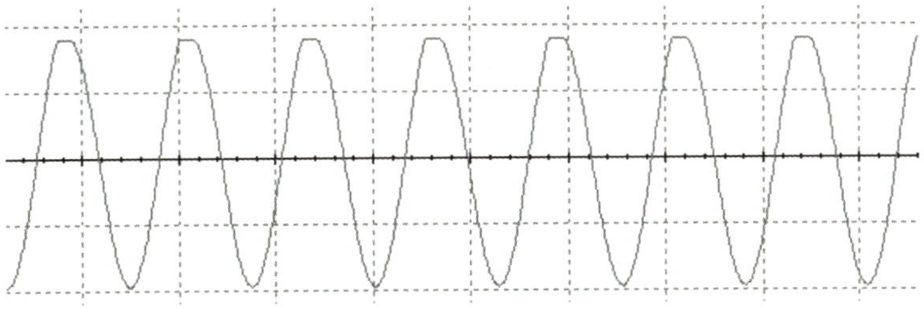

图 7－9　顶部出现失真

使用运放作为放大环节的 RC 振荡器常采用二极管作为外稳幅器件进行改进，如图 7－10 所示。改进之后的波形没有明显失真，如图 7－11 所示。

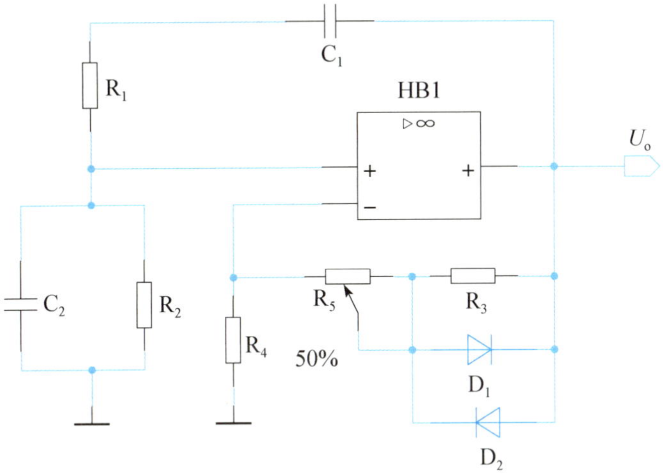

图 7－10　改进后的文氏桥振荡器

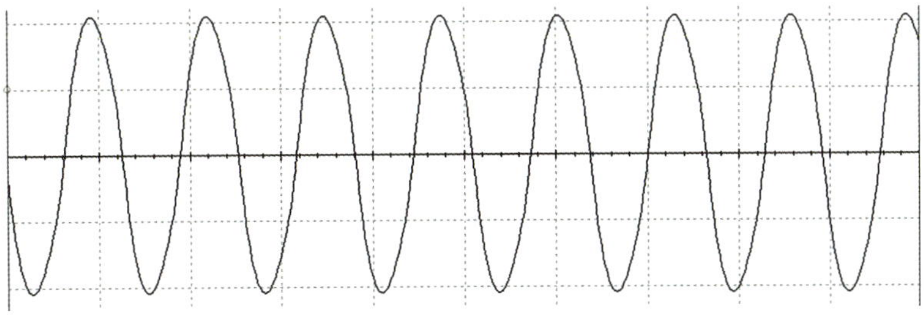

图 7－11　改进之后的波形

知识 4　设计 RC 正弦波振荡器

1. 设计简单电路的主要流程

设计简单电路和复杂系统有所不同，简单电路往往有几种固定方案可供选择。在设计类似振荡器这样的常见电路单元的时候，一般根据电路的功能和技术指标选择成熟的电路类型，如普通低频场合首选 RC 振荡器，高频场合首选 LC 振荡器，对稳定度要求高的场合必选石英晶体振荡器等。

在确定电路类型后，确定电路结构非常重要。常见的电路结构都已经非常成熟了，优点和缺点都很明确，如果没有特殊需求，很容易选择。

电路结构确定后，就要计算和选择元器件参数。成熟电路的计算可以直接套用公式，困难的是选择元器件参数，主要是没有经验，不知道应该选用元器件的参数大致范围，这可以通过借鉴别的电路设计图来提高设计水平。

有了电路结构和元器件参数，就可以绘制出原理图了。在设计原理图过程中，使用仿真软件是必要的，仿真软件的合理使用能够大大降低电路设计失败的风险，提高设计效率，降低工作强度。

广义的电路设计不仅是设计原理图，还需要将原理图细化成实用电路图。例如，在设计原理图时，计算出某个电容需要 1μF，直接标在原理图上就可以了，但实际安装电路时就要面临很多问题：这个 1μF 电容耐压应该是多少？有没有正负极性的要求？用瓷片电容还是电解电容？体积大小重不重要？还有频率特性、温度特性等问题，这些问题都考虑清楚了，才算完成了实用电路图。在设计实用电路图时，往往还需要考虑整体电路兼容性、系统稳定性等因素，批量生产的话，还需要绘制印制电路板的版图。

另外，广义的电路设计还包括工艺设计，就是安装、调试的过程是怎样的，详细内容相当复杂，此处不赘述。

2. 电路结构设计

例如，某项目要求振荡器输出有效值 1V、频率 5kHz 的正弦波，幅度和频率可以微调。这个频率属于低频范畴，所以首选 RC 振荡器。电路结构就是采用改进后的 RC 振荡器结构，如图 7－10 所示。

项目要求频率可以微调，根据式（7－11）可知，改变振荡器电阻阻值或者电容容量都可以调节振荡器输出信号的频率。那么，是改变电阻好呢？还是改变电容好呢？还是两者都改变更好呢？通常而言，电路越简洁越好。因为电路越简洁，可靠性越好，越省电，体积越小，成本越低，且易于维修。所以，同时调节电容和电阻显然不如只调一种好，除非只调一种不能满足频率范围的要求。

那么，是调电容好，还是调电阻好？通常可调电容的调节范围较窄，调节范围较大的电容往往体积也较大，而电阻在这些方面优势明显。根据式（7－11）可知，两者在改变频率方面的贡献相同，所以应该选择调节电阻的方案。

振荡器输出信号的幅度调节是个难题，通过前面的学习和仿真可以知道，振荡器的输出信号幅度主要由电源电压和运放的自身参数决定，难以调节大小。常见的电路输出幅度调节方案有两种：一种是通过电阻衰减实现的，如收音机的音量调节就是内部采用了一个电位器，利用电阻分压对信号进行衰减输出；另一种是调节后级放大倍数，从而改变输出幅度。在振荡器的电路中，一般都采用后一种方案。原因在于：调节振荡器的负载容易改变振荡器的工作状态，造成振荡器工作不稳定。采用调节放大倍数方案的电路如图 7－12 所示。当然也可以在振荡器后面加一级隔离电路，如电压跟随器，在电压跟随器后面再用电位器对信号进行衰减，如图 7－13 所示。

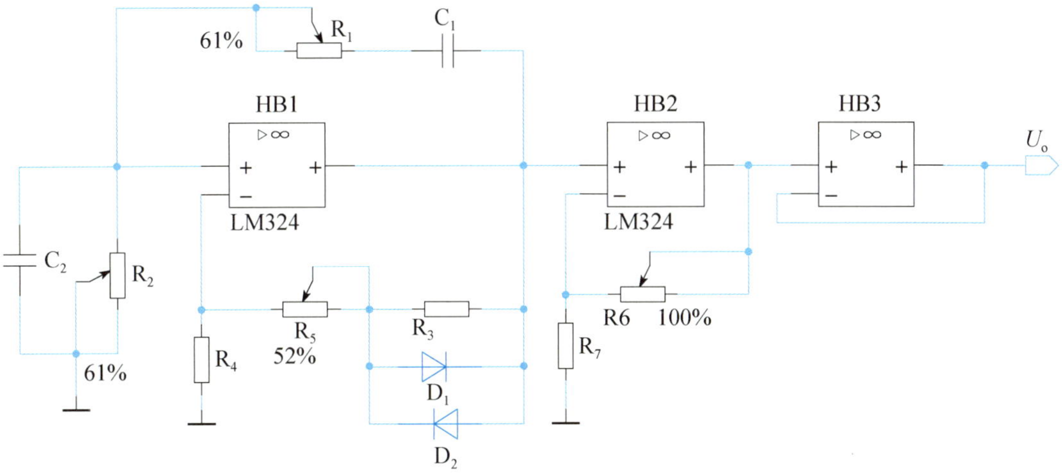

图 7-12 调节放大倍数方案的电路

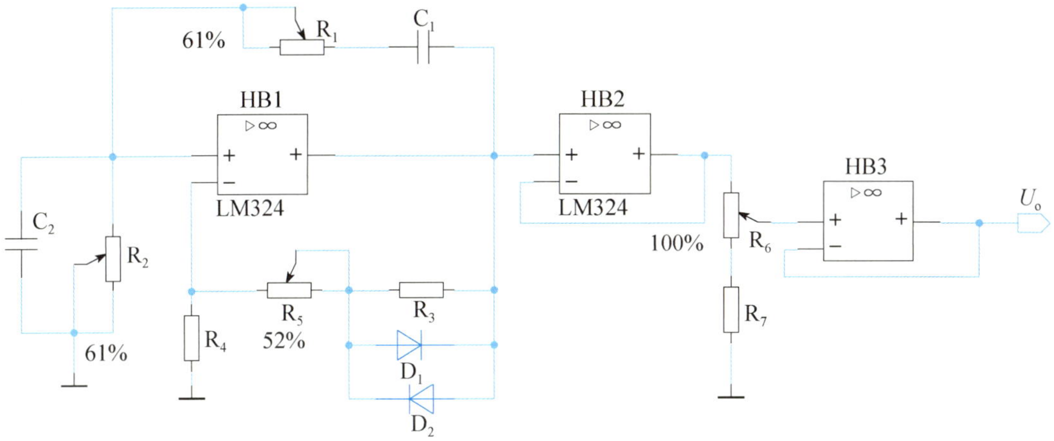

图 7-13 电位器衰减方式

对比这两个电路可以发现，两者使用的元器件数量和种类一样多，复杂程度一样，不过，图 7-12 可以调节放大倍数，使后级总输出高于前级振荡器的输出，而图 7-13 的总输出幅度只能低于前级振荡器的输出，这是由电阻衰减的特性决定的。

两个电路最末级都采用了电压跟随器提高带负载能力，这不是必需的，在某些场合可以省略。对于 LM324 而言，里面有四个运放，如果有富裕的运放，可以考虑使用电压跟随器进行级间隔离，能够增加系统的稳定性，便于系统调试。

3. 元器件参数选择

在设计电路时，很重要的问题就是如何选择元器件参数。在一般的运放电路中，欧姆级电阻就是很小的电阻，百欧、千欧级常用，兆欧级电阻是非常大的电阻；皮法级电容是非常小的电容，纳法、微法级电容比较常用，几百微法的电容是很大的电容；常用电感一般是毫亨级的，亨利级的电感非常笨重，微亨级的电感常用于高频电路。

将谐振频率 $f_0=5\text{kHz}$ 代入式（7-11），可求得

$$RC=3.18\times10^{-5}\mathrm{s} \tag{7-12}$$

式中的单位为秒（s），代表频率的倒数。

如果假设电阻 R 取 1kΩ，则电容 C=32nF，必须注意到电容系列标称值里没有 32nF 这个数值，因此不能在电路图里标注这个数值。由于电路采用通过电阻调节频率的方案，所以电容值有偏差也没问题，电容可以选择 33nF 或者 30nF。电阻可以选用 2kΩ 电位器。

另一种方法是先确定电容的大小，如电容 C 取 0.1μF，则电阻 R=318Ω，可以选择 500Ω 电位器，也可以选择 1kΩ 电位器。

R_3、R_4、R_5、R_6、R_7 都选用千欧级电阻或电位器，其中振荡器起振的幅度条件要求

$$R_3+R_5>2R_4 \tag{7-13}$$

由于在±5V 电源下振荡器的输出能在 0.6～1.3V 范围内调节，所以后级同相比例放大电路的放大倍数没必要太大，有 1～2 倍的调节范围就能满足项目要求，R_6 等于 R_7 即可。

两个二极管选用导通压降在 0.6V 左右的普通二极管就可以。

4. 绘制电路图并进行仿真

选定元器件参数后就可以利用仿真软件进行仿真，在仿真时可以调节元器件参数，观察电路效果。调节放大倍数 RC 正弦波振荡器仿真电路如图 7-14 所示。

任务实施

一、仿真

（1）用仿真软件绘制 RC 正弦波振荡器电路图。图中 XFC1 为频率计数器，XSC1 为示波器，V_{CC} 为正电源，V_{EE} 为负电源，R_1、C_1、R_2 和 C_2 为选频网络，同时也是正反馈网络电阻，电位器 R_3 和电阻 R_4 构成负反馈网络。

视频

7-2 RC 正弦波振荡器仿真

（2）运行仿真。用示波器观察振荡器输出信号波形，用频率计数器测量其频率，测量时应根据信号幅度大小调节频率计数器的灵敏度（见频率计数器图）。记录测量结果，并与理论计算值进行对比。

（3）用示波器观察同相输入端和反相输入端的波形，并进行比较，说明运放的工作状态。

（4）改变电路中电阻和电容的大小，重新进行仿真，用示波器观察电路能否起振，波形和频率是否发生变化。

（5）用图 7-14 进行仿真，观察振荡器输出波形和频率。

（6）汇总分析仿真结果，撰写仿真总结报告。

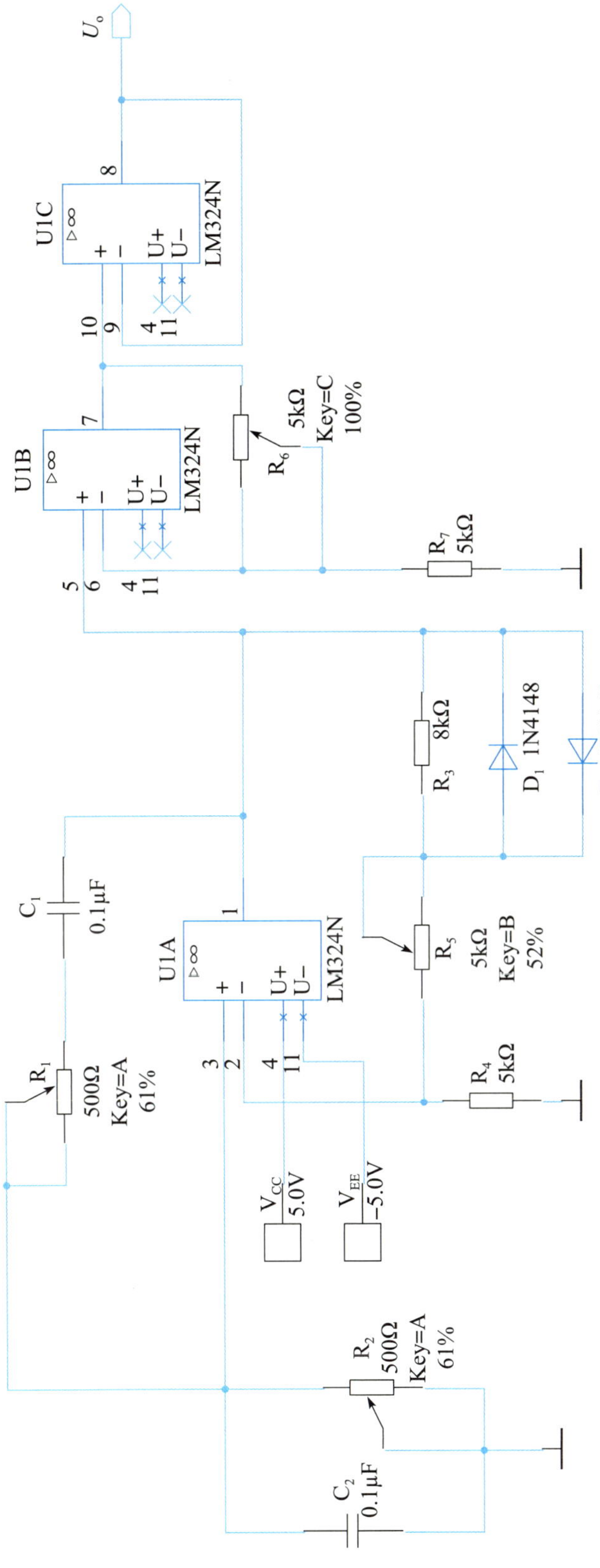

图 7-14　调节放大倍数 RC 正弦波振荡器仿真电路

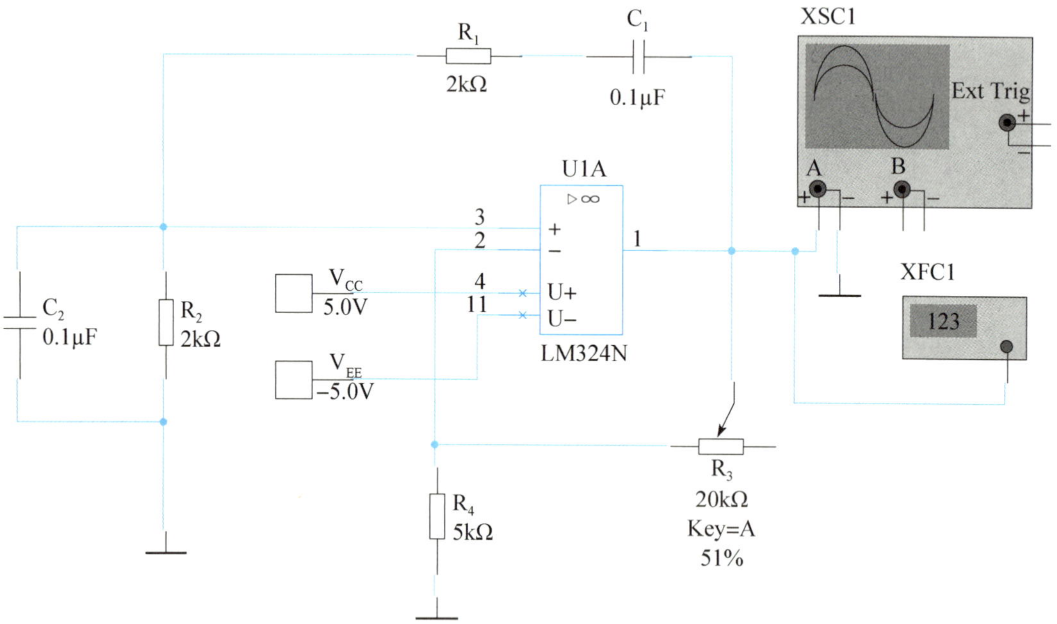

RC 正弦波振荡器仿真电路

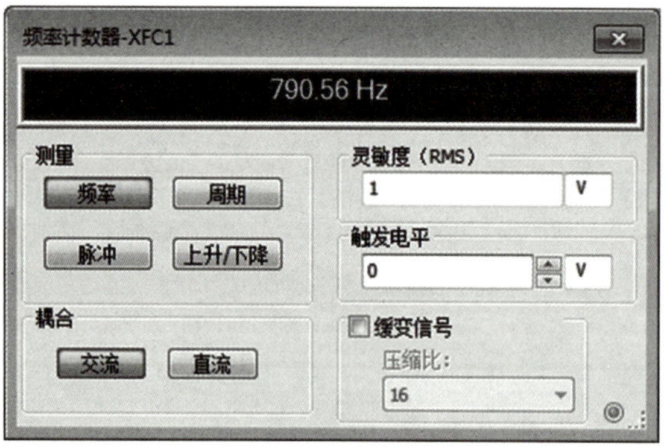

频率计数器

二、准备工作

工具和材料清单如下表所示。

工具和材料清单

		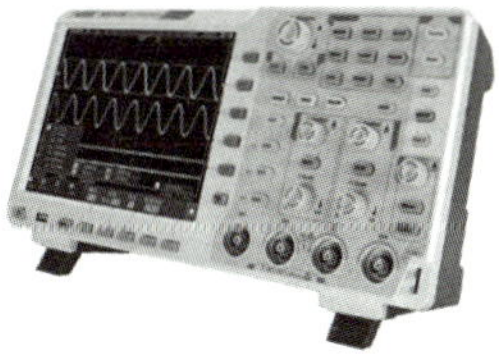
LM324 集成运放	万用表	示波器

导线	面包板	剥线钳
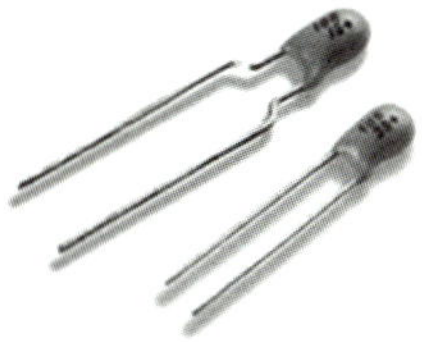	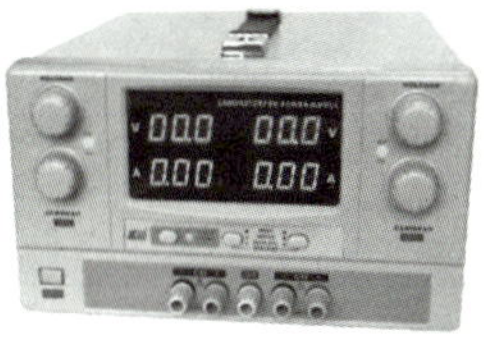	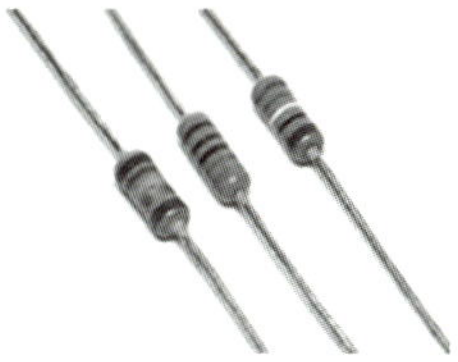
0.1μF 电容	直流稳压电源	2kΩ、5kΩ、8kΩ 电阻
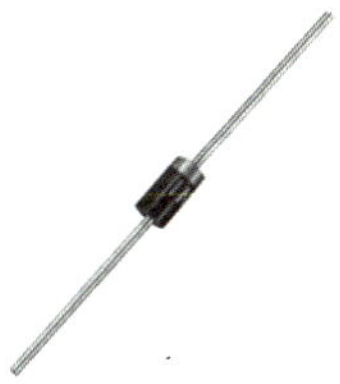		
1N4148 二极管	500Ω、5kΩ 电位器	

三、实施记录

1. 拟订测试方案

测试方案拟订表

序号	测试项	测试方案（含电路图）	简述理由
1	RC 正弦波振荡器	（1）万用表测试； （2）示波器测试	

2. 设备和元器件识别与检测过程记录

设备和元器件识别与检测过程记录表

序号	设备和元器件	识别与检测过程实施记录	识别与检测结果
1	集成运放		
2	直流稳压电源		
3	示波器		

3. 电路装接过程记录

电路装接过程记录表

序号	电路	装接过程记录	初测结果（是否正常）
1	RC 正弦波振荡器		

4. 测量结果与分析

测量结果与分析表

序号	电路	测量结果	计算值	分析
1	RC 正弦波振荡器			

四、总结与评价

填写任务评价表，简单总结任务完成过程及心得体会。

任务评价表

<table>
<tr><td>任务名称</td><td colspan="4"></td><td>总分</td><td colspan="2"></td></tr>
<tr><td>姓名</td><td></td><td>学号</td><td></td><td>日期</td><td colspan="3"></td></tr>
<tr><td>考核项目</td><td>考核内容</td><td>配分</td><td>自评
30%</td><td>互评
30%</td><td>师评
40%</td><td>得分</td></tr>
<tr><td>素质</td><td>遵守实验室规章制度，与同学和谐协作，执行 5S 管理标准</td><td>30</td><td></td><td></td><td></td><td></td></tr>
<tr><td>知识</td><td>能借助信息化资源自主学习，理论联系实际，正确完成任务</td><td>30</td><td></td><td></td><td></td><td></td></tr>
<tr><td>技能</td><td>布线合理，操作规范，未造成受伤或设备与元器件损坏、遗失，按时完成任务</td><td>40</td><td></td><td></td><td></td><td></td></tr>
</table>

任务二 LC 正弦波振荡器

任务描述

在高频正弦波振荡器电路中常采用 LC 滤波电路进行选频和滤波，这是因为同样数量的元器件构成滤波电路，用电感和电容搭配比电阻和电容搭配能获得更好的滤波效果，且在高频时电感的体积和重量并不比电阻更笨重。采用 LC 滤波电路的正弦波振荡器有很多不同的结构，典型的电容三点式正弦波振荡器如图 7 - 15 所示。本任务要求会识别和测试电路元器件，掌握 LC 正弦波振荡器的特点，使用万用表和示波器测量 LC 正弦波振荡器电路参数，会调试 LC 正弦波振荡器电路。

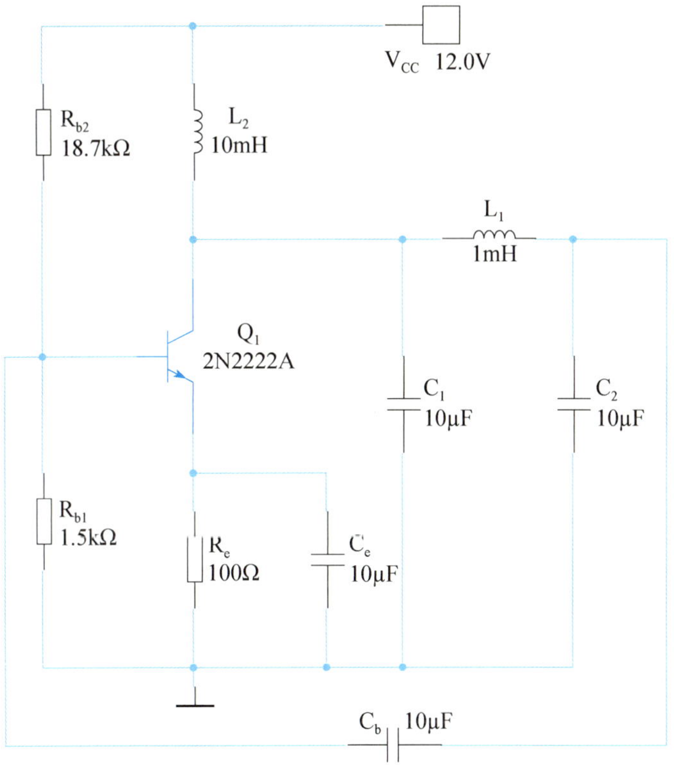

图 7 - 15 电容三点式正弦波振荡器

知识储备

知识 1 LC 正弦波振荡器概述

1. LC 滤波器

RC 桥式正弦波振荡器用于产生低频信号（1MHz 以下），高频信号（1MHz 以上）常采用 LC 正弦波振荡器，LC 正弦波振荡器采用 LC 滤波器作为选频环节。

LC 滤波器有串联和并联两种形式，恒流源适合采用并联谐振，恒压源适合采用串联谐振，晶体管（BJT）属于流控电流源，所以晶体管振荡器电路常使用并联形式，电路如图 7-16（a）所示。电感由铜丝绕制而成，具有较小的电阻值，考虑这个阻值，绘制等效电路如图 7-16（b）所示。

按照等效电路，LC 并联滤波电路的总阻抗 Z 符合

$$\frac{1}{Z}=\frac{1}{Z_C}+\frac{1}{R+Z_L} \tag{7-14}$$

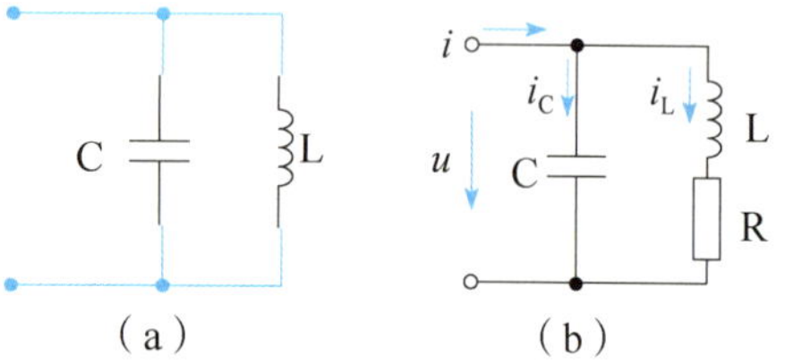

图 7-16　LC 并联滤波电路与等效电路

因为

$$Z_C=\frac{1}{j\omega C} \tag{7-15}$$

$$Z_L=j\omega L \tag{7-16}$$

所以

$$Z=\frac{\frac{1}{j\omega C}(R+j\omega L)}{\frac{1}{j\omega C}+R+j\omega L} \tag{7-17}$$

因为频率较高时，ω 很大，$R\ll\omega L$，所以

$$Z\approx\frac{\frac{L}{C}}{R+j\left(\omega L-\frac{1}{\omega C}\right)} \tag{7-18}$$

当 $\omega L=\frac{1}{\omega C}$时，$Z$ 由复数变为实数，有最大值

$$Z_0=\frac{L}{RC} \tag{7-19}$$

此时总阻抗为纯电阻性质，此时的状态称为谐振状态，此时角频率

$$\omega_0=\frac{1}{\sqrt{LC}} \tag{7-20}$$

因为 $\omega=2\pi f$，所以

$$f_0=\frac{1}{2\pi\sqrt{LC}} \tag{7-21}$$

ω_0 称为谐振角频率，f_0 称为谐振频率。

总阻抗 Z 的幅频曲线和相频曲线如图 7-17 所示，当信号频率高于谐振频率时，LC 并联电

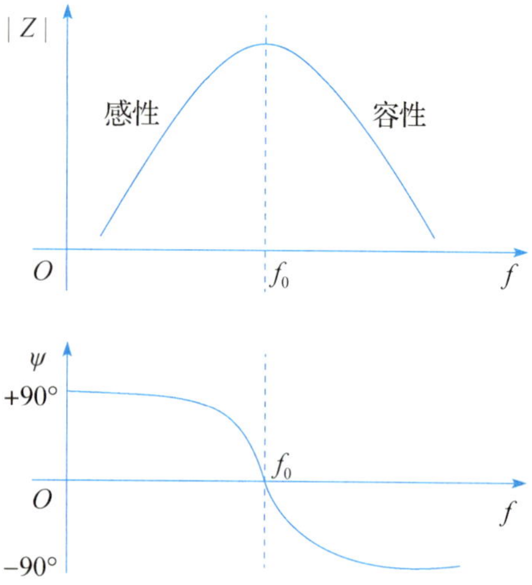

图 7-17　总阻抗 Z 的幅频曲线和相频曲线

路相当于电容；当信号频率低于谐振频率时，LC 并联电路相当于电感；当信号频率等于谐振频率时，LC 并联电路相当于纯电阻。

课堂讨论

为什么在元器件数量相同情况下，LC 滤波电路的滤波性能要好于 RC 滤波电路？

2. 变压器反馈式

LC 正弦波振荡器按反馈的方式可分为变压器反馈式振荡器、电感三点式振荡器和电容三点式振荡器等。

变压器反馈式振荡器如图 7－18 所示，晶体管采用了稳定静态工作点电路，变压器提供了反馈通路，变压器 N_1 和 N_2 两个绕组打点的端子为同名端，两个同名端同相位。用“＋”表示正跃变，“－”表示负跃变，利用瞬时极性法可以判断出反馈为正反馈，反馈电压为 u_f。

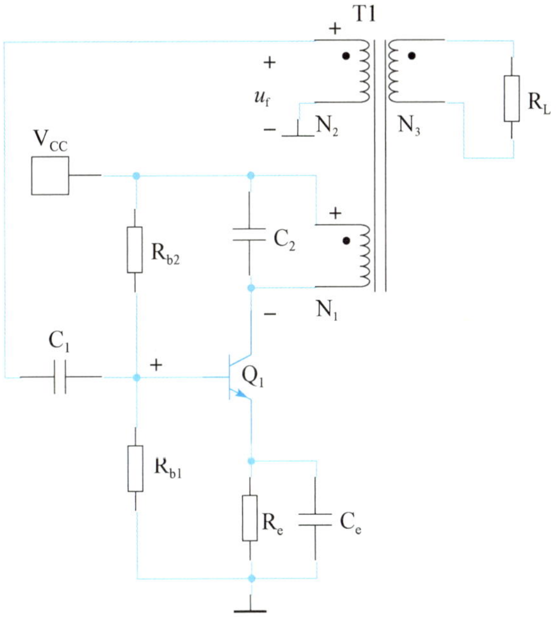

图 7－18　变压器反馈式振荡器

忽略变压器其他绕组的影响，振荡器的频率应为变压器绕组 N_1 的电感和电容 C_2 构成的并联谐振频率，若变压器绕组 N_1 的电感为 L，则振荡器输出正弦波的频率为

$$f_0=\frac{1}{2\pi\sqrt{LC_2}} \tag{7-22}$$

3. 电感三点式振荡器

电感三点式振荡器如图 7－19 所示，电路中的 L_1 和 L_2 为自耦变压器两部分的电感，中间抽头接电源，该电路中 C_1、L_1 和 L_2 构成选频网络，C_b 为交流反馈耦合电容，C_e 为直流反馈旁路电容，C_2 为输出耦合电容，R_L 为负载电阻。晶体管采用稳定静态工作点典型电路。

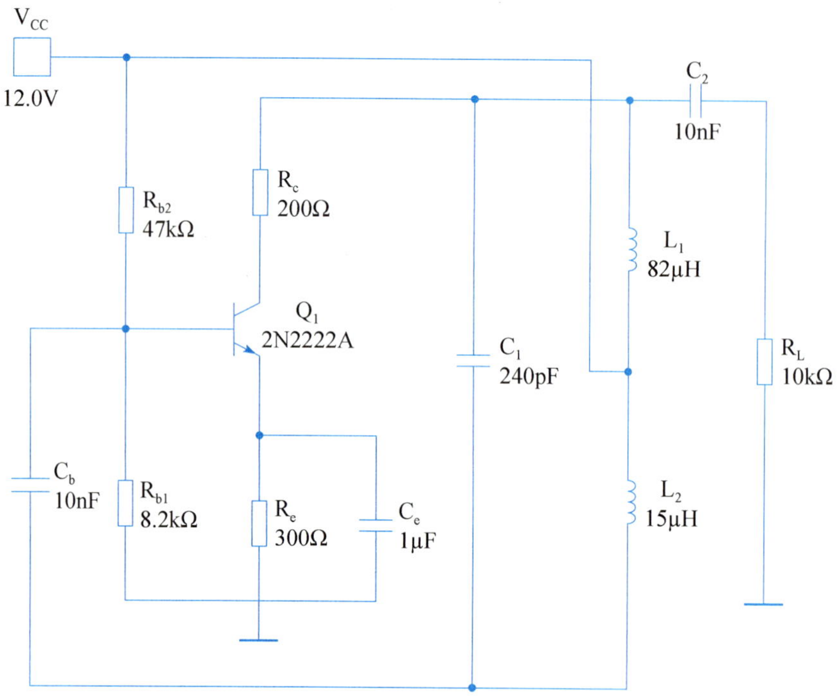

图 7-19　电感三点式振荡器

电感三点式振荡器的交流等效电路如图 7-20 所示，由晶体管放大的三种基本结构可知，若晶体管基极突然有一个正跃变，则发射极也会有正跃变，集电极则是负跃变。利用瞬时极性法可知，晶体管基极的正跃变会导致电感打点的同名端有负跃变，不打点的端子为正跃变，因此反馈为正反馈。

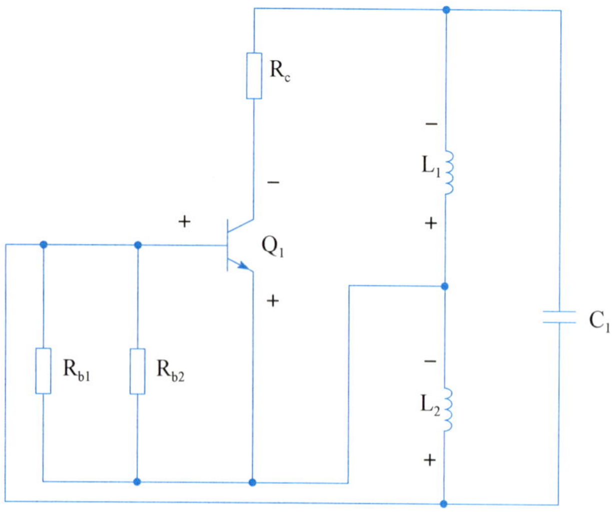

图 7-20　电感三点式振荡器的交流等效电路

若 L_1 和 L_2 的互感系数为 M，则振荡器输出信号频率为

$$f_0=\frac{1}{2\pi\sqrt{(L_1+L_2+2M)C_1}} \tag{7-23}$$

电感三点式振荡器的两个电感大小比例合适的话，比较容易起振，一般集电极和发射极之间的电感（L_1）大，基极和发射极之间的电感（L_2）小，L_1 一般为 L_2 的 4～8 倍。

电感三点式振荡器的缺点是电感不容易调节大小。另外，由于反馈电压取自电感，电感对高次谐波阻抗较大，导致输出信号波形较差。

4. 电容三点式振荡器

电容三点式振荡器电路与图 7 - 15 相同，该电路中 C_1、C_2 和 L_1 构成选频网络，C_b 为交流反馈耦合电容，C_e 为直流反馈旁路电容，L_2 对直流短路，对交流为高阻抗。晶体管采用了稳定静态工作点典型电路。

电容三点式振荡器的交流等效电路如图 7 - 21 所示，根据选频网络的谐振频率可得输出信号频率为

$$f_0=\frac{1}{2\pi\sqrt{L\dfrac{C_1C_2}{C_1+C_2}}} \tag{7-24}$$

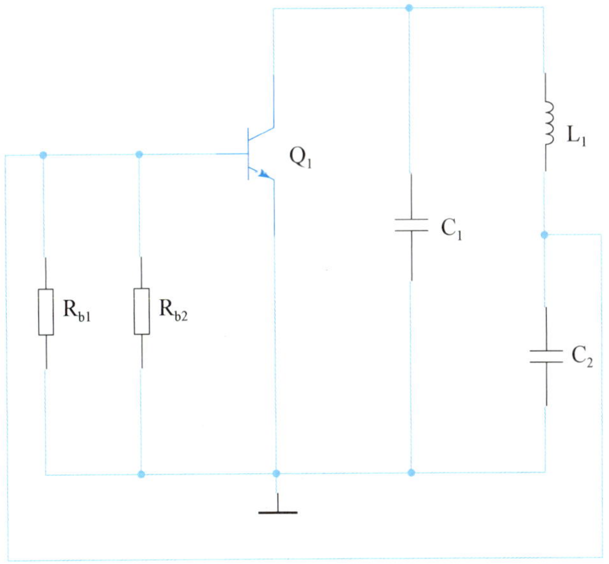

图 7 - 21　电容三点式振荡器的交流等效电路

改变选频网络中的电容大小即可以调节输出信号的频率，电路如图 7 - 22 所示。

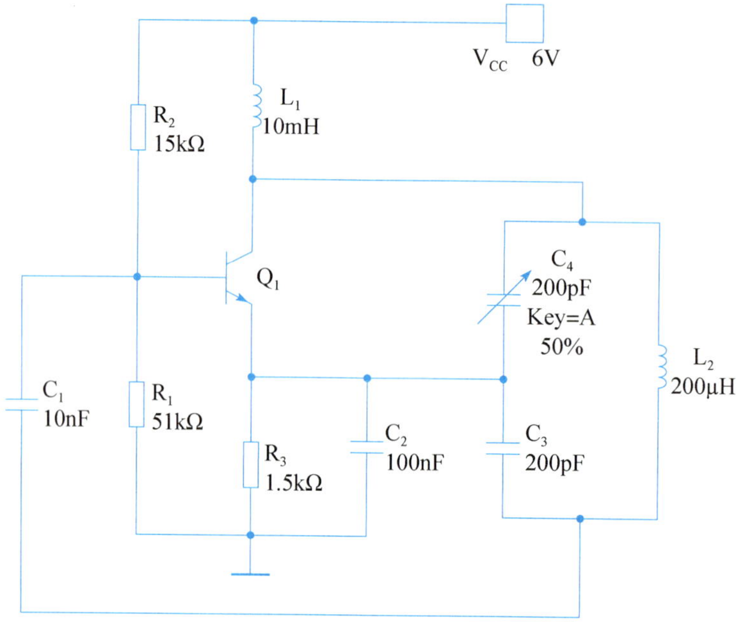

图 7-22 能调节频率的电容三点式振荡器

知识 2 石英晶体振荡电路

1. 石英晶体

石英的化学成分是二氧化硅，广泛存在于自然界中。石英晶体具有强烈的压电效应，能把电信号转换为机械形变，也能把机械形变转换为电信号，是性能非常好的频率选择元器件。石英晶体最重要的参数是标称频率，标称频率取决于几何尺寸和形状，因此不容易受到电磁波的干扰，工作稳定度非常高，能够满足日常生活中的钟表、电视机、计算机、手机等绝大多数场合的需求。

> **小提示**
>
> 燧石取火其实是石英晶体压电效应的表现形式。

从一块石英晶体上按一定方位角切下薄片（称为晶片，它可以是正方形、矩形或圆形等），在它的两个对应面上涂敷银层作为电极，在每个电极上各焊一根引线接到引脚上，再加上封装外壳就构成了石英晶体元件，如图 7-23 所示。从图中可以看到，石英晶体元件的标称频率都标注在外壳上，单位通常为兆赫（MHz），有一种石英晶体元件的标称频率为 32 768Hz，体积较小，主要用于计量时间的仪器仪表。

市场上有一类封装好的“晶振”器件，里面包括了完整的振荡器电路，电路中包含石英晶体元件，通电就能输出信号波形，一般称为“有源晶振”，如图 7-24 所示。有源晶振的体积较大，引脚数量多，价格明显高于石英晶体元件。由于有源晶振使用简便，性能稳定，产品一致性较好，也得到了广泛应用。

图 7－23　石英晶体元件

图 7－24　有源晶振

小提示

石英晶体和“晶振”不同，石英晶体是元件，“晶振”是包含石英晶体元件的振荡器电路。

石英晶体元件的电路符号和电抗频率特性曲线如图 7－25 所示。石英晶体元件有两个谐振频率：一个是串联谐振频率 f_s，一个是并联谐振频率 f_p。在串联谐振频率点时，石英晶体的电抗为 0，阻抗达到最小值，为纯阻性。在并联谐振频率点会发生类似机械共振的现象，石英晶体机械形变非常大，阻抗趋于无穷大。石英晶体元件在频率低于 f_s 和高于 f_p 的区域相当于电容，在频率介于 f_s 和 f_p 之间时相当于电感。

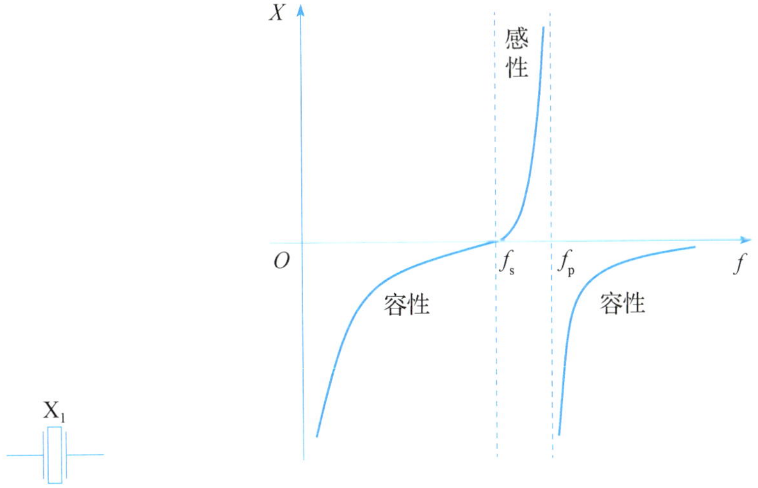

（a）电路符号　　（b）电抗频率特性曲线

图 7－25　石英晶体元件的电路符号和电抗频率特性曲线

石英晶体元件外壳上的标称频率是厂家在外接负载电容的情况下测定的谐振频率，介于 f_s 和 f_p 之间。

使用石英晶体元件时，有两种方法：一种是串联应用，工作在串联谐振频率，让石英晶体元件在电路中作为选频环节，石英晶体元件的选频性能非常好，品质因数 Q 可达 $10^4 \sim 10^6$；另一种是并联应用，让石英晶体元件工作在 $f_s \sim f_p$，当作大电感来用，这时电路中还会有电容配合，石英晶体元件和电容共同构成 LC 选频环节和移相环节。

需要指出的是，f_s 和 f_p 的差值非常小，通常可以忽略这个差值。也就是说，由于石英晶体元件的高频率选择性，只要振荡器电路中有石英晶体元件，则不管这个石英晶体元件是当作选频元件还是当作电感元件，都可以直接得出该电路输出的振荡信号频率近似等于石英晶体的标称频率。

2. 石英晶体振荡电路介绍

石英晶体串联应用的电路如图 7－26 所示，在这个振荡电路中，将石英晶体换成耦合电容将不影响电路起振，也不影响电路维持振荡，石英晶体通过滤波限制其他频率的波形，使输出波形更加接近正弦波。图中 L_1 和 C_3、C_4、C_{T1} 构成选频网络，C_6、C_7 和 L_2 构成 π 型低通滤波电路，C_2 为旁路电容，C_1 和 C_5 为耦合电容，R_L 为负载。在串联应用时，选频网络的频率应尽量与石英晶体频率相同，以获得尽量大的输出，用软件仿真时特别需要注意这一点。

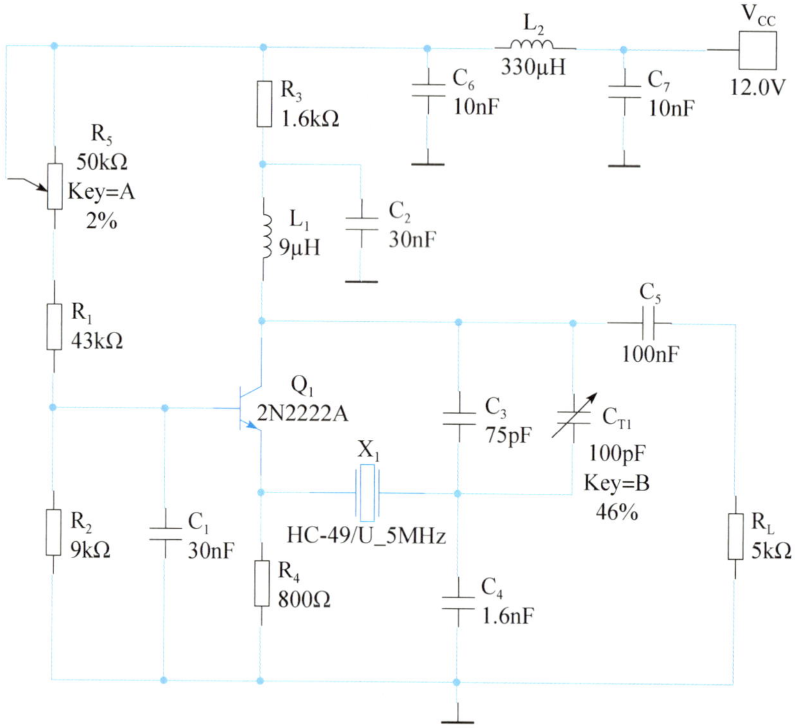

图 7－26　石英晶体串联应用的电路

石英晶体并联应用的电路如图 7－27 所示，在电路中，石英晶体作为 LC 选频网络中的大电感与电容共同完成选频作用。进行电路设计或者仿真时，应考虑石英晶体的等效电感具体数值。在电路中，石英晶体和 C_3、C_6 构成的支路可以等效为一个电感，这个电感和 C_1、C_2 构成选频网络。C_5 为输出耦合电容，C_4 为旁路电容。

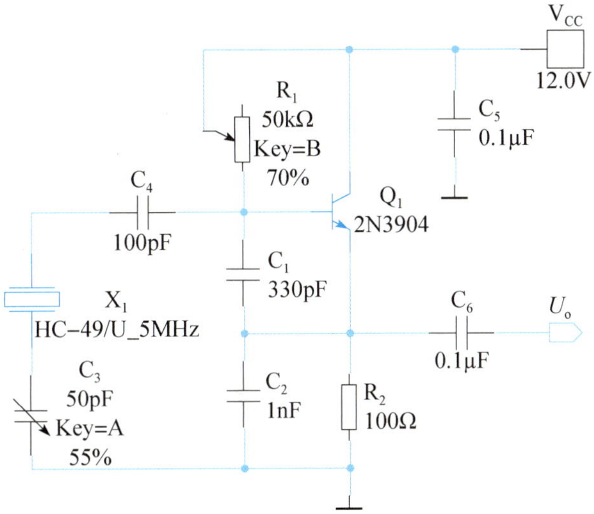

图 7－27　石英晶体并联应用的电路

任务实施

视频

7－3　三点式正弦波振荡电路

（1）用仿真软件按照图 7－19 绘制电路。运行仿真，用示波器观察电路起振过程，观察电路各处波形，用频率计数器测量电路输出信号频率，将频率测量结果与理论计算值进行比较。

（2）用仿真软件按照图 7－15 绘制电路。运行仿真，用示波器观察电路起振过程，观察电路各处波形，用频率计数器测量电路输出信号频率，将频率测量结果与理论计算值进行比较。

（3）用仿真软件按照图 7－22 绘制电路。运行仿真，用示波器观察电路起振过程，观察电路各处波形，用频率计数器测量电路输出信号频率，通过调节电容 C_4 的大小调节输出信号频率。

（4）汇总分析仿真结果，撰写仿真总结报告。

项目小结

（1）正反馈会使系统迅速到达崩溃的边缘，所以任何系统都应该十分谨慎地对待正反馈。

（2）振荡器巧妙地利用了正反馈，同时也引入了负反馈用于稳定系统。

（3）振荡器有负阻振荡器和正反馈振荡器两种类型，负阻振荡器利用具有负阻的器件实现相位要求，正反馈振荡器利用正反馈实现相位要求。除了相位要求，振荡器还有幅度要求，以便将直流电源的能量源源不断地补充到振荡信号中去。正反馈振荡器更常见，正反馈振荡器都有正反馈、放大、选频和稳幅等环节。

（4）低频振荡器一般采用 RC 选频网络，高频振荡器则使用 LC 选频网络。低频情况下如果使用电感滤波需要使用大电感，大电感体积大，不仅价格高，而且十分笨重，因此低频很少使用电感。

(5) 石英晶体具有非常好的稳定性和频率选择性，因此得到了广泛应用。石英晶体在振荡器中有串联和并联两种用法。石英晶体振荡器最终的输出频率近似等于石英晶体的固有频率。

课后练习

一、判断题

1. 正弦波振荡器中都有负责选频的组成部分。(　　)
2. 文氏桥振荡器中有负反馈。(　　)
3. 文氏桥振荡器中有正反馈。(　　)
4. RC 正弦波振荡器由 RC 选频网络参数决定输出频率。(　　)
5. LC 滤波器没有一阶滤波器。(　　)
6. 石英晶体是有源器件。(　　)
7. 石英晶体在振荡器电路中可以放大信号。(　　)
8. 石英晶体振荡器的稳定性不如 RC 正弦波振荡器。(　　)

二、选择题

1. 正弦波振荡器中使用标称 10MHz 的石英晶体进行串联滤波，则此振荡器的输出正弦波频率应该是（　　）。

A. 100 000Hz　　B. 10MHz　　C. 1 000kHz　　D. 10MV

2. 文氏桥振荡器中的滤波网络是（　　）。

A. 一阶滤波器　　B. 二阶滤波器　　C. 三阶滤波器　　D. LC 滤波器

3. LC 正弦波振荡器选频网络中的等效电感为 1μH，等效电容为 1μF，则该振荡器输出的正弦波频率为（　　）。

A. 1. 6MHz　　B. 0. 2MHz　　C. 159Hz　　D. 159kHz

三、填空题

1. 文氏桥振荡器电路中，RC 选频网络除了起到滤波作用，还起到________作用。
2. 正弦波振荡器除了可以采用正反馈满足相位条件，还可以采用________满足相位条件。
3. 振荡器采用________电路满足幅度条件。

四、问答题

1. 正反馈的含义是什么？日常生活中有没有遇见过正反馈？
2. 正弦波振荡器的起振条件是什么？
3. RC 正弦波振荡器的振荡频率如何计算？
4. LC 串联谐振如何计算谐振频率？LC 并联谐振如何计算谐振频率？
5. 为什么低频常用 RC 振荡器，高频常用 LC 振荡器？
6. 石英晶体具有哪些特点？
7. 石英晶体在振荡器中有哪些用法？
8. 振荡器源源不断地输出信号，能量从哪里来？

参考文献

[1] 吴新杰，吕殿基．模拟电子技术项目教程［M］．北京：北京邮电大学出版社，2017.

[2] 童诗白，华成英．模拟电子技术基础［M］．6 版．北京：高等教育出版社，2023.

[3] 康华光，张林．电子技术基础（模拟部分）［M］．7 版．北京：高等教育出版社，2021.

[4] BOYLESTAD R L，NASHELSKY L．模拟电子技术［M］．2 版．李立化，李永华，许晓东，等译．北京：电子工业出版社，2016.

[5] 邢毓华．模拟电子技术［M］．北京：机械工业出版社，2024.

[6] 熊伟，侯传教，梁青，等．基于 Multisim 14 的电路仿真与创新［M］．北京：清华大学出版社，2021.